复变函数与积分变换

（第 2 版）

周羚君　韩　静　狄艳媚　编著

同济大学 出版社

TONGJI UNIVERSITY PRESS

·上海·

内 容 提 要

本书是根据理工科"复变函数与积分变换"的课程要求编写而成的,主要讲述物理、电信、交通等专业常用的复变函数基本理论与方法.全书内容包括复数与复变函数的基本概念、解析函数的基本概念和积分理论、解析函数的级数理论及留数定理、Fourier 变换与 Laplace 变换及其应用、共形映照.本书内容简明得当,兼顾了数学的严密性和理工科的实用性.

本书可作为全日制大学本科理工科复变函数课程教材,也可供理工科背景的读者阅读参考.

图书在版编目(CIP)数据

复变函数与积分变换 / 周羚君,韩静,狄艳媚编著
. -- 2 版. -- 上海:同济大学出版社,2020.8(2023.10 重印)
ISBN 978-7-5608-9073-9

Ⅰ.①复…　Ⅱ.①周…②韩…③狄…　Ⅲ.①复变函数—高等学校—教材②积分变换—高等学校—教材　Ⅳ.①O174.5②O177.6

中国版本图书馆 CIP 数据核字(2020)第 127575 号

复变函数与积分变换(第 2 版)

周羚君　韩　静　狄艳媚　编著

责任编辑 张　莉　**助理编辑** 任学敏　**责任校对** 徐春莲　　**封面设计** 陈益平

出版发行	同济大学出版社　　www.tongjipress.com.cn	
	(地址:上海市四平路 1239 号　邮编:200092　电话:021-65985622)	
经　销	全国各地新华书店	
印　刷	常熟市华顺印刷有限公司	
开　本	710 mm×960 mm　1/16	
印　张	14	
字　数	280 000	
版　次	2020 年 8 月第 2 版	
印　次	2023 年 10 月第 3 次印刷	
书　号	ISBN 978-7-5608-9073-9	
定　价	46.00 元	

前　言

本书自出版至今，已在同济大学、浙江工业大学等高校非数学类专业的本科与研究生中使用多届．在广泛听取任课老师与学生的意见后，结合近年来以人工智能为代表的工科的发展，进行了此次改版．

信号处理是人工智能技术的基础，而积分变换正是信号处理最基本的数学工具．为工科学生开设复变函数课程，讲授积分变换不但要使学生看到数学在工科中的应用，而且要使学生在学习了这门课程后，能与后续的工科专业课程无缝对接．出于这一需要，加强积分变换的教学势在必行．

在国内现行的非数学类复变函数教材中，积分变换的重点依然是经典意义下的 Fourier 变换、Laplace 变换以及它们在求解微分方程中的应用，在信号处理中特别重要的离散 Fourier 变换，z-变换等离散型变换几无涉及，在物理学、信号学中有广泛应用的 Dirac-Delta 函数，也只限于简单介绍．在第 2 版中，编者专辟一节讲述以 Dirac-Delta 函数为代表的广义函数．在这一节中，编者抛弃了将 Dirac-Delta 函数解释为"一点取值为无穷大，其余点为零的函数"的不严格讲法，采用广义函数是定义在试验函数空间上的连续线性泛函的数学定义．在采用这一讲法的过程中，编者略去了对非数学类专业学生比较艰深的试验函数空间的拓扑结构，并将抽象的泛函对应关系表述为物理学家广泛采用的形式积分，将广义函数理论表述得易于理解又不失严格．同时，对广义函数的各种计算，选取了一定数量的例题，使得学生可以了解一些基本结论的来龙去脉，做到知其然并知其所以然．对离散 Fourier 变换，z-变换等在应用中十分重要，但在理论中并不难的知识点，编者将其写入课后习题，使学生在巩固新知识的同时，了解理论在实践中的应用，并培养学生独立运用所学理论的能力．

除去新增部分习题外，本次改版对第 1 版的课后习题做了全面的修订，删去了第 1 版中本质简单但计算特别复杂的习题．同时，为了便于学生课后复习与自学，在书末新增了所有计算题的答案．

在第 1 版的使用过程中，同济大学的颜启明教授、项杏飞副教授、韩建智副教授、王国联副教授，浙江工业大学的沈守枫教授、徐利光副教授、李欣博士、胡兵博士等提出了很多宝贵意见．他们不仅指出了第 1 版中的一些错误，而且给出了很多修改建议．在第 2 版的编写过程中，同济大学的崔宰珪博士与作者多次讨论，对几处新增内容的编写提出了极为细致的建议，浙江工业大学的冯玮副教授对课后习题做了细致地演算．在此向所有对本书编写给予帮助的同行表示衷心的感谢．同济大学电子与信息工程学院正在编写的《智能技术数学基础》第一稿，对编者有很大的启发，由于该书尚未出版，无法在参考书目中提及，特此向该书的编委致以谢意．

限于编者的水平，第 2 版中的错误与不当仍然在所难免，恳请同行与读者指正．

周羚君

2020 年 6 月

第 1 版前言

复数概念自 16 世纪引入，到 18 世纪被数学家广泛接受，再到 19 世纪复变函数理论蓬勃发展，复数的发展经历了漫长曲折的过程．随着科技的进步，复数理论不仅对数学本身的发展起了极其重要的作用，而且对物理学、信息学等学科领域影响巨大．在物理、电信、交通等专业开设复变函数课程，已在国内外大学形成共识．

复变函数是以微积分为基础，以解析函数的基本性质为主要研究对象的一门课程．与数学专业基础课程"复变函数"相比，面向理工科学生的"复变函数与积分变换"课程，不仅需要以通俗简明且不失严谨的方式阐述基本理论，而且要体现复变函数理论在其他数学分支以及理工科中的应用．编者在教学中曾经参考使用过很多教材，都无法兼顾两方面的要求．为了弥补这一不足，我们尝试编写了这本教材，并在以下方面做了改进．

首先，编者将部分无法在课程中证明，而表述相对简单，且与本课程有关的理论工具，纳入本教材．这一做法，拓宽了工科学生的知识面，同时又能使部分论述简明扼要．例如，本书多次利用积分与极限次序交换证明结论，并在附注中指出交换积分与极限次序的理论依据，相比以往避开使用积分与极限交换理论，直接使用极限定义的证明方法，本书的做法压缩了推导篇幅，降低了读者理解的难度，同时使读者了解了更加强大的数学定理．又如有理函数在扩充复平面的亚纯性、Picard 定理、Riemann 映照定理等，在以往的理工科教材中多不涉及，而这些定理的陈述并不需要额外的知识准备，编者将这些定理加入教材，使读者能增加对解析函数特征的感性认识，全面了解复变函数的基本结论．

其次，根据理工科的实际需要，简化某些概念的陈述和定理的证明．例如复积分的定义，传统的教材采用积分的 Riemann 和的定义方式，这种定义方式不可避免地要涉及可求长曲线这一概念，但对理工科学生来说，应用中遇到的曲线基本都是逐段光滑的，因此编者在定义复积分时增加了积分曲线逐段光滑的假定，回避了曲线的可求长性.

此外，在各理工科专业对数学的需求越来越高，而国内高校数学基础课学时被压缩的大趋势下，如何在相对少的课时中，介绍更多的知识点一直是编者在教学中努力的方向. 编者将某些相对容易证明的定理，以及复变函数在其他数学分支或工科实践中的应用（例如生成函数、线性微分方程的齐次化原理等）编入习题，一方面可以使学生在扩大知识面的同时，进一步了解复变函数与其他学科之间的联系，另一方面也可以锻炼学生独立思考、探索的能力.

本书共分为五章，由同济大学数学科学学院周羚君副教授（第 1，4 章）、韩静讲师（第 2，5 章）和浙江工业大学理学院狄艳媚讲师（第 3 章）共同编写，由周羚君完成统稿. 第 1 章介绍了复数与复变函数的基本概念；第 2 章讲述了解析函数的基本概念和积分理论，并将调和函数的基本性质作为本章理论的直接应用放在最后一节；第 3 章讲述了解析函数的级数理论以及留数定理；第 4 章集中讲述了两种常用的积分变换——Fourier 变换与 Laplace 变换；第 5 章介绍了共形映照. 在编写时，我们尽量使各章内容相对独立，以便在教学中可以根据学生的不同需求做适当的取舍，同时也方便不同专业背景、不同程度的读者自学. 在统稿过程中，三位作者不同教学理念和学术观点的碰撞，使作者相互间取长补短，促进了各章节的完善.

同济大学数学科学学院和浙江工业大学理学院拥有一批长期从事理工科数学教学的优秀教师，他们在教学方法、教材编写等方面给予编者无私的帮助，在编写过程中，颜启明副教授、项杏飞助理教授、王鹏副教授等提出了宝贵的意见，特此致谢. 在教学过程中，许多学生指出了本书初稿中的各种错误和疏漏，在此也特别感谢所有参与本课程的学生.

本书中编者的部分尝试，仍有待在教学实践中得到进一步的检验. 限于编者的水平，书中的错误与不当之处在所难免，恳请同行与读者斧正.

周羚君

2017 年 7 月

目　录

第1章 复数

本章将给出复数、复数运算以及复变函数的基本定义.

1.1 复数的定义及其四则运算

人类对数的认识，起源于计数的需要，正整数的概念就是在这样的背景下产生的. 在建立了正整数的概念后，进一步产生了定义在其上的加法和乘法两种运算. 这两种运算满足

(1) 加法交换律：$a + b = b + a$；

(2) 加法结合律：$(a + b) + c = a + (b + c)$；

(3) 乘法交换律：$ab = ba$；

(4) 乘法结合律：$(ab) c = a (bc)$；

(5) 分配律：$(a + b) c = ac + bc$.

正整数集关于加法和乘法无法定义逆运算，即两个正整数之间不一定可以定义减法和除法，而相应的运算和结果的现实意义是明显的，于是负整数和分数被先后添加进数集中，得到了有理数集. 在有理数集上，不仅可以定义满足交换律、结合律、分配律的加法和乘法运算，而且这两种运算都可以定义逆运算，即有理数集对加、减、乘、除四则运算封闭. 在此后的很长一段时期，人们相信有理数可以刻画一切在现实中遇到的数量，直到边长为 1 的正方形的对角线长度被发现不是有理数时，数学家才意识到仅使用有理数，仍然不足以刻画现实的数量，需要进一步扩充数集，于是有理数集被逐步扩充到实数集.

从方程的观点看，每一次数集的扩充，都使得一类基本的代数方程从无解变为有解，添加进数集的新数，正是这些原本无解的方程的解. 例如当 m，n 为正

整数时，下面的两个关于 x 的方程

$$m + x = n , \tag{1.1}$$

$$mx = n , \tag{1.2}$$

在正整数集中可能没有解，为此将形如 $\dfrac{n}{m}$ 的分数及其相反数添加到数集中，得到有理数集，此时对一切有理数 m，n，方程 (1.1) 在有理数集中都有解，当 $m \neq 0$ 时，方程 (1.2) 在有理数集中都有解．又例如，对正有理数 q，二次方程

$$x^2 = q \tag{1.3}$$

可能没有有理数解，为此将形如 $a + b\sqrt{m}$ 的数（这里 a，b 为任意有理数，m 为正整数），添加进数集中，方程 (1.3) 在新的数集中就有解了．然而，即使在实数范围内，二次方程

$$x^2 = -1 \tag{1.4}$$

仍然无解，为此需要进一步扩充数集，复数就是在这样的背景下产生的．

1.1.1 复数的定义

为了使方程 (1.4) 有解，形式地规定 -1 的一个平方根为 i，称为**虚数单位**（工程类文献中为了避免与电流符号混淆，经常用 j 来记虚数单位；数学类文献中为了避免与变量下标混淆，也用 $\sqrt{-1}$ 来记虚数单位）．将 i 添加进数集中，便得到复数的概念．

定义 1.1 对实数 x，y，形如 $x + iy$ 的数称为**复数**．两个复数 $x_1 + iy_1$ 和 $x_2 + iy_2$ 称为**相等**的，当且仅当 $x_1 = x_2$ 且 $y_1 = y_2$．全体复数组成的集合记为 **C**．

历史上，i 被人们所接受要比类似 $\sqrt{2}$，π 这样的无理数晚得多，因为人们起初认为，i 不像实数一样是一个有实际意义的数（例如 $\sqrt{2}$ 可以看作边长为 1 的正方形的对角线的长度，π 可以看作单位圆的面积），是一个"虚幻"的量，出于这一历史原因，数学家沿用了下面的名词．

定义 1.2 对复数 $z = x + iy (x, y \in \mathbf{R})$，称 x 为 z 的**实部**，记作 $\operatorname{Re} z$，称 y 为 z 的**虚部**，记作 $\operatorname{Im} z$．特别，若虚部 $y = 0$，则将复数 z 与实数 x 等同；若虚部 $y \neq 0$，则称复数 z 为**虚数**，对实部为零的虚数 iy，简记为 iy，称为**纯虚数**，特别 i1 简记为 i．

根据定义 1.2，实数集 **R** 可以看作复数集 **C** 的子集．

为叙述简洁，在本书中，将复数 z 记为 $x+\mathrm{i}y$ 的形式时，均默认 x，y 为实数，不再特别说明.

注 1.1 与任意两个实数都可以比较大小不同，实数与虚数、虚数与虚数之间，通常不定义大小关系.

1.1.2 复数的四则运算

在复数集上，可以定义四则运算.

定义 1.3 对复数 $z_1 = x_1 + \mathrm{i}y_1$，$z_2 = x_2 + \mathrm{i}y_2$，规定 z_1 与 z_2 的**加法**和**乘法**为

$$(x_1 + \mathrm{i}y_1) + (x_2 + \mathrm{i}y_2) = (x_1 + x_2) + \mathrm{i}(y_1 + y_2)，$$
$$(x_1 + \mathrm{i}y_1)(x_2 + \mathrm{i}y_2) = (x_1 x_2 - y_1 y_2) + \mathrm{i}(x_1 y_2 + x_2 y_1)．$$

这样的定义相当于将复数看作关于 i 的一次多项式作形式的加法和乘法，并在乘积的结果中将 i^2 替换为 -1．不难验证，这两种运算满足本节最初提到的五条运算定律，且可以定义逆运算．事实上，z_1 与 z_2 的**减法**可定义为

$$(x_1 + \mathrm{i}y_1) - (x_2 + \mathrm{i}y_2) = (x_1 - x_2) + \mathrm{i}(y_1 - y_2)，$$

当 $z_2 \neq 0$ 时，利用分母实数化的思想，z_1 与 z_2 的**除法**可定义为

$$\frac{x_1 + \mathrm{i}y_1}{x_2 + \mathrm{i}y_2} = \frac{(x_1 + \mathrm{i}y_1)(x_2 - \mathrm{i}y_2)}{(x_2 + \mathrm{i}y_2)(x_2 - \mathrm{i}y_2)} = \frac{x_1 x_2 + y_1 y_2}{x_2^2 + y_2^2} + \mathrm{i}\frac{x_2 y_1 - x_1 y_2}{x_2^2 + y_2^2}．$$

像复数集这样，关于四则运算封闭的集合，称为**数域**．特别，复数集 **C**、实数集 **R**、有理数集 **Q** 都是数域，而整数集 **Z** 关于除法不封闭，不是数域.

在四则运算的意义下，复数 $x+\mathrm{i}y$ 可看作复数 x 和 $\mathrm{i}y$ 的加法，而 $\mathrm{i}y$ 可以看作 i 与 y 的乘法，因此 $x+y\mathrm{i}$ 与 $x+\mathrm{i}y$ 可视为等同.

例 1.1 化简 $\dfrac{1}{\mathrm{i}} + \dfrac{2}{1+\mathrm{i}}$．

解 $\dfrac{1}{\mathrm{i}} + \dfrac{2}{1+\mathrm{i}} = \dfrac{-\mathrm{i}}{\mathrm{i}(-\mathrm{i})} + \dfrac{2(1-\mathrm{i})}{(1+\mathrm{i})(1-\mathrm{i})} = -\mathrm{i} + 1 - \mathrm{i} = 1 - 2\mathrm{i}$．

与实数类似，可以定义复数的**乘方**.

定义 1.4 设 n 为正整数，定义 $z^1 = z$，$z^{n+1} = z^n \cdot z$，对 $z \neq 0$，规定 $z^0 = 1$，$z^{-n} = \dfrac{1}{z^n}$．

例 1.2 化简 $(\sqrt{3} + \mathrm{i})^3$．

解 由于复数的四则运算满足与实数相同的运算律，从而二项式定理对复数

乘方成立，故

$$(\sqrt{3}+\mathrm{i})^3 = (\sqrt{3})^3 + 3(\sqrt{3})^2\mathrm{i} + 3\sqrt{3}\,\mathrm{i}^2 + \mathrm{i}^3 = (3\sqrt{3}-3\sqrt{3}) + (9-1)\mathrm{i} = 8\mathrm{i}\,.$$

注 1.2 当数集扩充到复数集后，不仅二次方程 (1.4) 有解，而且可以证明一切多项式方程都有解，这就是著名的代数学基本定理. 本书将在第 2 章与第 3 章中给出这一定理的四种证法.

1.2 复数的几何表示

复数不仅是代数学中的基本概念，在几何学中也有重要的地位.

1.2.1 复数的三角形式

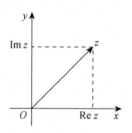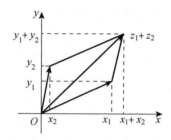

图 1.1

在平面解析几何中，平面上的点、向量、有序实数对，三者相互间存在一一对应. 根据复数的定义，一个复数由其实部和虚部唯一确定，因此映射 $z \mapsto (\operatorname{Re} z, \operatorname{Im} z)$ 是复数与有序实数对之间的一一对应，于是复数可看作平面上的点或向量（图 1.1）. 将坐标平面上的点以此规则记为复数时，该平面称为**复平面**，相应的 x 轴与 y 轴分别称为**实轴**与**虚轴**. 容易发现，复数的加法根据上述对应关系，恰好与向量的加法定义一致，即复数加法满足平行四边形法则.

用极坐标表示复数是直观且方便的. 若以 (r, θ) 记点 (x, y) 的极坐标（图 1.2），则根据欧氏坐标和极坐标的关系，复数 $z = x + \mathrm{i}y$ 可表示为

$$z = r(\cos\theta + \mathrm{i}\sin\theta)\,. \tag{1.5}$$

在本书中，凡出现形如式 (1.5) 的表达式，总是默认 r 为非负实数，θ 为实数，不再额外说明.

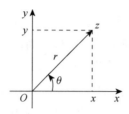

图 1.2

定义 1.5 对复数 z，$x + \mathrm{i}y$ 称为 z 的**代数形式**，$r(\cos\theta + \mathrm{i}\sin\theta)$ 称为 z 的**三角形式**，其中 $r = \sqrt{x^2 + y^2}$ 称为复数 z 的**模**（或**绝对值**），记作 $|z|$，当 $z \neq 0$ 时，θ 称为复数 z 的**幅角**，记作 $\operatorname{Arg} z$.

注 1.3 易见，若 θ 为复数 z 的幅角，则 $\theta + 2k\pi$（这里 k 为整数）都是 z 的幅角，即幅角 $\operatorname{Arg} z$ 的取值有无穷多个，从映射的观点看，Arg 是一个多值对应（将一个值对应到多个值的映射），在复变函数中，类似 Arg 的多值对应还有很多，读者会在后文中陆续见到. 多值对应在使用中不如单值对应方便，为此规定在 $(-\pi, \pi]$ 上的幅角取值为复数 z 的**幅角主值**，记为 $\arg z$.

例 1.3 将 $z = -3\sqrt{3} - 3\mathrm{i}$ 写为三角形式并求其幅角主值.

解 根据定义 $|z| = \sqrt{\left(-3\sqrt{3}\right)^2 + (-3)^2} = 6$. 又因为 z 在第三象限，从而 $\arg z = -\pi + \arctan\dfrac{-3}{-3\sqrt{3}} = -\dfrac{5\pi}{6}$. 于是 $z = 6\left(\cos\left(-\dfrac{5\pi}{6}\right) + \mathrm{i}\sin\left(-\dfrac{5\pi}{6}\right)\right)$.

由初等几何的知识，不难得到复数关于模的三角不等式.

定理 1.1 (三角不等式) $|z_1| - |z_2| \leqslant |z_1 + z_2| \leqslant |z_1| + |z_2|$.

根据模的定义，结合三角不等式，以下命题是显然的.

命题 1.2 $\max\left\{|\operatorname{Re} z|, |\operatorname{Im} z|\right\} \leqslant |z| \leqslant |\operatorname{Re} z| + |\operatorname{Im} z|$.

利用复数的三角形式计算复数乘法非常方便，有以下定理.

定理 1.3 设复数 $z_1 = r_1(\cos\theta_1 + \mathrm{i}\sin\theta_1)$，$z_2 = r_2(\cos\theta_2 + \mathrm{i}\sin\theta_2)$，则
$$z_1 z_2 = r_1 r_2 (\cos(\theta_1 + \theta_2) + \mathrm{i}\sin(\theta_1 + \theta_2)),$$
即两个复数乘积的模等于各自模的乘积，乘积的幅角等于各自幅角的和.

证明 根据乘法的定义

$$z_1 z_2 = r_1 r_2 ((\cos\theta_1 \cos\theta_2 - \sin\theta_1 \sin\theta_2) + \mathrm{i}(\sin\theta_1 \cos\theta_2 + \cos\theta_1 \sin\theta_2)),$$

根据三角函数公式, 立即得到结论. 证毕.

根据定理 1.3, 不难得到以下推论.

推论 1.4 两个复数商的模等于各自模的商, 商的幅角等于各自幅角的差.

注 1.4 为了叙述简明, 常用以下表达式

$$\mathrm{Arg}\,(z_1 z_2) = \mathrm{Arg}\,z_1 + \mathrm{Arg}\,z_2, \tag{1.6}$$

表示定理 1.3. 该式的意义为: $z_1 z_2$ 的任何一个幅角取值, 可以表示为 z_1 的某个幅角取值与 z_2 的某个幅角取值的和, 反之任何一对 z_1 与 z_2 的幅角取值的和, 一定等于 $z_1 z_2$ 的某个幅角取值. 通常情况下,

$$\arg\,(z_1 z_2) \neq \arg z_1 + \arg z_2, \tag{1.7}$$

这是因为两个幅角主值的和未必仍属于 $(-\pi, \pi]$.

利用三角形式, 结合定理 1.3 及其推论, 立即得到以下公式.

定理 1.5 (de Moivre[1]公式) 若 $z = r(\cos\theta + \mathrm{i}\sin\theta)$ 为非零复数 z 的三角形式, n 为整数, 则 $z^n = r^n(\cos n\theta + \mathrm{i}\sin n\theta)$. 特别, 对非零复数 z 和整数 n, 有

$$|z^n| = |z|^n, \qquad \mathrm{Arg}\,z^n = n\arg z + 2k\pi, \qquad k \in \mathbf{Z}.$$

注 1.5 将 de Moivre 定理的结论表达为

$$\mathrm{Arg}\,z^n = n\,\mathrm{Arg}\,z$$

是不妥当的, 这是因为 $\mathrm{Arg}\,z$ 的 n 倍为 $n\arg z + 2nk\pi$, 只是 $\mathrm{Arg}\,z^n$ 取值的一部分.

当复数的三角形式相对简单时, 利用 de Moivre 公式计算乘方要比利用二项式定理更简便.

例 1.2 解法二 因 $\sqrt{3} + \mathrm{i} = 2\left(\cos\dfrac{\pi}{6} + \mathrm{i}\sin\dfrac{\pi}{6}\right)$, 从而

$$(\sqrt{3} + \mathrm{i})^3 = 2^3\left(\cos\frac{3\pi}{6} + \mathrm{i}\sin\frac{3\pi}{6}\right) = 8\mathrm{i}.$$

1.2.2 复数的指数形式

在三角形式的基础上, Euler[2]给出了一种更简洁的表达形式, Euler 记

$$\mathrm{e}^{\mathrm{i}\theta} = \cos\theta + \mathrm{i}\sin\theta, \tag{1.8}$$

---

[1]全名为 Abraham de Moivre (1667–1754), 棣莫弗, 法国数学家.

[2]全名为 Leonhard Euler (1707–1783), 欧拉, 瑞士数学家.

于是 $z = r(\cos\theta + i\sin\theta)$ 可简记为 $z = re^{i\theta}$，$re^{i\theta}$ 称为 z 的**指数形式**，式 (1.8) 称为 **Euler 公式**. 利用 Euler 公式，复数的乘法和乘方在三角形式下的公式可写为

$$(r_1 e^{i\theta_1})(r_2 e^{i\theta_2}) = (r_1 r_2)e^{i(\theta_1 + \theta_2)},$$
$$(re^{i\theta})^n = r^n e^{in\theta}.$$

上面的等式表明，实指数函数的运算性质在当前情形下依然成立.

将复数写成指数的形式并不仅仅是形式符号，由微积分中的 Taylor[1] 公式可知

$$\cos\theta = \sum_{k=0}^{\infty} \frac{(-1)^k \theta^{2k}}{(2k)!}, \qquad \sin\theta = \sum_{k=0}^{\infty} \frac{(-1)^k \theta^{2k+1}}{(2k+1)!}.$$

将其代入 Euler 公式，得到

$$\cos\theta + i\sin\theta = \sum_{k=0}^{\infty} \left(\frac{(-1)^k \theta^{2k}}{(2k)!} + i\frac{(-1)^k \theta^{2k+1}}{(2k+1)!} \right) = \sum_{k=0}^{\infty} \frac{(i\theta)^k}{k!},$$

其中右端恰为指数函数的 **Taylor** 级数. 目前上面的计算仅仅是形式上的，复数项级数收敛性的定义将在第 3 章给出.

利用 Euler 公式可以得到以下有趣的等式

$$1 + e^{i\pi} = 0,$$

上述等式把数学上五个最常用的数 0，1，i，e，π 联系在一起.

例 1.4 写出 $1 - i$ 和 $1 + i$ 的指数形式，并计算 $\dfrac{1-i}{1+i}$.

解 $1 \pm i = \sqrt{2}e^{\pm i\frac{\pi}{4}}$，从而 $\dfrac{1-i}{1+i} = e^{-\frac{i\pi}{2}}$.

1.2.3 复数的开方

下面考虑乘方的逆运算——开方.

定义 1.6 对正整数 n 和复数 z，若存在复数 w，使得 $w^n = z$，则称 w 为 z 的一个 n 次方根.

在实数范围内，关于一个实数有几个 n 次方根，要分多种情况讨论，例如正实数有两个实的偶数次方根，负实数则没有实的偶数次方根，一切实数都只有一个实的奇数次方根. 然而如果在复数范围内，考虑一切非零复数的 n 次方根，却有统一的结论.

---

[1] 全名为 Brook Taylor (1685–1731)，泰勒，英国数学家.

定理 1.6 任意一个非零复数 $z = r(\cos\theta + \mathrm{i}\sin\theta)$ 恰有 n 个互不相同的复 n 次方根

$$\sqrt[n]{r}\left(\cos\frac{\theta + 2k\pi}{n} + \mathrm{i}\sin\frac{\theta + 2k\pi}{n}\right), \tag{1.9}$$

这里 $k = 0，1，\cdots，n-1$.

证明 首先证明式 (1.9) 中的复数互不相同且都是 z 的复 n 次方根. 事实上，对不同的 k，$k' \in \{0，1，\cdots，n-1\}$，不妨设 $k > k'$，对应的幅角差

$$0 < \frac{\theta + 2k\pi}{n} - \frac{\theta + 2k'\pi}{n} = \frac{k - k'}{n} \cdot 2\pi \leqslant \frac{n-1}{n} \cdot 2\pi < 2\pi，$$

故式 (1.9) 中的复数互不相同，且

$$\left(\sqrt[n]{r}\left(\cos\frac{\theta + 2k\pi}{n} + \mathrm{i}\sin\frac{\theta + 2k\pi}{n}\right)\right)^n = r(\cos(\theta + 2k\pi) + \mathrm{i}\sin(\theta + 2k\pi)) = z.$$

以下说明 z 的复 n 次方根只能是式 (1.9) 中所列复数之一. 设 w 为 z 的任一复 n 次方根，则

$$|z| = |w|^n，\quad \mathrm{Arg}\, z = n\arg w + 2k\pi，$$

这里 k 为整数，于是

$$|w| = \sqrt[n]{|z|}，\quad \mathrm{Arg}\, w = \frac{\theta + 2k\pi}{n}，$$

对 k 关于 n 作带余除法 $k = qn + r$，这里 q，r 为整数且 $0 \leqslant r < n$，于是

$$\frac{\theta + 2k\pi}{n} = \frac{\theta + 2r\pi}{n} + 2q\pi，$$

即 $\dfrac{\theta + 2r\pi}{n}$ 也是 w 的幅角，即 w 为式 (1.9) 中复数之一. 证毕.

由式 (1.9) 还可以进一步得到，任意非零复数 z 的 n 个互不相同的复 n 次方根，模相同，幅角依次相差 $\dfrac{2\pi}{n}$，于是对 $n \geqslant 3$，这 n 个复 n 次方根恰为以原点为中心，$\sqrt[n]{|z|}$ 为半径的正 n 边形的 n 个顶点.

注 1.6 由于非零复数 z 的 n 次方根不唯一，当 z 不为正数时，如要使用 $\sqrt[n]{z}$ 表示 z 的某一个 n 次方根，需要特别说明取哪个值.

例 1.5 1 在复平面上的三个 3 次方根分别为 $\mathrm{e}^{\mathrm{i}0}$，$\mathrm{e}^{\frac{2\pi\mathrm{i}}{3}}$ 和 $\mathrm{e}^{-\frac{2\pi\mathrm{i}}{3}}$，即 1，$-\dfrac{1}{2} + \dfrac{\sqrt{3}}{2}\mathrm{i}$ 和 $-\dfrac{1}{2} - \dfrac{\sqrt{3}}{2}\mathrm{i}$.

例 1.6 在附属范围内求解复系数一元二次方程 $az^2 + bz + c = 0 (a \neq 0)$.

解 对方程左边配方得到

$$a\left(z + \frac{b}{2a}\right)^2 + c - \frac{b^2}{4a} = 0 ,$$

即

$$\left(z + \frac{b}{2a}\right)^2 = \frac{b^2 - 4ac}{4a^2} .$$

记 $\pm\omega$ 为 $(b^2 - 4ac)$ 的两个平方根，则 $\dfrac{-b \pm \omega}{2a}$ 为原方程的根.

例 1.6 说明，任何一个复系数一元二次方程，在复数范围内都有两个根，且求根公式与实系数情形下的相同. 此时判别式 $b^2 - 4ac$ "判别" 的是两根是否相等，即**一元二次方程有重根当且仅当判别式为零**.

1.2.4 共轭复数

在复平面上，关于 x 轴对称的一对复数（图 1.3）特别重要.

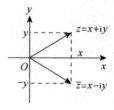

图 1.3

定义 1.7 对复数 $z = x + iy$，称 $\bar{z} = x - iy$ 为 z 的**共轭复数**.

直接验证，不难得到以下命题.

命题 1.7 设 z_1，z_2，z 为任意复数，则有

(1) $\overline{z_1 \pm z_2} = \bar{z}_1 \pm \bar{z}_2$ ；

(2) $\overline{z_1 z_2} = \bar{z}_1 \bar{z}_2$，$\overline{z^n} = \bar{z}^n$，这里 n 为正整数；

(3) $\overline{z^{-1}} = (\bar{z})^{-1}$，这里 $z \neq 0$ ；

(4) $|\bar{z}| = |z|$，对非零复数 z，$\arg \bar{z} = -\arg z$ ；

(5) $|z|^2 = z\bar{z}$；

(6) $\mathrm{Re}\, z = \dfrac{1}{2}(z + \bar{z})$，$\quad \mathrm{Im}\, z = \dfrac{1}{2i}(z - \bar{z})$；

(7) $z = \bar{z}$ 当且仅当 z 为实数；

(8) $\bar{\bar{z}} = z$.

例 1.7 证明平行四边形恒等式：$|z_1 + z_2|^2 + |z_1 - z_2|^2 = 2(|z_1|^2 + |z_2|^2)$.

证明 根据命题 1.7 中 (5) 可得，

$$|z_1 + z_2|^2 + |z_1 - z_2|^2 = (z_1 + z_2)(\bar{z}_1 + \bar{z}_2) + (z_1 - z_2)(\bar{z}_1 - \bar{z}_2)$$

$$= z_1\bar{z}_1 + z_1\bar{z}_2 + z_2\bar{z}_1 + z_2\bar{z}_2 + z_1\bar{z}_1 - z_1\bar{z}_2 - z_2\bar{z}_1 + z_2\bar{z}_2 = 2(z_1\bar{z}_1 + z_2\bar{z}_2) = 2(|z_1|^2 + |z_2|^2).$$

证毕.

1.2.5 球极投影

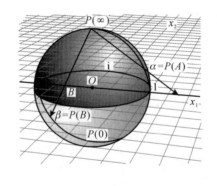

图 1.4

在地理学中，如何把球面上的图形画到平面上，是一个很重要的问题，其中一种作法，就是接下来将要给出的球极投影. 考虑三维欧氏空间 $\mathbf{R}^3$ 以及其上的单位球面（图 1.4）

$$S^2 = \left\{ (x_1, x_2, x_3) \,\middle|\, x_1^2 + x_2^2 + x_3^2 = 1 \right\},$$

并将赤道平面（$x_1 x_2$-平面）与复平面等同，其中 x_1 轴取为实轴，x_2 轴取为虚轴. 记北极点 $(0, 0, 1)$ 为 N. 首先，任取复平面上一点 A，考虑连接 N 与 A 的直线，

易见该直线与除去北极点的单位球面 $S^2 \setminus \{N\}$ 交于唯一一点，记为 $P(A)$，于是

$$P : \mathbf{C} \to S^2 \setminus \{N\} \tag{1.10}$$

可看作复平面到除去北极点的单位球面 $S^2 \setminus \{N\}$ 上的一个映射，该映射就称为**球极投影**，此时的单位球面称为 **Riemann**[1]**球面**. 其次，任取单位球面上除去北极点以外的一点 W，连接 N 与 W 的直线也与复平面交于唯一一点，从而 P 作为映射是可逆的.

通过初等几何，不难算出映射 P 的表达式为

$$P(z) = \left(\frac{2\operatorname{Re} z}{|z|^2 + 1}, \frac{2\operatorname{Im} z}{|z|^2 + 1}, \frac{|z|^2 - 1}{|z|^2 + 1} \right) = \left(\frac{z + \bar{z}}{z\bar{z} + 1}, \frac{-i(z - \bar{z})}{z\bar{z} + 1}, \frac{z\bar{z} - 1}{z\bar{z} + 1} \right), \tag{1.11}$$

于是 P 连续，且满足

$$\lim_{|z| \to \infty} P(z) = N. \tag{1.12}$$

将 ∞ 称为**无穷远点**，则北极点 N 可看作无穷远点在球极投影下的像，进一步记 $\bar{\mathbf{C}} = \mathbf{C} \cup \{\infty\}$，称为**扩充复平面**，从而 P 是一个从扩充复平面到 Riemann 球面的一一对应，且 P 及其逆映射都是连续的.

球极投影有助于研究与无穷远点相关的问题，在复变函数论中十分重要.

1.3　平面点集的复数表示

平面几何的研究对象是平面上的点集，引进复数后，就可以利用复数来研究平面几何问题.

1.3.1　平面曲线

定义 1.8　设平面曲线 C 可表示为参数方程 $z(t) = x(t) + iy(t)$ $(\alpha \leqslant t \leqslant \beta)$，$z(\alpha)$ 和 $z(\beta)$ 分别称为曲线 C 的**起点**和**终点**. 若 $x(t)$ 和 $y(t)$ 在 $[\alpha, \beta]$ 上都连续可导，则称 C 为**光滑曲线**. 若 $x(t)$ 和 $y(t)$ 在 $[\alpha, \beta]$ 上连续，在 $[\alpha, \beta]$ 除去有限个点 t_1，t_2，$\cdots$，t_n 的集合上连续可导，则称 C 为**逐段光滑曲线**.

逐段光滑曲线可以看作由有限段光滑曲线依次首尾连接而成，本书中，所有的曲线都假定是逐段光滑的.

---

[1] 全名为 Georg Friedrich Bernhard Riemann (1826–1866)，黎曼，德国数学家.

定义 1.9　对以参数方程 $z(t)\,(\alpha \leqslant t \leqslant \beta)$ 表示的曲线 C，若存在不相等的参数 $t_1, t_2 \in [\alpha, \beta]$，使得 $z(t_1) = z(t_2)$，则称该点为曲线 C 的一个**重点**. 若 $z(\alpha) = z(\beta)$，则称曲线 C 为**闭曲线**. 若某逐段光滑曲线没有重点，或除了起点和终点外无其他重点，这样的曲线称为**简单曲线**，特别，后一种情形称为**简单闭曲线**.

直观上，简单曲线不存在自交点，每个点只"途经"一次.

例 1.8　正方形的边界可看作逐段光滑的简单闭曲线，且无论选取何种参数方程，正方形的四个顶点都是不可导的点.

对以参数方程 $z(t)\,(\alpha \leqslant t \leqslant \beta)$ 表示的曲线 C，可依据参数增加的方式给出曲线的**方向**（也称为**定向**），当参数 t 由 α 单调递增地变化到 β 时，点 $z(t)$ 沿曲线的方向由起点变到终点. 这样规定了方向的曲线称为**有向曲线**.

需要指出，以参数减小的方式定义曲线的定向也是可以的，若 C 表示以参数增加的方式定义的有向曲线，则以 C^- 表示同一参数方程下以参数减少的方式定义的有向曲线，称为 C 的**反向曲线**. 对有向曲线 C_1 和 C_2，以 $C = C_1 \cup C_2$ 表示 C 为由曲线 C_1 和 C_2 的并集构成的曲线，且在 C_1 和 C_2 上分别取各自的方向.

注 1.7　在本书中，如不做特别说明，默认简单闭曲线的定向为逆时针方向，该定向称为该简单闭曲线的**正向**. 特别，对有限条互不相交的有向简单闭曲线的并集，称为**围线**.

例 1.9　记 C 为以 1 为起点与终点的正向单位圆周，则 C^- 表示以 1 为起点与终点的反向单位圆周（即顺时针方向的圆周），$C \cup C^-$ 表示以 1 为起点，先沿单位圆周逆时针行进一圈，再顺时针行进一圈得到的有向曲线，$C \cup C^-$ 是闭曲线，但不是简单曲线（单位圆周上的每一点都是该有向曲线的重点）.

例 1.10　极坐标下的参数方程
$$\begin{cases} r(t) = 2|\sin t|, \\ \theta(t) = t, \end{cases}$$
这里 $0 \leqslant t \leqslant 2\pi$. 这是一条 8 字形的有向曲线，它是逐段光滑的闭曲线，但不是简单曲线，因为原点为重点（当 $t = 0$，π，2π 时，参数方程的值都为原点）.

例 1.11　分别写出连接 z_1 及 z_2 两点的线段和直线的参数方程.

解　连接两点 z_1 与 z_2 的线段和直线的参数方程可统一写为
$$z = z_1 + t(z_2 - z_1),$$
其中当 t 取值在区间 $[0,1]$ 时，上述方程表示连接 z_1 与 z_2 的线段；当 t 取值在 $(-\infty, +\infty)$ 时，上述方程表示连接 z_1 与 z_2 的直线.

例 1.12 平面上以 (x_0, y_0) 为中心，正数 r 为半径的圆周显然是一条简单闭曲线．记 $z_0 = x_0 + iy_0$，这个圆周的方程可以用复数记为 $|z - z_0| = r$．若选取该圆周的参数方程为

$$\begin{cases} x(t) = x_0 + r\cos t, \\ y(t) = y_0 + r\sin t, \end{cases} \tag{1.13}$$

其中 $t \in [0, 2\pi]$，并选取圆周的方向为 t 增加的方向（即逆时针方向），则该圆周就是一条有向的简单闭曲线．根据 Euler 公式，参数方程 (1.13) 可以写成复形式

$$z(t) = x(t) + iy(t) = z_0 + re^{it}. \tag{1.14}$$

将参数方程写成复形式有很多便利，例如由微积分的知识，曲线 (1.14) 在点 $(x(t), y(t))$ 的切向量为 $(x'(t), y'(t)) = (-r\sin t, r\cos t)$，如果写成复形式的话，恰好是 ire^{it}，相当于形式地运用实指数函数的求导法则，对复形式的参数方程 (1.14) 求关于 t 的导数（复指数函数导数的严格定义将在第 2 章给出）．

注 1.8 上述关于曲线的各种概念，都是通过曲线的参数方程定义的，由于同一条曲线，参数选取的方式并不唯一（例如在单位圆周的参数方程中，将参数的范围改为 $[-\pi, \pi]$，同样表示单位圆周）．然而，曲线的光滑性、曲线的重点应是客观的，与参数选取无关．事实上，可以证明上述定义不依赖于参数的选取，这些证明的细节不是本书的重点，这里略去．

1.3.2 平面区域

先回顾一下，关于平面点集的一些概念．

定义 1.10 对给定正数 $\delta > 0$ 和平面上的一点 z_0，称 $B_\delta(z_0) = \{|z - z_0| < \delta\}$ 为 z_0 的一个 **δ-邻域**．设 S 为一个平面点集，若存在 $B_\delta(z_0) \subset S$，则称 z_0 为 S 的一个内点．若 S 的每个点都是**内点**，则称 S 为**开集**，特别，约定空集为开集．若 S 在复平面的补集 S^c 为开集，则称 S 为**闭集**．

定义 1.11 对平面点集 S，若存在正数 R，使得 $S \subset B_R(0)$，则称 S 为**有界**的，否则称为**无界**的．

定义 1.12 设 S 为一个平面点集，z_0 为 S 上一点，若存在 z_0 的某个 δ-邻域 $B_\delta(z_0)$，使得 $B_\delta(z_0) \cap S = \{z_0\}$（即邻域 $B_\delta(z_0)$ 内除 z_0 以外，没有其他的 S 中的点），则称 z_0 是 S 的一个**孤立点**．

对简单的平面点集（例如下面提到的例子），其边界在直观上是很明确的，

对一般的平面点集, 其边界可以用以下方式严格定义.

定义 1.13　设 S 为复平面上的点集, 若 z_0 既非 S 的内点, 也非 S^c 的内点, 则称 z_0 为 S 的**边界点**, S 边界点全体所构成的集合称为 S 的**边界**, 记为 ∂S, S 与边界 ∂S 的并集称为 S 的**闭包**, 记为 $\bar{S}$.

在复变函数论中, 很多问题都是基于区域提出的, 其定义如下.

定义 1.14　若 D 为复平面上的开集, 且对 D 内任意两点, 都可用一条完全包含于 D 内的逐段光滑曲线连接 (此时称 D 为**道路连通**的), 则称 D 为复平面上的**开区域**, 简称**区域**. 开区域的闭包称为**闭区域**.

以下是一些常见的区域类型.

例 1.13　圆域 $B_r(z_0) = \{|z - z_0| < r\}$ (图 1.5).

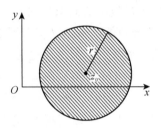

图 1.5

圆域去掉圆心后所得的区域 $\{0 < |z - z_0| < r\}$ 称为点 z_0 的**去心邻域**.

例 1.14　环域 $\{a < |z - z_0| < b\}$ 和带形域 $\{c < \operatorname{Re} z < d\}$ (图 1.6).

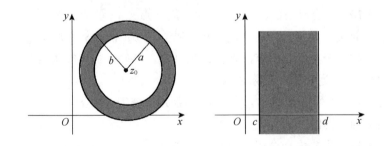

图 1.6

例 1.15　上半平面 $\{\operatorname{Im} z > 0\}$ 和**角形域** $\{\alpha < \operatorname{Arg} z < \beta\}$ (图 1.7).

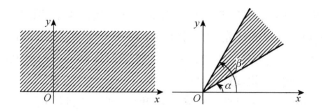

图 1.7

这里 $\alpha < \operatorname{Arg} z < \beta$ 表示 z 的幅角的某一个值落在区间 (α, β) 内.

例 1.16 **方形域** $\{a < \operatorname{Re} z < b\} \cap \{c < \operatorname{Im} z < d\}$ 和**月芽形域** $\{|z-1| < 1\} \cap \{|z| > 1\}$ （图 1.8）.

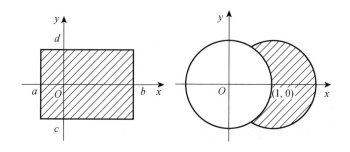

图 1.8

区域有以下定理，该定理的证明基于连通性，这里略去（参考文献 [4]）.

定理 1.8 设 P 为关于区域 D 中点的某种性质，且同时满足以下条件：

(1) 性质 P 至少在 D 内一点成立，即使得性质 P 成立的点集非空；

(2) 如果性质 P 在 z_0 点成立，则必存在 z_0 的某个 δ-邻域 $B_\delta(z_0)$，使得性质 P 在 $B_\delta(z_0)$ 内处处成立；

(3) 如果性质 P 在 D 中一收敛点列 $\{w_n : n \geqslant 1\}$ 上成立，w_0 为该点列在 D 中的极限，则必有性质 P 在点 w_0 成立.

则性质 P 对 D 内一切点都成立.

直观上看，记 D_1 是使性质 P 成立的点的全体构成的集合，条件 (3) 保证了 D_1 落在 D 内的边界点也必属于 D_1，条件 (2) 保证了使性质 P 成立的点都是 D_1 的内点，于是 D_1 不可能有落在 D 内的边界点，从而 D_1 只能与 D 相同.

以下定理直观上是明显的，其严格证明远远超出本书的范围，这里略去.

定理 1.9 (Jordan[1]曲线定理)　平面上的任何一条简单闭曲线 C 必将平面分成两个不相交的区域，其中一个为有界的，称为曲线 C 的**内部区域**，另一个为无界的，称为曲线 C 的**外部区域**，这两个区域均以 C 为其边界.

例如圆周 $\{|z| = r\}$ 的内部区域是圆域 $\{|z| < r\}$，该区域是有界的，外部区域是环域 $\{r < |z| < \infty\}$，该区域是无界的.

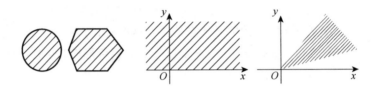

图 1.9

一个区域内部是否有"洞"至关重要，基于 Jordan 曲线定理，有以下定义.

定义 1.15　设 D 为一个区域，如果 D 内任一条简单闭曲线的内部区域完全包含于 D 内，则称 D 为**单连通**的，否则称为**多连通**的.

直观上看，单连通区域是没有"洞"的区域. 例如一条简单闭曲线的内部区域必定是单连通区域，图 1.9 中的区域都是单连通区域，环域不是单连通区域.

多连通区域的典型例子如图 1.10 所示. 该区域（记为 D）的边界为有限条互不相交的简单光滑闭曲线，分别记为 C_0，C_1，$\cdots$，C_m，其中 C_0 是 D 的外边界，C_1，$\cdots$，$C_m \subset D_0$ 是 D 的内边界.

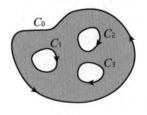

图 1.10

---

[1]全名为 Camille Jordan (1838–1922)，若当，法国数学家.

注 1.9 作为一般的区域,即便是单连通的,其边界也未必如上图中的区域边界那么简单. 在本书中,总假定区域的边界为有限条互不相交的逐段光滑的简单曲线构成.

定义 1.16 当区域的边界为有限条互不相交的简单闭曲线构成时,如果对每一段作为边界的简单闭曲线,当沿这条曲线行走时,该区域临近边界的点总位于行走方向的左边,则规定了这种定向的边界称为该区域的**正向边界**.

本书中,对区域边界如不特别说明,均默认为正向边界. 例如图 1.10 中区域的正向边界为围线 $\Gamma = C_0 \cup C_1^- \cup C_2^- \cup C_3^-$.

1.4 复变函数

类似实数集到实数集的映射,也可以定义复数集到复数集的映射,当映射为单值对应时,就得到复变量函数,简称**复变函数**.

1.4.1 复变函数的定义

复变函数是定义在复数集的子集上,取值也在复数集上的函数,类似实变量函数的记法,以 $w = f(z)$ 记以 z 为自变量的复变函数.

对复变函数,通常不能像一元实函数那样画出图像,因为要画一个一元复变函数的图像,需要建立一个实四维的坐标空间,这样的坐标空间很难在平面上画出示意图.

复变函数可以看作复平面上集合间的映射. 若称 z 所在的复平面为 z-平面,w 所在的复平面为 w-平面,则复变函数 $w = f(z)$ 可视为从 z-平面到 w-平面的一个映射,定义域 D 称为**原像集**,$f(D) = \{w = f(z) | z \in D\}$ 称为**像集**(图 1.11).

例 1.17 描述映射 $f(z) = z + z_0$ 和 $g(z) = kz$ 的几何意义,这里 z_0 为复常数,k 为正实数.

解 由于复数加法可看作向量的加法,因此映射 $f(z)$ 将任何一个复数对应的点平移了向量 z_0. 映射 $g(z)$ 对应了向量的数乘,因此该映射是一个相似变换,即将任何一个向量的长度变为原来的 k 倍,方向不改变.

例 1.18 描述映射 $f(z) = e^{i\alpha}z$ 的几何意义,这里 $\alpha \in \mathbf{R}$ 为常数.

解 设 $z = re^{i\theta}$,则 $e^{i\alpha}z = re^{i(\alpha+\theta)}$,即该映射保持 z 的模不改变,幅角增加 α,

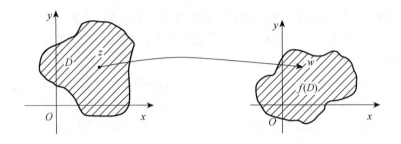

图 1.11

从而该映射是将平面向量逆时针旋转 α .

注 1.10 相比利用矩阵刻画平面向量的旋转，上例中的写法简洁得多．受此启发，三维空间中的向量旋转同样可以借助一种更"复杂"的数（称为 **Hamilton**[1]**四元数**）来刻画，有兴趣的读者可以搜索相关文献了解．

注 1.11 在复变函数论中，多值对应（对给定的自变量，对应多个值）也是常见的，这种对应关系也称为**多值函数**，例如前面定义的幅角 $\mathrm{Arg}\, z$ ．在本书中，如无特别说明，所提及的函数均指单值函数．

1.4.2 复变函数的分量表示

给定复变函数 $w = f(z)$ ，记 $z = x + \mathrm{i}y$ ，再记 $u = \mathrm{Re}\, f(z)$ ，$v = \mathrm{Im}\, f(z)$ ，显然 u ，v 由 z 或者 (x, y) 唯一确定，从而 u ，v 可以看作关于 x ，y 的二元实函数．于是，一元复变函数作为映射可看作从平面区域到平面的映射，即对应关系 $z \mapsto f(z)$ 等同于

$$\begin{pmatrix} x \\ y \end{pmatrix} \mapsto \begin{pmatrix} u(x, y) \\ v(x, y) \end{pmatrix} .$$

在后面的章节中，若将一个复变函数 $f(z)$ 写作 $u + \mathrm{i}v$ ，总是默认 u 和 v 分别为 $f(z)$ 的实部和虚部，不再一一说明．

例 1.19 描述映射 $w = z^{-1}$ 的点对应关系，并求直线 $y = x$ 在该映射下的像．

---

[1]全名为 William Rowan Hamilton (1805–1865)，哈密顿，爱尔兰数学家

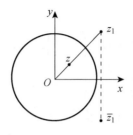

图 1.12

解 $w = z^{-1}$ 是由下列两个映照复合得到的：$z_1 = \bar{z}^{-1}$，$w = \bar{z}_1$．任取一点 z（图 1.12），$z_1 = \bar{z}^{-1}$ 将 z 映射成 z_1，其幅角与 z 相同，其模满足 $|z_1||z| = 1$．z 和 z_1 称为关于单位圆周的对称点．这种映射，即为平面几何中的关于单位圆的反演变换．$w = \bar{z}_1$ 为关于实轴的对称映照．复合映射 $w = z^{-1}$ 称为倒置换．

取直线 $y = x$ 的参数方程为 $z(t) = (t, t)$，这里 t 为实数，于是根据 $w = \dfrac{x}{x^2 + y^2} - \mathrm{i}\,\dfrac{y}{x^2 + y^2}$，得直线 $y = x$ 在该映射下的像的参数方程为

$$
\begin{cases}
u = \dfrac{t}{t^2 + t^2} = \dfrac{1}{2t}, \\[2mm]
v = \dfrac{-t}{t^2 + t^2} = -\dfrac{1}{2t}.
\end{cases}
$$

消去参数，得映像的方程为 $u = -v$（u 和 v 不同时为零），这是 w-平面上第二、四象限的角平分线除去原点．

例 1.20 描述映射 $w = z^2$ 的点对应关系．

解 对给定 $z \neq 0$，由于 $z = r\mathrm{e}^{\mathrm{i}\arg z}$，有 $w = z^2 = r^2 \mathrm{e}^{2\mathrm{i}\arg z}$．从而经过映射，模由 $|z|$ 变为 $|z|^2$，幅角由 $\arg z$ 变为 $2\arg z$．

例 1.21 求 z-平面上以原点为中心的圆周，在 Zhukovsky[1] 函数 $w = \dfrac{1}{2}\left(z + \dfrac{1}{z}\right)$ 下的映像．

解 取圆周 $|z| = r$ 的参数方程为 $z(t) = r(\cos t + \mathrm{i}\sin t)$，这里 t 为实数，于是根据 $w = \dfrac{1}{2}\left(x + \mathrm{i}y + \dfrac{x}{x^2 + y^2} - \mathrm{i}\,\dfrac{y}{x^2 + y^2}\right)$，得圆周 $|z| = r$ 在该映射下的像的参数方程

---

[1] 全名为 Nikola Egorovic Zhukovsky (1847–1921)，茹科夫斯基，俄国力学家．

为

$$
\begin{cases}
u = \dfrac{1}{2}\left(r + \dfrac{1}{r}\right)\cos t\,, \\[3mm]
v = \dfrac{1}{2}\left(r - \dfrac{1}{r}\right)\sin t\,.
\end{cases} \tag{1.15}
$$

于是当 $r \neq 1$ 时，式 (1.15) 表示 w-平面上的椭圆

$$
\frac{u^2}{\left(r + \dfrac{1}{r}\right)^2} + \frac{v^2}{\left(r - \dfrac{1}{r}\right)^2} = \frac{1}{4}\,;
$$

当 $r = 1$ 时，式 (1.15) 表示 w-平面上的 u 轴上的线段 $[-1, 1]$.

更多关于复变函数的几何意义，将在第 5 章中介绍.

习题 1

1. 将下列表达式化简为代数形式.

(1) $\dfrac{1+i}{3+2i}$，   (2) $\dfrac{1}{2i} + \dfrac{3i}{1+i}$，   (3) $\dfrac{(3+4i)(12-5i)}{2i}$，   (4) $\left(\dfrac{1+\sqrt{3}i}{1-\sqrt{3}i}\right)^2$.

2. 求满足 $\dfrac{(x+y)+i(x-y)}{1+i} = 2+i$ 的实数 x 和 y.

3. (1) 证明复数 z 为实数的充要条件是 $z = \bar{z}$.

   (2) 设 z_1 和 z_2 为复数，若 $z_1 z_2$ 和 $z_1 + z_2$ 都是实数，证明 z_1 和 z_2 或者都是实数，或者互为共轭.

4. 设 $z = x + iy$，$y \neq 0$，$z \neq \pm i$. 证明 $\dfrac{z}{1+z^2}$ 是实数当且仅当 $|z| = 1$.

5. 将下列复数表示为指数形式.

   (1) $2i$，   (2) -1，   (3) $-1 + i\sqrt{3}$，   (4) $1 - \cos\varphi + i\sin\varphi$，这里 $0 \leqslant \varphi \leqslant 2\pi$.

6. 求实数 a 和 b，使得 $z_1 = 2 - \sqrt{3}a + ia$，$z_2 = \sqrt{3}b - 1 + i(\sqrt{3} - b)$ 的模相等，并且 $\arg\dfrac{z_2}{z_1} = -\dfrac{\pi}{2}$.

7. 计算乘方:

(1) $(\sqrt{3} + i)^{2000}$，　(2) $(1 - i)^{99}$．

8. 设 θ 为实数，利用 Euler 公式以及二项式定理证明
$$\cos 3\theta = \cos^3 \theta - 3\cos\theta \sin^2 \theta，\qquad \sin 3\theta = 3\cos^2 \theta \sin\theta - \sin^3 \theta．$$

9. 在复平面上画出 -1 的所有六次方根．

10. 求方程 $z^3 + 8 = 0$ 的根．

11. 证明由方程 $\operatorname{Re} \dfrac{z_2 - z_1}{z - z_1} = 1$ 确定的曲线是以连接 z_1，z_2 的线段为直径的圆周除去点 z_1 后的部分．

12. 设 $|a| \neq 1$，证明方程 $\left| \dfrac{z - a}{1 - \bar{a}z} \right| = 1$ 表示以 0 为中心，1 为半径的圆周．

13. 把下列函数 $f(z)$，写成 $f(z) = u(x, y) + iv(x, y)$ 的形式：

(1) $f(z) = z^2 + z + 1$，(2) $f(z) = \dfrac{1}{z}$．

14. 讨论由下列方程确定的图形：

(1) $|z - 1| = |z + 1|$，　(2) $\operatorname{Re} \dfrac{1}{z} = 1$，　(3) $\operatorname{Im} z^2 = 2$，　(4) $\operatorname{Re} z^2 = 2$．

15. 例 1.10 中的曲线是否为光滑曲线，说明理由．

16. 求满足 $0 < \arg \dfrac{z - i}{z + i} < \theta$（这里 $\theta \in (0, \pi)$ 为常数）的 z 组成的点集并作图．

17. 对 $z \neq 0$，求 $P(z^{-1})$ 在 $\mathbf{R}^3$ 中的坐标，并研究与 $P(z)$ 的几何关系．这里 P 为球极投影．

18. 求下列曲线在函数 $w = z^{-1}$ 下的映像：

(1) $x^2 + y^2 = r^2$，　(2) $y = 1$，　(3) $x = 1$，　(4) $(x + 1)^2 + y^2 = 1$．

19. 求区域 $\left\{ 0 < \arg z < \dfrac{\pi}{3} \right\}$ 在映射 $w = z^3$ 下的映像．

20. 求 z-平面上以原点为端点的射线在 Zhukovsky 函数 $w = \dfrac{1}{2}\left(z + \dfrac{1}{z} \right)$ 下的映像．

21. 设 z_0，z_1，z_2，z_3 为复平面上互不相同的四个点．

(1) 证明 z_0，z_1，z_2，z_3 的**交比**

$$(z_0, z_1, z_2, z_3) = \frac{z_2 - z_0}{z_2 - z_1} : \frac{z_3 - z_0}{z_3 - z_1}$$

为实数的充分必要条件是 z_0，z_1，z_2，z_3 共线或共圆.

(2) 证明 **Ptolemy**[1]**定理**：$|z_1 - z_0| \cdot |z_3 - z_2| + |z_2 - z_1| \cdot |z_0 - z_3| \geqslant |z_2 - z_0| \cdot |z_3 - z_1|$，等号成立当且仅当 z_0，z_1，z_2，z_3 共线或共圆.

[1] 全名为 Claudius Ptolemaeus (90–168)，托勒密，古希腊天文学家、数学家.

第2章 复变函数的微积分

本章研究复变函数的微积分. 一元微积分中对实数或实变量函数定义的极限、连续、导数、积分等概念, 将在本章扩展到复变函数的范畴中, 并由此得到解析函数的基本性质.

2.1 极限和连续

本节将对复变函数建立极限和连续概念. 这些概念的定义以及相关性质, 与单变量微积分的相关内容十分相近.

2.1.1 复数列的极限

定义 2.1 对复数列 $\{z_n : n \geqslant 1\}$, 若存在常数 z_0, 使得对任何 $\varepsilon > 0$, 存在 $N > 0$, 使当 $n > N$ 时, 有 $|z_n - z_0| < \varepsilon$, 则称该复数列 $\{z_n\}$ **收敛**或**存在极限**, z_0 称为其**极限**, 记为 $\lim\limits_{n \to \infty} z_n = z_0$.

复数列极限的定义, 形式上与实数列极限的定义完全相同, 因此有关实数列极限的很多性质都可以平行推广到复数列的情形, 这里只列出这些性质, 而略去其证明.

命题 2.1 设 $\{z_n\}$ 和 $\{w_n\}$ 为复数列, 且极限 $\lim\limits_{n \to \infty} z_n$ 和 $\lim\limits_{n \to \infty} w_n$ 都存在, 则

(1) 数列 $\{z_n\}$ 和 $\{w_n\}$ 均为有界的;

(2) $\lim\limits_{n \to \infty} (z_n \pm w_n) = \lim\limits_{n \to \infty} z_n \pm \lim\limits_{n \to \infty} w_n$;

(3) 对一切复常数 c, $\lim\limits_{n \to \infty} cz_n = c \lim\limits_{n \to \infty} z_n$;

(4) $\lim\limits_{n \to \infty} (z_n w_n) = \left(\lim\limits_{n \to \infty} z_n\right) \cdot \left(\lim\limits_{n \to \infty} w_n\right)$;

(5) 若 $\lim\limits_{n \to \infty} w_n \ne 0$，则存在 $N > 0$，使得对一切 $n > N$，有 $w_n \ne 0$，进一步，

$\lim\limits_{n \to \infty} w_n^{-1} = \left(\lim\limits_{n \to \infty} w_n\right)^{-1}$.

记 $z_n = x_n + \mathrm{i} y_n (n = 0，1，2，\cdots)$，由命题 1.2 得

$$\max \{|x_n - x_0|, |y_n - y_0|\} \le |z_n - z_0| \le |x_n - x_0| + |y_n - y_0|,$$

从而容易证明以下定理.

定理 2.2　复数列 $\{z_n\}$ 收敛，当且仅当实数列 $\{x_n = \operatorname{Re} z_n\}$ 和 $\{y_n = \operatorname{Im} z_n\}$ 同时收敛，且 $\lim\limits_{n \to \infty} z_n = \lim\limits_{n \to \infty} x_n + \mathrm{i} \lim\limits_{n \to \infty} y_n$.

由此，有关复数列的极限问题，可以转化为实数列的极限问题来研究.

2.1.2　复变函数的极限和连续

本节假定 S 为复平面的一个子集（不必为区域）.

定义 2.2　设 $f(z)$ 为定义在 S 上的函数，z_0 为 $\bar{S}$ 上的一点，且不是 S 的孤立点. 若存在复常数 A，使对任何 $\varepsilon > 0$，都存在 $\delta > 0$，使得对 S 上一切满足 $0 < |z - z_0| < \delta$ 的点 z，都有 $|f(z) - A| < \varepsilon$，则称 A 为 $f(z)$ 当 z 趋向于 z_0 时的极限，记作 $\lim\limits_{z \to z_0} f(z) = A$.

复变量函数极限的定义方式与实变量函数几乎完全相同，因此很多实变量函数极限的相关性质可以平行推广到复变函数的情形，这里同样只列出其中一部分性质而略去其证明.

命题 2.3　设 f 和 g 都是定义在 S 上的函数，且极限 $\lim\limits_{z \to z_0} f(z)$ 和 $\lim\limits_{z \to z_0} g(z)$ 都存在有限，则以下结论成立：

(1) 存在 $\delta > 0$，使得 $f(z)$ 和 $g(z)$ 在 $\{0 < |z - z_0| < \delta\}$ 内均为有界的；

(2) $\lim\limits_{z \to z_0} (f(z) \pm g(z)) = \lim\limits_{z \to z_0} f(z) \pm \lim\limits_{z \to z_0} g(z)$;

(3) 对一切复常数 c，$\lim\limits_{z \to z_0} c f(z) = c \lim\limits_{z \to z_0} f(z)$;

(4) $\lim\limits_{z \to z_0} (f(z) g(z)) = \lim\limits_{z \to z_0} f(z) \cdot \lim\limits_{z \to z_0} g(z)$;

(5) 若 $\lim\limits_{z \to z_0} g(z) \ne 0$，则存在 $\delta > 0$，使对 S 上一切满足 $0 < |z - z_0| < \delta$ 的 z，有

$g(z) \neq 0$，进一步，$\lim\limits_{z \to z_0}(g(z))^{-1} = \left(\lim\limits_{z \to z_0} g(z)\right)^{-1}$.

记 $A = a + ib$，$f(z) = u(x, y) + iv(x, y)$，根据命题1.2，得

$$\max\{|u(x, y) - a|, |v(x, y) - b|\} \leqslant |f(z) - A| \leqslant |u(x, y) - a| + |v(x, y) - b|,$$

由此容易证明以下定理.

定理 2.4 函数 $f(z)$ 在点 z_0 的极限 $\lim\limits_{z \to z_0} f(z)$ 存在，当且仅当实部 $u(x, y)$ 和虚部 $v(x, y)$ 作为二元实函数，极限 $\lim\limits_{\substack{x \to x_0 \\ y \to y_0}} u(x, y)$ 与 $\lim\limits_{\substack{x \to x_0 \\ y \to y_0}} v(x, y)$ 同时存在，且

$$\lim_{z \to z_0} f(z) = \lim_{\substack{x \to x_0 \\ y \to y_0}} u(x, y) + i \lim_{\substack{x \to x_0 \\ y \to y_0}} v(x, y).$$

由此，有关复变函数 $f(z)$ 的极限问题，可以转化为两个二元实函数 $u(x, y)$ 和 $v(x, y)$ 的极限问题来研究.

结合无穷远点的定义，与实变量函数类似，也可以定义复变函数在无穷远点的极限，或在有限点的极限为无穷远点.

定义 2.3 设 $f(z)$ 为定义在 $\{|z| > R\}$ 内的函数，R 为给定的非负数. 若存在复常数 A，使对任何 $\varepsilon > 0$，都存在 $G > R$，使得对一切满足 $|z| > G$ 的点 z，都有 $|f(z) - A| < \varepsilon$，则称 A 为 $f(z)$ 当 z 趋向于无穷远点时的极限，记作 $\lim\limits_{z \to \infty} f(z) = A$.

定义 2.4 设 $f(z)$ 为定义在 S 上的函数，z_0 为 $\bar{S}$ 上的一点. 若对任何 $M > 0$，都存在 $\delta > 0$，使得对 S 内一切满足 $0 < |z - z_0| < \delta$ 的点 z，都有 $|f(z)| > M$，则称当 z 趋向于 z_0 时 $f(z)$ 趋于无穷远点，记作 $\lim\limits_{z \to z_0} f(z) = \infty$.

定义 2.5 设 $f(z)$ 为定义在 $\{|z| \geqslant R\}$ 上的函数，R 为给定的非负数. 若对任何 $M > 0$，都存在 $G > R$，使得对一切满足 $|z| > G$ 的点 z，都有 $|f(z)| > M$，则称当 z 趋向于无穷远点时 $f(z)$ 趋于无穷远点，记作 $\lim\limits_{z \to \infty} f(z) = \infty$.

在球极投影的观点下，变量趋于无穷远点，有直观的几何意义. 事实上，将变量通过球极投影映射到球面上，则变量趋于无穷远点，即等价于其映像趋于北极点. 需要注意的是，不同于单变量微积分，在复变函数中，没有正负无穷的概念，这是因为在复平面上，变量趋于无穷远点的方向有无穷多种，沿正负实轴趋于无穷大并没有多少特殊性.

利用函数的极限，仿照一元微积分中连续函数的定义，可以得到复变函数连续的概念.

定义 2.6　设 $f(z)$ 为定义在 S 上的函数，z_0 为 S 上一点，若 $\lim\limits_{z \to z_0} f(z) = f(z_0)$，则称 $f(z)$ 在点 z_0 **连续**. 若 $f(z)$ 在 S 上的每一点都连续，则称 $f(z)$ 为 S 上的**连续函数**.

根据定理 2.4，立即得到以下结论.

定理 2.5　函数 $f(z)$ 在点 z_0 连续的充分必要条件是 $f(z)$ 的实部 $u(x,y)$ 和虚部 $v(x,y)$ 作为二元实函数在点 (x_0, y_0) 都连续.

由此，研究复变函数的连续性，可以转化为研究两个二元实变量函数的连续性. 有关复变函数连续性的基本性质的表述，有些与单变量微积分中实变量函数的相关性质相同，有些需要做一些小的改动.

命题 2.6　设函数 $f(z)$ 和 $g(z)$ 都在 S 上连续，c 为复常数，则

(1) 函数 $f(z) \pm g(z)$，$cf(z)$ 以及 $f(z)g(z)$ 都在 S 上连续；

(2) 若 $g(z) \neq 0$，则函数 $\dfrac{f(z)}{g(z)}$ 在 S 上连续.

命题 2.7　设 $f(z)$ 和 $g(z)$ 分别为定义在 S 与 S' 上的连续函数，且 $f(z)$ 的值域包含于 S'，则 $g(f(z))$ 为 S 上的连续函数.

定理 2.8　定义在有界闭区域 $\bar{D}$ 上的连续函数 $f(z)$，其模 $|f(z)|$ 必在 $\bar{D}$ 上达到最大值与最小值.

例 2.1　讨论幅角主值函数 $\arg z$ 的连续性.

解　按照定义不难发现，当 z_0 不为零或负实数时，$\arg z$ 在 z_0 点连续. 但若 $z_0 = x_0$ 为负实数，当 z 从负实轴的上方趋向于 $z_0 = x_0$ 时，$\arg z$ 趋向于 $\pi = \arg z_0$. 而当 z 从负实轴的下方趋向于 $z_0 = x_0$ 时，$\arg z$ 趋向于 $-\pi \neq \arg z_0$，从而 $\arg z$ 在原点和负实轴不连续. 综上所述，$\arg z$ 在沿原点和负实轴割破的复平面上连续.

由于复变量函数的连续性问题可以等价地转化为实变量函数的连续性问题，且连续的复变量函数没有比连续的实变量函数拥有更特别的性质，因此连续的复变量函数不是复变函数的主要研究对象.

2.2　导数和解析函数

本节将介绍复变函数导数的概念，并给出复变函数导数存在的条件，进而引出复变函数论的主要研究对象——解析函数.

2.2.1 导数

定义 2.7 对定义在区域 D 内的函数 f，如果极限

$$\lim_{\Delta z \to 0} \frac{f(z + \Delta z) - f(z)}{\Delta z}$$

存在，则称 f 在点 z 处**可导**，该极限称为 f 在 点 z 的**导数**，记作 $f'(z)$ 或 $\dfrac{\mathrm{d}f}{\mathrm{d}z}$.
$f'(z)$ 可看作定义在使得 f 可导的点构成的集合上的函数. 当 f 在集合 S 中每一点都可导时，也称 f 在集合 S 上可导.

由于复变函数导数的定义与单变量微积分中函数导数的定义形式上完全相同，因而单变量微积分中很多关于函数导数的定理对复变函数也成立，证明方法也基本相同，此处全部略去.

定理 2.9 若复变函数 $f(z)$ 在 z_0 点处可导，则 $f(z)$ 在 z_0 点处连续.

定理 2.10 设复变函数 $f(z)$ 和 $g(z)$ 都在区域 D 内可导，则有

(1) 线性性：对任何复常数 α，β，$[\alpha f(z) \pm \beta g(z)]' = \alpha f'(z) \pm \beta g'(z)$；

(2) 积的求导法则 (**Leibniz**[1])：$(f(z)g(z))' = f'(z)g(z) + f(z)g'(z)$；

(3) 商的求导法则：当 $g(z) \neq 0$ 时，$\left(\dfrac{f(z)}{g(z)}\right)' = \dfrac{f'(z)g(z) - f(z)g'(z)}{g^2(z)}$.

定理 2.11 (复合函数求导链式法则) 设复变函数 $f(z)$ 和 $g(z)$ 分别在区域 D 与 D' 内可导，且 f 的值域包含于 D' 中，则 $(g(f(z)))' = g'(f(z))f'(z)$.

复变函数中也有类似的反函数求导法则，且结论更强.

定理 2.12 (反函数求导法则) 设定义在区域 D 内的函数 $w = f(z)$ 存在反函数 $z = \varphi(w)$，且 $f(z)$ 可导，则 $f'(z) \neq 0$，且 $\varphi'(w) = \dfrac{1}{f'(\varphi(w))}$.

注 2.1 与一元实函数的反函数求导法则相比，"导数不为零"由条件变为结论，这一结论的证明将在第 3 章 Rouché 定理后给出. 这一差别揭示了复变函数可导包含了更丰富的内容.

根据导数的定义，可以直接得到整数次幂函数的可导性.

命题 2.13 当 n 为整数时，有 $(z^n)' = nz^{n-1}$.

证明 当 $n = 0$ 时，$z^0 = 1$，导数为零，结论成立.

---

[1]全名为 Gottfried Wilhelm Leibniz (1646–1716)，莱布尼茨，德国数学家，微积分理论的奠基人之一.

当 n 为正整数时，对任意复数 z ，由导数定义以及二项式定理，有

$$\lim_{h \to 0} \frac{(z+h)^n - z^n}{h} = \lim_{h \to 0} \left(C_n^1 z^{n-1} + C_n^2 z^{n-2} h + \cdots + h^{n-1} \right) = n z^{n-1} ,$$

即 $(z^n)' = n z^{n-1}$. 当 $z \neq 0$ ，有

$$\lim_{h \to 0} \frac{1}{h} \left(\frac{1}{(z+h)^n} - \frac{1}{z^n} \right) = -\lim_{h \to 0} \frac{(z+h)^n - z^n}{h} \cdot \lim_{h \to 0} \frac{1}{(z+h)^n z^n} = -\frac{n}{z^{n+1}} ,$$

即 $(z^{-n})' = -n z^{-n-1}$.

综上所述，当 n 为一切整数时，均有 $(z^n)' = n z^{n-1}$. 证毕.

通过本例题可以看出，复变量的整数次幂函数的导数公式与实变量情形下的公式完全相同，在后续章节中，还会看到更多诸如此类的例子.

2.2.2 Cauchy-Riemann 方程

虽然复变函数的导数定义形式上与单变量微积分中函数导数的定义完全相同，但是对一元实函数，自变量的增量是实变量，而对复变函数，自变量的增量是复变量，在平面上趋于零的方式远比在直线上的情形复杂，因此要确保复变函数的导数存在，需要对函数附加更高的要求.

设 $f(z) = u(x, y) + iv(x, y)$ 为定义在区域 D 内的函数，且在 $z = x + iy \in D$ 处可导，则

$$f'(z) = \lim_{\Delta z \to 0} \frac{f(z + \Delta z) - f(z)}{\Delta z} , \tag{2.1}$$

在上式中，记 $\Delta z = \Delta x + i\Delta y$ ，则

$$f(z + \Delta z) - f(z) = \Delta u + i\Delta v$$
$$= \left(u \left(x + \Delta x , \ y + \Delta y \right) - u(x, y) \right) + i \left(v \left(x + \Delta x , \ y + \Delta y \right) - v(x, y) \right) .$$

在式 (2.1) 中，分别沿平行于实轴的方向（$\Delta y = 0$）和平行于虚轴的方向（$\Delta x = 0$）计算极限，可得

$$f'(z) = \lim_{\Delta x \to 0} \frac{\Delta u + i\Delta v}{\Delta x} = \frac{\partial u}{\partial x} + i\frac{\partial v}{\partial x} , \tag{2.2}$$

$$f'(z) = \lim_{\Delta y \to 0} \frac{\Delta u + i\Delta v}{i\Delta y} = \frac{\partial v}{\partial y} - i\frac{\partial u}{\partial y} . \tag{2.3}$$

比较两式的实部和虚部，得到

$$\frac{\partial u}{\partial x} = \frac{\partial v}{\partial y} , \quad \frac{\partial u}{\partial y} = -\frac{\partial v}{\partial x} . \tag{2.4}$$

这就是著名的 **Cauchy**[1]**-Riemann 方程**.

上述推导证明了 $f(z)$ 在 z 点处可导的必要条件, 即如下定理.

定理 2.14 设函数 $f(z) = u(x, y) + iv(x, y)$ 定义在区域 D 内, $f(z)$ 在 $z = x + iy \in D$ 处可导的**必要条件**是其实部函数 $u(x, y)$ 和虚部函数 $v(x, y)$ 在点 (x, y) 处偏导数存在, 并且在该点满足 Cauchy-Riemann 方程. 进一步, 当 $f(z)$ 在 $z = x + iy$ 处可导时, 其导数可表达为 $f'(z) = u_x + iv_x = v_y - iu_y$.

以下定理给出了 $f(z)$ 在 z 点处可导的充分必要条件.

定理 2.15 设函数 $f(z) = u(x, y) + iv(x, y)$ 定义在区域 D 内, $f(z)$ 在 $z = x + iy \in D$ 处可导的**充分必要条件**是 $u(x, y)$ 和 $v(x, y)$ 在点 (x, y) 处可微, 并且在该点满足 Cauchy-Riemann 方程.

证明 首先证明必要性. 设 $f(z)$ 在 z 处可导, 则存在极限
$$f'(z) = a + ib = \lim_{\Delta z \to 0} \frac{f(z + \Delta z) - f(z)}{\Delta z}.$$
由极限存在与无穷小的关系可知,
$$f(z + \Delta z) - f(z) = (a + ib)\Delta z + o(\Delta z), \tag{2.5}$$
这里 $o(\Delta z)$ 是 Δz 的高阶无穷小, 它的实部和虚部都是 $o(|\Delta z|)$. 注意到 $f(z) = u(x, y) + iv(x, y)$ 和 $\Delta z = \Delta x + i\Delta y$, 比较式 (2.5) 两边的实部及虚部可得
$$\Delta u = u\left(x + \Delta x, \ y + \Delta y\right) - u(x, y) = a\Delta x - b\Delta y + o(|\Delta z|),$$
$$\Delta v = v\left(x + \Delta x, \ y + \Delta y\right) - v(x, y) = b\Delta x + a\Delta y + o(|\Delta z|).$$
根据二元函数微分的定义, 上述两式说明 $u(x, y)$ 和 $v(x, y)$ 在点 (x, y) 处可微, 并且 $a = u_x = v_y$, $b = -u_y = v_x$. 由此可推出 Cauchy-Riemann 方程 $u_x = v_y$, $u_y = -v_x$.

再证明充分性. 设 $u(x, y)$ 和 $v(x, y)$ 在点 (x, y) 处可微, 并且在该点满足 Cauchy-Riemann 方程, 则由可微的定义有
$$\Delta u = u_x \Delta x + u_y \Delta y + o(|\Delta z|),$$
$$\Delta v = v_x \Delta x + v_y \Delta y + o(|\Delta z|).$$
由 Cauchy-Riemann 方程, 记 $a = u_x = v_y$, $b = -u_y = v_x$, 则
$$f(z + \Delta z) - f(z) = \Delta u + i\Delta v = (a + ib)\Delta z + o(\Delta z),$$
从而
$$f'(z) = \lim_{\Delta z \to 0} \frac{f(z + \Delta z) - f(z)}{\Delta z} = a + ib = u_x + iv_x = v_y - iu_y.$$

---

[1]全名为 Augustin-Louis Cauchy (1789–1857), 柯西, 法国数学家.

证毕.

例 2.2　证明函数 $w = \bar{z}$ 在复平面上处处不可导.

证明　由于 $u(x,y) = x$，$v(x,y) = -y$，且 $u_x = 1$，$v_y = -1$，所以对 $w = \bar{z}$，Cauchy-Riemann 方程在复平面上处处不成立，由定理 2.14 可知，$w = \bar{z}$ 在复平面上处处不可导.　证毕.

例 2.3　证明函数 $w = |z|^2$ 仅在原点处可导.

证明　由于 $u(x,y) = x^2 + y^2$，$v(x,y) = 0$，故 $u_x = 2x$，$u_y = 2y$，$v_x = v_y = 0$，$u(x,y)$ 和 $v(x,y)$ 在复平面上处处可微，仅在 $x = y = 0$ 时，即 $z = 0$ 时 Cauchy-Riemann 方程成立，从而 $w = |z|^2$ 仅在原点处可导.　证毕.

例 2.4　证明函数 $f(z) = x^2 + 2yi$ 仅在直线 $x = 1$ 上可导.

证明　由 $u(x,y) = x^2$，$v(x,y) = 2y$. 所以 $u_x = 2x$，$v_y = 2$，$v_x = u_y = 0$. 可见 $u(x,y)$ 和 $v(x,y)$ 在复平面上处处可微. 但 Cauchy-Riemann 方程仅在直线 $x = 1$ 上成立，所以 $f(z) = x^2 + 2yi$ 仅在直线 $x = 1$ 上可导.　证毕.

2.2.3　解析函数

一个仅仅在部分点可导的复变函数，并无突出性质，而若一个函数在某个区域上可导，则情况将完全不同.

定义 2.8　如果 $f(z)$ 在点 z_0 的某个邻域内处处可导，则称 $f(z)$ 在点 z_0 **解析**. 若 $f(z)$ 在复平面的子集 S 上的每一点都解析，则称 $f(z)$ 在 S 上**解析**，或称 $f(z)$ 为 S 上的**解析函数**.

根据定义，当 S 不为开集时，若 $f(z)$ 在 S 上解析，则 $f(z)$ 必定在某个包含 S 的开集上解析，因此研究解析函数，可不失一般性地假设其定义域为区域.

例 2.5　$f(z) = z^2$ 在复平面上处处可导，故它在复平面上解析.

例 2.6　$f(z) = \bar{z}$ 在复平面上处处不可导，故 $f(z) = \bar{z}$ 在复平面的任何一点都不解析.

例 2.7　$f(z) = x^2 + 2yi$ 虽然在直线 $x = 1$ 上处处可导，但却不在这些点的任何一个邻域内可导，故它在复平面上不存在解析点.

例 2.8　$f(z) = \dfrac{1}{z}$ 在复平面除去原点外处处可导，在原点无定义，故 $f(z) = \dfrac{1}{z}$ 在任何不包含原点的区域内解析.

根据定理 2.15，一个复变量函数关于自变量可导，则该函数对自变量实部和虚部的依赖关系，须受到 Cauchy-Riemann 方程的约束. 因此，解析函数是一类以某种特殊方式依赖于自变量 z 的复变函数. 由于

$$x = \frac{1}{2}(z + \bar{z}) , \quad y = \frac{1}{2\mathrm{i}}(z - \bar{z}) ,$$

从而 f 以及 u，v 都可形式地看作关于 z，$\bar{z}$ 的函数. 以下证明，**解析函数都是不依赖于 $\bar{z}$ 的**. 事实上，根据复合函数求导的链式法则，

$$\frac{\partial f}{\partial \bar{z}} = \frac{\partial}{\partial \bar{z}}(u(x,y) + \mathrm{i}v(x,y)) = \left(\frac{\partial u}{\partial x}\frac{\partial x}{\partial \bar{z}} + \frac{\partial u}{\partial y}\frac{\partial y}{\partial \bar{z}}\right) + \mathrm{i}\left(\frac{\partial v}{\partial x}\frac{\partial x}{\partial \bar{z}} + \frac{\partial v}{\partial y}\frac{\partial y}{\partial \bar{z}}\right)$$

$$= \left(\frac{1}{2}\frac{\partial u}{\partial x} + \frac{\mathrm{i}}{2}\frac{\partial u}{\partial y}\right) + \mathrm{i}\left(\frac{1}{2}\frac{\partial v}{\partial x} + \frac{\mathrm{i}}{2}\frac{\partial v}{\partial y}\right) = \frac{1}{2}\left(\frac{\partial u}{\partial x} - \frac{\partial v}{\partial y}\right) + \frac{\mathrm{i}}{2}\left(\frac{\partial u}{\partial y} + \frac{\partial v}{\partial x}\right) ,$$

由 $f(z)$ 解析，从而 Cauchy-Riemann 方程成立，故 $\dfrac{\partial f}{\partial \bar{z}} = 0$，即 f 不依赖于 $\bar{z}$.

依据这一观点，可直接得到例 2.6 中的 $f(z)$ 不是解析函数，$|z| = \sqrt{z\bar{z}}$ 也不是解析函数.

2.2.4 解析函数的判定定理

依据定理 2.15 和解析函数的定义，容易得到下列解析函数的判定定理.

定理 2.16 设函数 $f(z) = u(x,y) + \mathrm{i}v(x,y)$ 在区域 D 内有定义，$f(z)$ 在 $z_0 \in D$ 处解析的**充分必要条件**是存在点 z_0 的一个邻域，使得 $u(x,y)$ 和 $v(x,y)$ 在该邻域内处处可微并且满足 Cauchy-Riemann 方程.

定理 2.17 设函数 $f(z) = u(x,y) + \mathrm{i}v(x,y)$，则 $f(z)$ 在区域 D 内解析的**充分必要条件**是 $u(x,y)$ 和 $v(x,y)$ 在区域 D 内处处可微，并且 Cauchy-Riemann 方程在区域 D 内处处成立.

注 2.2 根据多元微积分的知识，二元实函数 $u(x,y)$ 的一阶偏导数存在是它可微的必要条件，而 $u(x,y)$ 的一阶偏导数连续是它可微的充分条件. 因而 $f(z)$ 在区域 D 内解析的**必要条件**是 $u(x,y)$ 和 $v(x,y)$ 在区域 D 内一阶偏导数存在，并且 Cauchy-Riemann 方程在区域 D 内处处成立；而 $f(z)$ 在区域 D 解析的**充分条件**则是 $u(x,y)$ 和 $v(x,y)$ 在区域 D 内一阶偏导数处处连续，并且 Cauchy-Riemann 方程在区域 D 内处处成立.

例 2.9 研究下列函数的解析性，并在解析点求其导数：

(1) $f(z) = e^x(\cos y + i\sin y)$；　　(2) $f(z) = z\,\mathrm{Im}\,z$．

解　(1) 因为 $u(x,y) = e^x\cos y$，$v(x,y) = e^x\sin y$，且

$$u_x = e^x\cos y = v_y，\qquad u_y = -e^x\sin y = -v_x，$$

可见 $u(x,y)$ 和 $v(x,y)$ 在复平面上处处可微并且满足 Cauchy-Riemann 方程．所以据解析函数的判定定理知，$f(z)$ 在复平面上处处解析，并且有

$$f'(z) = u_x + iv_x = e^x(\cos y + i\sin y) = f(z)．$$

(2) 因为 $f(z) = z\,\mathrm{Im}\,z = xy + iy^2$，所以

$$u(x,y) = xy，\qquad v(x,y) = y^2．$$

从而 $u_x = y$，$u_y = x$，$v_x = 0$，$v_y = 2y$．显然 u，v 处处可微，但是仅当 $x = 0$，$y = 0$ 时，它们才满足 Cauchy-Riemann 方程，所以 $f(z) = z\,\mathrm{Im}\,z$ 仅在点 $z = 0$ 处可导，故它在复平面处处不解析．

根据命题 2.13，结合导数的四则运算法则和复合函数的求导法则，可以得到下列几类解析函数：

(1) 如果 $f(z) \equiv c$（常数），那么 $f'(z) \equiv 0$，即常值函数在整个复平面解析．

(2) 任何多项式 $P(z) = a_0 + a_1 z + \cdots + a_n z^n$ 在整个复平面解析，其导数的求法与 z 是实变量时相同．

(3) 在复平面上，任何有理函数（即两个多项式的商），在分母不为零处解析，它的导数的求法也与 z 是实变量时相同．

例 2.10　根据复合函数求导法则，函数 $f(z) = (5z^2 + 4z - 7)^9$ 的导数为

$$f'(z) = 9(5z^2 + 4z - 7)^8(10z + 4)，$$

从而 $f(z)$ 在整个复平面上解析．

类似一元实函数，有以下定理．

定理 2.18　设 $f(z)$ 在区域 D 内解析且 $f'(z) \equiv 0$，则 $f(z)$ 为常值函数．

证明　设 $f(z) = u(x,y) + iv(x,y)$，则 $f'(z) = u_x + iv_x = v_y - iu_y \equiv 0$．由此推出，当 $z \in D$ 时，

$$u_x = u_y = v_x = v_y \equiv 0．$$

由多元微积分中的定理：若二元函数 $u(x,y)$ 在区域 D 内可微且满足 $u_x = u_y \equiv 0$，则在区域 D 内 $u(x,y)$ 是常值函数，得到 $u \equiv c_1$，$v \equiv c_2$，于是对任何 $z \in D$，有 $f(z) \equiv c_1 + ic_2 = c$．证毕．

例 2.11　设 $f(z)$ 在区域 D 内解析且 $|f(z)|$ 为常数，则 $f(z)$ 是区域 D 内的常值

函数.

证明 设 $|f(z)| \equiv M$ 为常数. 若 $M = 0$, 立刻推出 $f(z)$ 在区域 D 内恒为零, 从而只须证明 $M > 0$ 时结论成立. 记 $f(z) = u(x, y) + \mathrm{i}v(x, y)$, 则在区域 D 内有

$$|f(z)|^2 = u^2 + v^2 = M^2 .$$

上式两边分别对 x 和 y 求偏导数得

$$uu_x + vv_x = 0 , \tag{2.6}$$

$$uu_y + vv_y = 0 . \tag{2.7}$$

又因 $f(z)$ 在区域 D 内解析, 满足 Cauchy-Riemann 方程, 故式 (2.7) 等价于

$$-vu_x + uv_x = 0 , \tag{2.8}$$

联立式 (2.6) 和式 (2.8) 得关于 u_x, v_x 的齐次线性方程组

$$\begin{pmatrix} u & v \\ -v & u \end{pmatrix} \begin{pmatrix} u_x \\ v_x \end{pmatrix} = \begin{pmatrix} 0 \\ 0 \end{pmatrix} ,$$

其系数行列式

$$\begin{vmatrix} u & v \\ -v & u \end{vmatrix} \equiv M^2 > 0 ,$$

故在区域 D 内只有零解 $u_x = 0$, $v_x = 0$, 从而 $f'(z) = u_x + \mathrm{i}v_x \equiv 0$, 函数 $f(z)$ 为常值函数. 证毕.

2.3 初等函数

本节将把微积分中常用的初等函数**延拓**到复平面的某个区域内, 得到复变函数范畴下的初等函数. 所谓延拓, 是指在保证自变量在原定义域中时, 函数的取值不改变的情况下, 将函数的定义域扩大. 一个"好"的延拓, 应使得扩充定义域后的函数在新的定义域内解析, 且尽可能多地继承函数原有的性质.

2.3.1 指数函数

首先将指数函数延拓到复平面上.

定义 2.9 对任意复数 $z = x + \mathrm{i}y$, 定义关于复变量 z 的**指数函数**为

$$\mathrm{e}^z = \mathrm{e}^x (\cos y + \mathrm{i} \sin y) . \tag{2.9}$$

将 e^z 规定为 e^x 与 e^{iy} 的乘积是非常自然的. 特别, 当 z 为实数时, 该定义与实指数函数一致; 当 z 为纯虚数时, 该定义与 Euler 公式一致.

以下定理给出了复指数函数的基本性质.

定理 2.19　(1) $\operatorname{Re} e^z = e^x \cos y$, $\operatorname{Im} e^z = e^x \sin y$.

(2) $|e^z| = e^x > 0$, 特别 $e^z \neq 0$.

(3) $\operatorname{Arg} e^z = y + 2k\pi$（$k$ 为整数）.

(4) e^z 在复平面解析, 且 $(e^z)' = e^z$.

(5) $e^{z_1} e^{z_2} = e^{z_1 + z_2}$. 特别, 对正整数 n, 有 $(e^z)^n = e^{nz}$.

(6) $e^{z+2k\pi i} = e^z e^{2k\pi i} = e^z$（$k$ 为整数）, 即 e^z 是周期函数, 周期为 $2\pi i$.

证明　结论 (1), (2) 和 (3) 可直接根据定义验证得到. 结论 (4) 可利用例 2.9 得到. 对结论 (5), 只需根据复数乘法的结合律、交换律和 e^z 的定义式 (2.9), 即得

$$e^{z_1} \cdot e^{z_2} = e^{x_1} e^{iy_1} e^{x_2} e^{iy_2} = e^{x_1 + x_2} e^{i(y_1 + y_2)} = e^{z_1 + z_2},$$

对结论 (6), 只需注意到 $e^{2k\pi i} = 1$, 结合 (5) 即可得证. 证毕.

复指数函数继承了部分实指数函数的性质, 例如上述定理中的结论 (4) 与 (5), 但也有与实指数函数不同的性质, 例如实指数函数是一一对应, 存在反函数, 但复指数函数是周期函数, 不再是一一对应.

复指数函数虽然不是一一对应, 但在每一点的局部邻域内是一一的. 为说明这一现象, 先给出单叶的概念.

定义 2.10　设区域 D 为复变函数 $f(z)$ 定义域的子集, 若对任何 z_1, $z_2 \in D$, $z_1 \neq z_2$, 都有 $f(z_1) \neq f(z_2)$, 则称 $f(z)$ 在区域 D 内是**单叶**的, 区域 D 称为 $f(z)$ 的**单叶区域**.

命题 2.20　(1) $e^{z_1} = e^{z_2}$ 的充分必要条件是存在整数 k 使得 $z_1 = z_2 + 2k\pi i$, 特别 $e^z = 1$ 当且仅当 $z = 2k\pi i$.

(2) 任何一个边界平行于实轴且宽度不超过 2π 的带形区域都是指数函数 $w = e^z$ 的单叶区域.

证明　(1) 由于 e^z 的周期为 $2k\pi i$, 所以充分性是显然的. 下证必要性. 假设 $e^{z_1} = e^{z_2}$, 则由式 (2.9) 有

$$e^{\operatorname{Re} z_1} = |e^{z_1}| = |e^{z_2}| = e^{\operatorname{Re} z_2},$$

$$e^{i \operatorname{Im} z_1} = e^{i \operatorname{Im} z_2},$$

故有 $\operatorname{Re} z_1 = \operatorname{Re} z_2$, 及 $e^{i(\operatorname{Im} z_1 - \operatorname{Im} z_2)} = 1$, 即 $\operatorname{Im} z_1 - \operatorname{Im} z_2 = 2k\pi$, 从而得到 $z_1 = z_2 + 2k\pi i$.

(2) 由 (1) 知，当 $e^{z_1} = e^{z_2}$ 时，必有 $z_1 = z_2 + 2k\pi i$，故 $\operatorname{Im} z_1 - \operatorname{Im} z_2 = 2k\pi$．而对边界平行于实轴且宽度不超过 2π 的带形区域中的任意两点 z_1，z_2，均有 $|\operatorname{Im} z_1 - \operatorname{Im} z_2| < 2\pi$，故 $e^{z_1} \neq e^{z_2}$．证毕．

2.3.2 对数函数

在实变量函数中，对数函数是指数函数的反函数，因此定义复变量对数函数，应考虑复变量指数函数的反函数．

对复数 z，考虑关于 w 的方程 $e^w = z$ 在复数域中的解．根据指数函数的性质，当 $z = 0$ 时，该方程无解，当 $z \neq 0$ 时，记 $z = |z|e^{i \arg z}$，$w = u + iv$，代入 $e^w = z$ 得

$$e^{u+iv} = |z|e^{i \arg z}.$$

从而 $e^w = z$ 当且仅当 $e^u = |z|$ 且 $v = \operatorname{Arg} z$，即

$$w = \ln|z| + i \operatorname{Arg} z,$$

由此得到复变量对数函数的定义．

定义 2.11 对一切非零复数 z，定义关于复变量 z 的**对数函数**为

$$\operatorname{Ln} z = \ln|z| + i \operatorname{Arg} z. \tag{2.10}$$

与幅角函数类似，对数函数是多值函数（见注 1.3 和注 1.11），为得到单值且解析的对数函数，需要选取一个单值分支，即下面的定义．

定义 2.12 对整数 k，规定

$$\operatorname{Ln}_k z = \ln|z| + i(\arg z + 2k\pi), \tag{2.11}$$

称为 $\operatorname{Ln} z$ 的一个**单值分支**．特别，称 $\operatorname{Ln}_0 z$ 为 $\operatorname{Ln} z$ 的**主值**，记为 $\ln z$，即

$$\ln z = \ln|z| + i \arg z.$$

注 2.3 除上述定义外，还有很多对数函数的单值分支的定义方式．事实上，只要将对数函数的幅角取值限制在长度为 2π 的半开半闭区间上，都可以得到一个对数函数的单值分支．

例 2.12 计算 $\operatorname{Ln} 3$ 和 $\operatorname{Ln}(-1)$ 以及它们各自的主值．

解 因为 $\operatorname{Ln} 3 = \ln 3 + 2k\pi i$，所以它的主值是 $\ln 3$，而

$$\operatorname{Ln}(-1) = \ln|-1| + i(\arg(-1) + 2k\pi) = \pi i + 2k\pi i, \quad k \in \mathbf{Z},$$

所以它的主值为 $\ln(-1) = \pi i$．

例 2.13 证明：对任何给定的 z，均存在整数 k，使得 $\operatorname{Ln}_k e^z = z$，并对 $z = 2 + 5i$ 求相应的 k．

证明　设 $z = x + \mathrm{i}y$，注意到 y 为复数 $\mathrm{e}^{x+\mathrm{i}y}$ 的幅角，故存在整数 k 使得 $\arg \mathrm{e}^{x+\mathrm{i}y} + 2k\pi = y$，从而有

$$\mathrm{Ln}_k \mathrm{e}^z = \mathrm{Ln}_k \mathrm{e}^{x+\mathrm{i}y} = \ln|\mathrm{e}^{x+\mathrm{i}y}| + \mathrm{i}(\arg \mathrm{e}^{x+\mathrm{i}y} + 2k\pi) = x + \mathrm{i}y = z.$$

由于 $5 - 2\pi \in (-\pi, \pi]$，故 $\arg \mathrm{e}^{2+5\mathrm{i}} = 5 - 2\pi$，从而 $\mathrm{Ln}_1 \mathrm{e}^{2+5\mathrm{i}} = 2 + 5\mathrm{i}$，即 $k = 1$.

由复数乘积与商的模和幅角的性质可以证明，复变量对数函数继承了实变量对数函数的下述基本性质：

$$\mathrm{Ln}\,(z_1 z_2) = \mathrm{Ln}\,z_1 + \mathrm{Ln}\,z_2,$$

$$\mathrm{Ln}\,\frac{z_1}{z_2} = \mathrm{Ln}\,z_1 - \mathrm{Ln}\,z_2.$$

这里对多值函数的和差运算的定义与复数幅角的和差定义方式 (1.6) 相同. 同理，上述性质对对数主值通常不成立，因为两个对数主值的和差，其虚部不一定仍在对数主值虚部的取值范围内.

以下定理指出每个对数函数的单值分支 $\mathrm{Ln}_k z$ 在去掉原点的复平面（简记为 $\mathbf{C}^*$）上都是单叶的.

定理 2.21　设 z_1，z_2 为非零复数，且 $z_1 \neq z_2$，则对每个给定的整数 k，有 $\mathrm{Ln}_k z_1 \neq \mathrm{Ln}_k z_2$.

证明　由定义可知，对给定的整数 k，有

$$\mathrm{Ln}_k z_1 = \ln|z_1| + \mathrm{i}(\arg z_1 + 2k\pi),$$

$$\mathrm{Ln}_k z_2 = \ln|z_2| + \mathrm{i}(\arg z_2 + 2k\pi).$$

因为 $z_1 \neq z_2$，所以 $|z_1| \neq |z_2|$ 或者 $\arg z_1 \neq \arg z_2$. 当 $|z_1| \neq |z_2|$ 时，$\mathrm{Ln}_k z_1$ 和 $\mathrm{Ln}_k z_2$ 的实部不同，而当 $\arg z_1 \neq \arg z_2$ 时，$\mathrm{Ln}_k z_1$ 和 $\mathrm{Ln}_k z_2$ 的虚部不同，因而总有 $\mathrm{Ln}_k z_1 \neq \mathrm{Ln}_k z_2$. 证毕.

下面讨论对数函数的连续性和解析性.

由于 $\ln z = \ln|z| + \mathrm{i}\arg z$，其中 $\ln|z|$ 在任何 $z \neq 0$ 处连续，而由例 2.1 知，$\arg z$ 在沿原点和负实轴割破的复平面内连续，故 $\ln z$ 在沿原点和负实轴割破的复平面内连续. 又因为 $w = \ln z$ 是 $z = \mathrm{e}^w$ 在带形区域 $\{-\pi < \mathrm{Im}\,z \leq \pi\}$ 内的反函数，根据反函数求导法则可得

$$(\ln z)' = \frac{1}{(\mathrm{e}^w)'\,|_{w=\ln z}} = \frac{1}{\mathrm{e}^w\,|_{w=\ln z}} = \frac{1}{z},$$

即 $\ln z$ 在沿原点和负实轴割破的复平面内解析. 同理，其他的对数分支函数 $\mathrm{Ln}_k z$ 与 $\ln z$ 有相同的解析区域，即有以下定理.

定理 2.22 对一切整数 k，对数函数 $\mathrm{Ln}_k z$ 在沿原点和负实轴割破的复平面内解析.

例 2.14 求 $\ln(z-1)$ 的解析区域.

解 由定理 2.22，$\ln(z-1)$ 当且仅当 $(z-1)$ 不是负实数或零，从而 $\ln(z-1)$ 在复平面去掉射线 $\{z \mid \mathrm{Im}\, z = 0，\mathrm{Re}\, z \leqslant 1\}$ 的区域内解析.

2.3.3 三角函数

由于实变量三角函数可通过 Euler 公式与指数函数联系起来，即对任意实数 y，有

$$\cos y = \frac{e^{iy} + e^{-iy}}{2}，\qquad \sin y = \frac{e^{iy} - e^{-iy}}{2i}，$$

将上述表达式中的 y 换成复变量 z，便可将三角函数延拓到复平面.

定义 2.13 对一切复数 z，定义关于复变量 z 的**余弦函数**和**正弦函数**为

$$\cos z = \frac{e^{iz} + e^{-iz}}{2}，\qquad \sin z = \frac{e^{iz} - e^{-iz}}{2i}. \tag{2.12}$$

下面的定理指出，如此定义的三角函数不仅在复平面上解析，而且继承了实变量三角函数的大部分性质，于是这种延拓是"好"的.

定理 2.23 (1) $\sin z$ 和 $\cos z$ 在复平面上解析，且

$$(\sin z)' = \cos z，\quad (\cos z)' = -\sin z$$

(2) 关于三角函数的所有代数恒等式，只要不涉及多值运算（例如开根号），对任意复变量仍成立，例如

$$\sin(-z) = -\sin z；\quad \cos(-z) = \cos z；$$
$$\sin(\pi - z) = \sin z；\quad \cos(\pi - z) = -\cos z；$$
$$\sin^2 z + \cos^2 z = 1；$$
$$\sin(z_1 + z_2) = \sin z_1 \cos z_2 + \cos z_1 \sin z_2；$$
$$\cos(z_1 + z_2) = \cos z_1 \cos z_2 - \sin z_1 \sin z_2.$$

(3) 在复平面上，$\sin z$ 及 $\cos z$ 是以 2π 为周期的函数.

(4) 在复平面上，$\sin z$ 的零点全体（即 $\sin z = 0$ 的所有解）为 $z = n\pi$（n 为整数），$\cos z$ 的零点全体为 $z = \dfrac{\pi}{2} + n\pi$（$n$ 为整数），即定义域扩充到复平面后，正弦函数和余弦函数的零点并没有增加.

(5) 在复平面上，$\sin z$ 和 $\cos z$ 的值域为全体复数，特别，$\sin z$ 和 $\cos z$ 为无界函数.

证明 根据导数运算法则可得

$$(\sin z)' = \frac{(e^{iz} - e^{-iz})'}{2i} = \frac{e^{iz} + e^{-iz}}{2} = \cos z \,,$$

同理可得 $(\cos z)' = -\sin z$，于是结论 (1) 成立.

对结论 (2)，仅以 $\sin(z_1 + z_2) = \sin z_1 \cos z_2 + \cos z_1 \sin z_2$ 为例证明. 根据定义，

$$右边 = \frac{e^{iz_1} - e^{-iz_1}}{2i} \cdot \frac{e^{iz_2} + e^{-iz_2}}{2} + \frac{e^{iz_1} + e^{-iz_1}}{2} \cdot \frac{e^{iz_2} - e^{-iz_2}}{2i}$$

$$= \frac{e^{i(z_1+z_2)} - e^{-i(z_1+z_2)}}{2i} = \sin(z_1 + z_2) = 左边 \,.$$

其余恒等式的证明方法类似，这里略去（在第 3 章，利用解析函数的唯一性定理，可以给出结论 (2) 的一个简单证明）.

根据 $e^{2\pi i} = 1$ 及 $\sin z$ 的定义，有

$$\sin(z + 2\pi) = \frac{e^{i(z+2\pi)} - e^{-i(z+2\pi)}}{2i} = \frac{e^{iz} - e^{-iz}}{2i} = \sin z \,.$$

同理可证 $\cos z$ 的周期性，即结论 (3) 成立.

考虑方程 $\sin z = 0$ 等价于 $e^{iz} = e^{-iz}$，由命题 2.20 的结论，必有 $z = -z + 2n\pi$（n 为整数），即 $z = n\pi$ 是 $\sin z$ 的零点. 或者把 $e^{iz} = e^{-iz}$ 写成 $e^{2iz} = 1$，则 $2iz = \text{Ln}\, 1 = 2n\pi i$，也可得到 $z = n\pi$. 类似可证余弦函数的零点没有增加，从而结论 (4) 成立.

对一切复数 w，考虑关于 z 的方程 $\sin z = w$，由定义知，该方程等价于

$$w = \frac{e^{iz} - e^{-iz}}{2i} \,,$$

进而有

$$e^{2iz} - 2iw e^{iz} - 1 = 0 \,,$$

将其看作关于 e^{iz} 的一元二次方程，根据一元二次方程的求根公式得 $e^{iz} = iw + (1 - w^2)^{\frac{1}{2}}$（这里 $(1 - w^2)^{\frac{1}{2}}$ 表示 $(1 - w^2)$ 的两个平方根），从而有

$$z = -i\,\text{Ln}\,(iw + (1 - w^2)^{\frac{1}{2}}) \,.$$

于是 $\sin z$ 的值域为全体复数，类似可得 $\cos z$ 的值域为全体复数，从而结论 (5) 成立. 证毕.

基于正弦、余弦函数，可进一步定义复变量的其他三角函数.

定义 2.14 对任意复数 z，定义关于复变量 z 的**正切**、**余切**、**正割**以及**余割**函数依次为

$$\tan z = \frac{\sin z}{\cos z}, \quad \cot z = \frac{\cos z}{\sin z}, \quad \sec z = \frac{1}{\cos z}, \quad \csc z = \frac{1}{\sin z}.$$

易知上述函数都在各自的定义域内解析，且导数公式与实变量三角函数的导数公式相同，这里不再赘述.

例 2.15 对任意的复数 z，若 $\tan(z+w) = \tan z$，则必有 $w = k\pi$（k 为整数）.

证明 由定义知 $\tan(z+w) = \tan z$ 等价于

$$\frac{e^{i(z+w)} - e^{-i(z+w)}}{i(e^{i(z+w)} + e^{-i(z+w)})} = \frac{e^{iz} - e^{-iz}}{i(e^{iz} + e^{-iz})}.$$

化简上式，得到上式等价于 $e^{2iw} = 1$，从而 $w = k\pi$（k 为整数）. 证毕.

2.3.4 幂函数

本节将给出一般的复变量幂函数 z^a 的定义，这里 z，a 均为复数. 为此，考虑实值函数的对数恒等式 $x^a = e^{a \ln x}$.

定义 2.15 对复数 a 以及 $z \neq 0$，**幂函数** z^a 的值规定为 $e^{a \operatorname{Ln} z}$. 特别，$e^{a \ln z}$ 称为幂函数 z^a 的**主值**.

根据定义 2.15，由于 $\operatorname{Ln} z$ 是多值的，因此 z^a 在多数情形下是多值函数，但也有例外情形. 以下依据 a 的不同取值情形，分别讨论 z^a 取值的个数.

记 $w_0 = e^{a \ln z} = |z|^a (\cos(a \arg z) + i \sin(a \arg z))$，则

$$z^a = e^{a \operatorname{Ln} z} = e^{a(\ln z + i2k\pi)} = w_0 e^{i2ka\pi}.$$

情形 1. 当 a 为整数时，由于 $e^{i2ka\pi} \equiv 1$，故 $z^a = w_0$ 是关于 z 的单值函数，且定义 2.15 与第 1 章给出的整数次幂函数的定义一致. 特别，当 a 为正整数时，w_0 恰为 a 个 z 的乘积.

情形 2. 当 $a = \dfrac{q}{p}$ 为有理数时（这里 q 为整数，p 为正整数，且 p 与 q 互素），可以证明 $e^{\frac{i2k\pi q}{p}}$ 取 p 个不同的值（分别当 $k = 0$，1，$\cdots$，$p-1$ 时），恰为 1 的 p 个互不相同 p 次方根，于是 $e^{\frac{q}{p} \operatorname{Ln} z}$ 取 p 个不同的值，恰为 z^a 的 p 个互不相同的 p 次方根. 这正是前文使用 $w^{\frac{1}{2}}$ 记 w 的两个平方根的依据.

情形 3. 当 a 是无理数或虚数时，可以证明对不同的整数 k，$e^{i2k\pi a}$ 取值互不相同，从而 $e^{a \operatorname{Ln} z}$ 取无穷多个值.

综上所述，当 a 不为整数时，$e^{a\mathrm{Ln}z}$ 都是多值函数.

例 2.16　计算 i^i 及其主值.

解　$i^i = e^{i\mathrm{Ln}i} = e^{i(\frac{\pi}{2}i+2k\pi i)} = e^{-\frac{\pi}{2}-2k\pi}$ $(k \in \mathbf{Z})$，其主值为 $e^{-\frac{\pi}{2}}$.

例 2.17　按照定义 2.15，$1^{\sqrt{2}}$ 可取多少个不同的值？

解　此时指数 $\sqrt{2}$ 为无理数，从而 $1^{\sqrt{2}}$ 可取无穷多个不同的值. 事实上 $1^{\sqrt{2}} = e^{\sqrt{2}\mathrm{Ln}1} = e^{i2k\pi\sqrt{2}} = \cos(2k\pi\sqrt{2}) + i\sin(2k\pi\sqrt{2})$ $(k \in \mathbf{Z})$，特别，1 为 $k = 0$ 时的取值（即主值）.

注 2.4　一般地，当 a 为实数，z 为正实数时，z^a 在实变量幂函数意义下中的取值，恰为 z^a 按照定义 2.15 取得的主值.

例 2.18　将 $e^{i\pi}$ 按照定义 2.15 视为底数为 e 的幂函数，可取多少个不同的值？

解　此时幂指数 $i\pi$ 是虚数，从而该幂函数可取无穷多个值.

注 2.5　一般地，e^a 视为指数函数的取值，恰为 e^a 视为幂函数，按照定义 2.15 取得的主值.

例 2.19　按照定义 2.15，$(z^a)^b$ 与 z^{ab} 可取的不同值的个数是否相同？

解　不一定相同. 例如取 $a = 2$，$b = \dfrac{1}{2}$，则 $(z^2)^{\frac{1}{2}}$ 表示 z^2 的平方根，可取两个不同的值 $\pm z$，而 $z^{ab} = z^1 = z$ 是单值的.

通过上面的例子可以发现，以 $e^{a\mathrm{Ln}z}$ 作为复变量幂函数 z^a 的定义，虽然包含了一切合理的取值，但也造成了符号定义的冲突. 因此在具体应用中，为避免定义混淆，通常都需要声明幂函数的取值定义.

最后，考虑限制在单值分支上的复幂函数的解析性. 不失一般性，考虑对数函数取值为 $\mathrm{Ln}_k z$ 的情形. 根据复合函数求导的链式法则，$e^{a\mathrm{Ln}_k z}$ 的解析区域与 $\mathrm{Ln}_k z$ 的解析区域相同，且

$$(e^{a\mathrm{Ln}_k z})' = e^{a\mathrm{Ln}_k z} \cdot (a\mathrm{Ln}_k z)' = ae^{a\mathrm{Ln}_k z} \cdot \frac{1}{z} = ae^{a\mathrm{Ln}_k z} \cdot e^{-\mathrm{Ln}_k z} = ae^{(a-1)\mathrm{Ln}_k z} = az^{a-1},$$

即限制在单值分支上的复幂函数，在其解析区域内的导数表达式，与实变量幂函数的导数表达式相同.

2.3.5　反三角函数

类似指数函数与对数函数，同样可以考虑三角函数的反函数.

定义 2.16　对任意复数 z，定义关于复变量 z 的**反正弦、反余弦**和**反正切**函数

依次为

$$\text{Arcsin}\, z = -i \ln(iz + (1 - z^2)^{\frac{1}{2}}) ,$$
$$\text{Arccos}\, z = -i \ln(z + i(1 - z^2)^{\frac{1}{2}}) ,$$
$$\text{Arctan}\, z = \frac{1}{2i} \ln \frac{1 + iz}{1 - iz} . \tag{2.13}$$

根据定理 2.23 中 (5) 的证明可知，上述定义中的函数为相应三角函数的反函数. 因对数函数是无穷多值的，$(1 - z^2)^{\frac{1}{2}}$ 通常也有两个不同的取值，因此上述定义中的反三角函数都是无穷多值的. 类似对数函数，可以定义反三角函数的主值，这里不再展开，有兴趣的读者可以参考文献 [3] 和 [9].

2.3.6 双曲函数

通过指数函数，还可以定义复变量的双曲函数.

定义 2.17 对一切复数 z，规定

$$\sinh z = \frac{e^z - e^{-z}}{2} , \qquad \cosh z = \frac{e^z + e^{-z}}{2} ,$$

分别称为 z 的**双曲正弦**和**双曲余弦**. 类似地，规定

$$\tanh z = \frac{\sinh z}{\cosh z} , \qquad \coth z = \frac{\cosh z}{\sinh z} , \qquad \operatorname{sech} z = \frac{1}{\cosh z} , \qquad \operatorname{csch} z = \frac{1}{\sinh z} ,$$

分别称为 z 的**双曲正切**、**双曲余切**、**双曲正割**以及**双曲余割**.

例 2.20 用双曲函数表示 $\cos(1 - 2i)$ 的实部和虚部.

解 直接计算，有

$$\cos(1 - 2i) = \frac{e^{i(1-2i)} + e^{-i(1-2i)}}{2} = \frac{e^2(\cos 1 + i \sin 1) + e^{-2}(\cos 1 - i \sin 1)}{2}$$

$$= \frac{e^2 + e^{-2}}{2} \cos 1 + i \frac{e^2 - e^{-2}}{2} \sin 1 = \cosh 2 \cos 1 + i \sinh 2 \sin 1 ,$$

从而

$$\text{Re} \cos(1 - 2i) = \cosh 2 \cos 1 , \qquad \text{Im} \cos(1 - 2i) = \sinh 2 \sin 1 .$$

定理 2.24 双曲函数满足以下恒等式

$$\cosh^2 z - \sinh^2 z = 1 ,$$
$$\sinh(z_1 + z_2) = \sinh z_1 \cosh z_2 + \cosh z_1 \sinh z_2 ,$$
$$\cosh(z_1 + z_2) = \cosh z_1 \cosh z_2 + \sinh z_1 \sinh z_2 ,$$

以及求导公式

$$(\sinh z)' = \cosh z , \quad (\cosh z)' = \sinh z .$$

该定理可通过直接计算验证，这里略去.

类似三角函数，双曲函数也有各自多值的反函数以及相应的单值分支，这里不再展开.

2.4　复变函数的积分

在微积分中，一元实变量函数的定积分定义为该函数在某个区间上的 Riemann 和的极限，对一元复变量函数，可以类似地定义积分.

2.4.1　复积分

由于复变函数的定义域通常是区域，因此在定义积分时，将区间用有向曲线替代是非常自然的想法.

定义 2.18　设 C 是区域 D 内一条有向简单曲线，起点为 A，终点为 B，$f(z)$ 为定义在 D 内的函数. 在 C 上从 A 向 B 依次任意插入分点

$$A = z_0 , \quad z_1 , \quad \cdots , \quad z_{n-1} , \quad z_n = B ,$$

将曲线 C 分割成 n 个小弧段. 在每一个从 z_{k-1} 到 z_k 的小弧段上任取一点 ζ_k，记 $\Delta z_k = z_k - z_{k-1}$，以及 $\lambda = \max \left\{ |\Delta z_k| : k = 1 , \cdots , n \right\}$ 为所有小线段的最大长度，定义

$$\int_C f(z)\,\mathrm{d}z = \lim_{\lambda \to 0} \sum_{k=1}^{n} f(\zeta_k)\,\Delta z_k , \tag{2.14}$$

称为 $f(z)$ 沿曲线 C 的**复积分**.

可以证明，当曲线 C 逐段光滑，函数 f 在 C 上连续时，极限 (2.14) 存在.

设 $f(z) = u(x,y) + \mathrm{i}v(x,y)$，$\zeta_k = \xi_k + \mathrm{i}\eta_k$，$z_k = x_k + \mathrm{i}y_k$，记

$$\Delta x_k = x_k - x_{k-1} , \quad \Delta y_k = y_k - y_{k-1} ,$$

则有 $\Delta z_k = \Delta x_k + \mathrm{i}\Delta y_k$，且式 (2.14) 中的积分和式就是

$$\sum_{k=1}^{n} (u(\xi_k,\eta_k)\Delta x_k - v(\xi_k,\eta_k)\Delta y_k) + \mathrm{i} \sum_{k=1}^{n} (v(\xi_k,\eta_k)\Delta x_k + u(\xi_k,\eta_k)\Delta y_k) .$$

由第二类曲线积分的定义可得

$$\int_C f(z)\,\mathrm{d}z = \int_C u\,\mathrm{d}x - v\,\mathrm{d}y + \mathrm{i}\int_C v\,\mathrm{d}x + u\,\mathrm{d}y\,. \tag{2.15}$$

若记 $\mathrm{d}z = \mathrm{d}x + \mathrm{i}\mathrm{d}y$，则在形式上，等式 (2.15) 也可以直接由

$$\int_C f(z)\,\mathrm{d}z = \int_C (u + \mathrm{i}v)\,(\mathrm{d}x + \mathrm{i}\mathrm{d}y)$$

进行形式运算得出.

由于复积分可表示为两个第二类曲线积分的和，因此第二类曲线积分的很多性质可以推广至复积分.

定理 2.25 (复积分的运算性质) 设 C 为逐段光滑的有向简单曲线，f_1，f_2，f 为定义在 C 上的连续函数，则

(1) 线性性：对任意复数 l_1，l_2，有 $\int_C (l_1 f_1(z) + l_2 f_2(z))\,\mathrm{d}z = l_1 \int_C f_1(z)\,\mathrm{d}z + l_2 \int_C f_2(z)\,\mathrm{d}z$；

(2) 逐段积分：若 $C = C_1 \cup C_2$，则 $\int_C f(z)\,\mathrm{d}z = \int_{C_1} f(z)\,\mathrm{d}z + \int_{C_2} f(z)\,\mathrm{d}z$；

(3) 记 C^- 为 C 的反向曲线，则 $\int_{C^-} f(z)\,\mathrm{d}z = -\int_C f(z)\,\mathrm{d}z$.

设曲线 C 是逐段光滑的，其参数方程为

$$z = z(t) = x(t) + \mathrm{i}y(t)\,, \qquad \alpha \leqslant t \leqslant \beta\,.$$

其中参数 t 与曲线 C 的方向一致，根据第二类曲线积分的计算方法，将参数方程代入式 (2.15) 得到

$$\int_C f(z)\,\mathrm{d}z = \int_\alpha^\beta (u(x(t), y(t)) + \mathrm{i}v(x(t), y(t))) \cdot (x'(t) + \mathrm{i}y'(t))\,\mathrm{d}t\,. \tag{2.16}$$

因为 $\mathrm{d}z = x'(t)\mathrm{d}t + \mathrm{i}y'(t)\mathrm{d}t = z'(t)\mathrm{d}t$，于是式 (2.16) 也可以写成

$$\int_C f(z)\,\mathrm{d}z = \int_\alpha^\beta f(z(t))z'(t)\,\mathrm{d}t\,. \tag{2.17}$$

例 2.21 计算积分 $\int_C z\,\mathrm{d}z$，其中 C 为由点 $1 + \mathrm{i}$ 到点 $3 + 4\mathrm{i}$ 的有向线段.

解 根据例 1.11，由点 $1 + \mathrm{i}$ 到点 $3 + 4\mathrm{i}$ 的有向线段的参数方程为

$$z = (1 + \mathrm{i}) + (2 + 3\mathrm{i})\,t \quad (0 \leqslant t \leqslant 1)\,,$$

所以 $\mathrm{d}z = (2 + 3\mathrm{i})\,\mathrm{d}t$，从而

$$\int_C z\,\mathrm{d}z = (2 + 3\mathrm{i}) \int_0^1 ((1 + \mathrm{i}) + (2 + 3\mathrm{i})t)\,\mathrm{d}t = \frac{-7 + 22\mathrm{i}}{2}\,.$$

例 2.22 计算积分 $\int_C \operatorname{Im} z \, \mathrm{d}z$，其中 C 分别为（图 2.1）：

(1) 从原点 0 到点 $1+\mathrm{i}$ 的有向线段；

(2) 从原点 0 经点 1 到点 $1+\mathrm{i}$ 的有向折线.

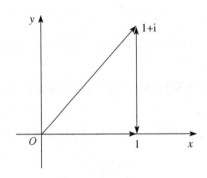

图 2.1

解 (1) 从原点 0 到点 $1+\mathrm{i}$ 的有向线段的参数方程为

$$z = (1+\mathrm{i})\, t \quad (0 \leqslant t \leqslant 1)，$$

所以 $\operatorname{Im} z = t$，$\mathrm{d}z = (1+\mathrm{i})\,\mathrm{d}t$，从而

$$\int_C \operatorname{Im} z \, \mathrm{d}z = (1+\mathrm{i}) \int_0^1 t\,\mathrm{d}t = \frac{1+\mathrm{i}}{2}.$$

(2) 连接由原点 0 到点 1 的有向线段的参数方程为

$$z = t \quad (0 \leqslant t \leqslant 1)，$$

连接由点 1 到点 $1+\mathrm{i}$ 的有向线段的参数方程为

$$z = 1 + \mathrm{i}t \quad (0 \leqslant t \leqslant 1)，$$

从而

$$\int_C \operatorname{Im} z \, \mathrm{d}z = \int_0^1 \operatorname{Im} t \, \mathrm{d}t + \int_0^1 \operatorname{Im}(1+\mathrm{i}t)\,\mathrm{i}\,\mathrm{d}t = \int_0^1 0\,\mathrm{d}t + \mathrm{i}\int_0^1 t\,\mathrm{d}t = \frac{\mathrm{i}}{2}.$$

通过本例题可以看出，复积分通常与曲线的具体形状有关.

以下定理给出了一个重要的积分结果.

定理 2.26 对任意 $z_0 \in \mathbf{C}$，以及正数 ρ 和整数 n，有

$$\int_{|z-z_0|=\rho} \frac{\mathrm{d}z}{(z-z_0)^n} = \begin{cases} 2\pi\mathrm{i}\,, & n = 1\,, \\ 0\,, & n \neq 1\,. \end{cases} \tag{2.18}$$

这里积分曲线 $|z - z_0| = \rho$ 取正向.

证明 取积分曲线的参数方程为

$$z(\theta) = z_0 + \rho\mathrm{e}^{\mathrm{i}\theta} \ (0 \leqslant \theta \leqslant 2\pi)\,,$$

于是 $\mathrm{d}z = \mathrm{i}\rho\mathrm{e}^{\mathrm{i}\theta}\mathrm{d}\theta$，从而

$$\int_{|z-z_0|=\rho} \frac{\mathrm{d}z}{(z-z_0)^n} = \int_0^{2\pi} \frac{\mathrm{i}\rho\mathrm{e}^{\mathrm{i}\theta}\mathrm{d}\theta}{\rho^n \mathrm{e}^{\mathrm{i}n\theta}} = \frac{\mathrm{i}}{\rho^{n-1}} \int_0^{2\pi} \mathrm{e}^{-\mathrm{i}(n-1)\theta}\mathrm{d}\theta$$

$$= \frac{\mathrm{i}}{\rho^{n-1}} \int_0^{2\pi} (\cos(n-1)\theta - \mathrm{i}\sin(n-1)\theta)\,\mathrm{d}\theta = \begin{cases} 2\pi\mathrm{i}\,, & n = 1\,, \\ 0\,, & n \neq 1\,. \end{cases}$$

证毕.

例 2.23 计算积分 $\displaystyle\int_{|z|=1} z\,\mathrm{d}z$ 的值.

解 在定理 2.26 中取 $\rho = 1$，$z_0 = 0$，$n = -1$，即得该积分为零.

例 2.24 计算积分 $\displaystyle\int_{|z|=3} \frac{\bar{z}}{z^2}\,\mathrm{d}z$ 的值，其中圆周取正向.

解 注意到在积分曲线上 $z\bar{z} = |z|^2 = 9$，并结合定理 2.26 可得

$$\int_{|z|=3} \frac{\bar{z}}{z^2}\,\mathrm{d}z = \int_{|z|=3} \frac{|z|^2}{z^3}\,\mathrm{d}z = \int_{|z|=3} \frac{9}{z^3}\,\mathrm{d}z = 0\,.$$

在微积分中，下述关于定积分的不等式

$$\left| \int_a^b f(x)\,\mathrm{d}x \right| \leqslant \int_a^b |f(x)|\,\mathrm{d}x$$

可以推广到复积分的情形.

定理 2.27 设 C 为简单有向曲线，$f(z)$ 在包含 C 的一个区域内连续，则

$$\left| \int_C f(z)\,\mathrm{d}z \right| \leqslant \int_C |f(z)|\,|\mathrm{d}z|\,. \tag{2.19}$$

特别，若记 C 的长度为 $\mathrm{Length}\,(C)$ ，且在 C 上有 $|f(z)| \leqslant M$ ，则

$$\left| \int_C f(z)\,\mathrm{d}z \right| \leqslant M \cdot \mathrm{Length}\,(C) ,$$

这里 $|\mathrm{d}z| = \sqrt{(\mathrm{d}x)^2 + (\mathrm{d}y)^2}$ 为弧长微分．

证明　对复积分的定义 2.18 中的有限和运用三角不等式可得

$$\left| \sum_{k=1}^n f(\zeta_k)\,\Delta z_k \right| \leqslant \sum_{k=1}^n |f(\zeta_k)|\,|\Delta z_k| \leqslant \sum_{k=1}^n |f(\zeta_k)|\,\Delta s_k ,$$

这里 Δs_k 为每个弧段的长度．记 $\lambda = \max\big\{|\Delta s_k|\,|\,k = 1,\ \cdots,\ n\big\}$ ，对不等式两端令 $\lambda \to 0$ 取极限，由极限的保序性得

$$\left| \int_C f(z)\,\mathrm{d}z \right| \leqslant \int_C |f(z)|\,|\mathrm{d}z| .$$

特别

$$\left| \int_C f(z)\,\mathrm{d}z \right| \leqslant \int_C |f(z)|\,|\mathrm{d}z| \leqslant \int_C M\,|\mathrm{d}z| = M \cdot \mathrm{Length}\,(C) .$$

证毕．

注 2.6　与相应的实积分不等式不同，对复积分情形，不等式右端微元 $\mathrm{d}z$ 需要加绝对值．这是因为，微元 $\mathrm{d}z$ 可以看作变量的 z 增量，对实积分，增量为正数，绝对值可以略去，对复积分，增量为复数，绝对值必须保留．

例 2.25　证明 $\left| \int_C \dfrac{z+1}{z-1}\,\mathrm{d}z \right| \leqslant 6\pi$ ，其中 C 为正向圆周 $|z-1| = 1$ ．

证明　根据定理 2.27，并注意到 $|z-1| = 1$ ，得

$$\left| \int_C \frac{z+1}{z-1}\,\mathrm{d}z \right| \leqslant \int_C \frac{|z+1|}{|z-1|}|\mathrm{d}z| = \int_C |z+1|\,|\mathrm{d}z| .$$

再根据三角不等式，$|z+1| = |(z-1) + 2| \leqslant |z-1| + 2 = 3$ ，从而

$$\int_C |z+1|\,|\mathrm{d}z| \leqslant 3 \int_C |\mathrm{d}z| = 6\pi .$$

证毕．

虽然复积分可以通过定义，转化为第二类曲线积分计算，但当被积函数为解析函数时，后续章节将指出，相应的复积分可以通过非常简明方式得到，而且以此为基础，还可以进一步发现解析函数的深层性质．从这个意义上说，复变函数的内容在这里才刚刚开始！

2.4.2 复积分与路径的关系

与微积分中的第二类曲线积分类似，某些特殊函数的复积分只依赖于曲线的起点和终点，而不依赖于曲线的具体形状.

定义 2.19 设 $f(z)$ 为定义在区域 D 内的函数，若对 D 内任意给定两点 z_1 和 z_2 ，以及 D 内任意两条起点为 z_1 ，终点为 z_2 的简单曲线 C_1 和 C_2 ，都有

$$\int_{C_1} f(z)\,\mathrm{d}z = \int_{C_2} f(z)\,\mathrm{d}z \,,$$

则称积分 $\displaystyle\int_C f(z)\,\mathrm{d}z$ **在 D 内与路径无关**.

关于积分与路径的关系，有以下重要结论.

定理 2.28 设 $f(z)$ 为定义在区域 D 内的连续函数，则以下事实等价：

(1) $\displaystyle\int_C f(z)\,\mathrm{d}z$ 在 D 内与路径无关；

(2) 对 D 内任一简单闭曲线 C ，都有 $\displaystyle\int_C f(z)\,\mathrm{d}z = 0$ ；

(3) 在 D 内存在函数 $F(z)$ ，使得 $f(z) = F'(z)$ （此时称 $F(z)$ 为 $f(z)$ 在区域 D 内的一个**原函数**）.

证明 (1) 与 (2) 的等价性是明显的. 只须证明 (1) 与 (3) 的等价性.

设 (1) 成立，则固定一点 $z_0 \in D$ ，在 D 内可以定义函数

$$F(z) = \int_C f(\zeta)\mathrm{d}\zeta \,,$$

这里 C 为区域 D 内任意一条从 z_0 到 z 的简单曲线，简记为

$$F(z) = \int_{z_0}^{z} f(\zeta)\,\mathrm{d}\zeta \,. \tag{2.20}$$

以下证明

$$F'(z) = \lim_{h \to 0} \frac{F(z+h) - F(z)}{h} = f(z) \,.$$

由于 $f(z)$ 在 D 内连续，故对任何 $\varepsilon > 0$ ，存在 $\delta > 0$ ，使得 $B_\delta(z) = \{|\zeta - z| < \delta\} \subset D$ ，且当 $|\zeta - z| < \delta$ 时，有 $|f(\zeta) - f(z)| < \varepsilon$. 取 $|h| < \delta$ ，则 $z + h \in B_\delta(z)$ ，于是，由 $F(z)$ 的定义式 (2.20) 以及 $f(z)$ 在 D 内积分与路径无关，知

$$\frac{F(z+h) - F(z)}{h} = \frac{1}{h} \int_{z}^{z+h} f(\zeta)\,\mathrm{d}\zeta \,,$$

特别，其中从 z 到 $z + h$ 的路径选为由 z 到 $z + h$ 的有向线段 L，显然 L 的长度为 $|h|$．将 $f(z)$ 表示为 $f(z) = \dfrac{1}{h} \displaystyle\int_z^{z+h} f(z)\mathrm{d}\zeta$，则

$$\frac{F(z + h) - F(z)}{h} - f(z) = \frac{1}{h} \int_L (f(\zeta) - f(z))\,\mathrm{d}\zeta.$$

由定理 2.27 可得

$$\left| \frac{1}{h} \int_L (f(\zeta) - f(z))\,\mathrm{d}\zeta \right| \leqslant \frac{1}{|h|} \int_L |f(\zeta) - f(z)|\,|\mathrm{d}\zeta| \leqslant \frac{1}{|h|} \int_L \varepsilon\,\mathrm{d}s = \varepsilon,$$

从而

$$\lim_{h \to 0} \left(\frac{F(z + h) - F(z)}{h} - f(z) \right) = 0.$$

由 z 的任意性知 $F(z)$ 在 D 内处处可导，且 $F'(z) = f(z)$，即 (1) 可推出 (3)．

设 (3) 成立，任取 D 中两点 z_1 与 z_2，以及以 z_1 为起点、z_2 为终点的曲线 C，选取 C 的参数方程为 $z(t)$ $(\alpha \leqslant t \leqslant \beta)$，则

$$\int_C f(z)\,\mathrm{d}z = \int_\alpha^\beta f(z(t))\,z'(t)\,\mathrm{d}t = \int_\alpha^\beta \frac{\mathrm{d}}{\mathrm{d}t} F(z(t))\,\mathrm{d}t \tag{2.21}$$

$$= F(z(\beta)) - F(z(\alpha)) = F(z_2) - F(z_1),$$

即积分 $\displaystyle\int_C f(z)\,\mathrm{d}z$ 只与起点 z_1 和终点 z_2 有关，与具体路径 C 无关，从而 (3) 可推出 (1)．

证毕．

上述定理虽然给出了积分与路径无关的充分必要条件，但并未说明什么样的复变量函数可能具有原函数，这一问题的结论将在下一节中给出．

根据式 (2.21)，可以得到在积分与路径无关的前提下，微积分基本定理对复积分也成立．

定理 2.29 (**复积分的 Newton[1]-Leibniz 公式**) 设 $f(z)$ 为定义在区域 D 内的连续函数，且在 D 内存在原函数 $F(z)$，则对任何 z_1，$z_2 \in D$ 以及连接 z_1，z_2 的曲线 C，有

$$\int_C f(z)\,\mathrm{d}z = F(z_2) - F(z_1). \tag{2.22}$$

在积分与路径无关的前提下，利用 Newton-Leibniz 公式计算复积分，显然比

---

[1] 全名为 Isaac Newton (1643–1727)，牛顿，英国数学家、物理学家，微积分理论的奠基人之一．

利用定义方便得多.

例 2.26 证明积分 $\int_C e^z\,dz$ 与路径无关，并计算当 C 为以 0 为起点，1 为终点的简单曲线时，该积分的值.

解 由于 e^z 在复平面存在原函数 e^z，故积分 $\int_C e^z\,dz$ 与路径无关，且

$$\int_C e^z\,dz = e^1 - e^0 = e - 1\,.$$

例 2.27 在区域 $D = \{\operatorname{Re} z > -1\}$ 内的圆周 $|z+1| = 2$ 上任取一点 z，对 D 内任何一条连接 0 与 z 的简单光滑曲线 C，证明

$$\operatorname{Re} \int_C \frac{dz}{1+z} = \ln 2\,.$$

证明 因在 D 内有 $(\ln(1+z))' = \dfrac{1}{1+z}$，所以

$$\int_C \frac{dz}{1+z} = \ln(1+z)\big|_0^z = \ln(1+z)\,,$$

从而

$$\operatorname{Re} \int_C \frac{dz}{1+z} = \operatorname{Re} \ln(1+z) = \ln|1+z|\,.$$

注意到 $|z+1| = 2$，得证.

应用 Newton-Leibniz 公式，还可以得到定理 2.26 的一个新的证明.

证明 当 $n \neq 1$ 时，

$$\left(-\frac{1}{(n-1)(z-z_0)^{n-1}}\right)' = \frac{1}{(z-z_0)^n}$$

在区域 $\mathbf{C} \setminus \{z_0\}$ 内成立（当 n 为负整数时，上式在点 z_0 也成立，但这无关紧要），圆周 $|z - z_0| = \rho$ 是区域 $\mathbf{C} \setminus \{z_0\}$ 内的一条简单光滑闭曲线，从而

$$\int_{|z-z_0|=\rho} \frac{dz}{(z-z_0)^n} = 0\,.$$

而当 $n = 1$ 时，

$$(\ln(z-z_0))' = \frac{1}{z-z_0}$$

仅在复平面割破射线 $L = \{z : \operatorname{Re} z \leqslant \operatorname{Re} z_0,\ \operatorname{Im} z = \operatorname{Im} z_0\}$ 的区域内成立，积分曲线 $|z - z_0| = \rho$ 不是落在该区域内的简单光滑闭曲线，从而不能得到相应的积分为零.

为此选择积分曲线为带 "缺口" 的圆周 C_ε : $z(\theta) = z_0 + \rho e^{i\theta}$ $(-\pi + \varepsilon \leqslant \theta \leqslant \pi - \varepsilon)$（这里 ε 是充分小的正数），此时曲线 C_ε 落在复平面割破射线 L 的区域内，从而根据 Newton-Leibniz 公式知，

$$\int_{C_\varepsilon} \frac{\mathrm{d}z}{z - z_0} = \ln \rho e^{i(\pi - \varepsilon)} - \ln \rho e^{i(-\pi + \varepsilon)} = i(2\pi - 2\varepsilon) .$$

将沿圆周 $|z - z_0| = \rho$ 的积分看作沿带缺口的圆周 C_ε 当 $\varepsilon \to 0^+$ 时的极限，得

$$\int_{|z-z_0|=\rho} \frac{\mathrm{d}z}{z - z_0} = 2\pi i .$$

证毕.

2.5　Cauchy 型积分公式

本节介绍奠定复变函数论基础并对近代数学发展有重大影响的 Cauchy 积分定理，以及在此基础上得到的两个重要公式，统称为 Cauchy 型积分公式. 解析函数的很多深层性质都是通过 Cauchy 型积分公式导出的，因此 Cauchy 型积分公式是研究解析函数性质的开始.

2.5.1　Cauchy 积分定理

在多元微积分中，Green[1] 公式刻画了二重积分与第二类曲线积分的关系.

定理 2.30 (Green 公式)　设 D 为有界区域（满足注 1.9 中假设，以下不再一一说明），$P(x, y)$，$Q(x, y)$ 在 $\bar{D}$ 上有一阶连续偏导数，则

$$\int_{\partial D} P\mathrm{d}x + Q\mathrm{d}y = \iint_D \left(\frac{\partial Q}{\partial x} - \frac{\partial P}{\partial y} \right) \mathrm{d}x\,\mathrm{d}y ,$$

这里 ∂D 为区域 D 的正向边界.

设 D 为有界区域，考虑定义在 $\bar{D}$ 上的复变函数 $f(z)$，记 $u(x, y)$，$v(x, y)$ 分别为 $f(z)$ 的实部、虚部对应的二元实函数，若 f 在 D 内解析，$u(x, y)$，$v(x, y)$ 分别

---

[1]全名为 George Green (1793–1841)，格林，英国数学家.

在 $\bar{D}$ 上有一阶连续偏导数，则根据 Green 公式和 Cauchy-Riemann 方程，有

$$\int_{\partial D} f(z)\,\mathrm{d}z = \int_{\partial D} u\,\mathrm{d}x - v\,\mathrm{d}y + \mathrm{i}\int_{\partial D} u\,\mathrm{d}y + v\,\mathrm{d}x$$

$$= -\iint_D \left(\frac{\partial u}{\partial y} + \frac{\partial v}{\partial x}\right)\mathrm{d}x\,\mathrm{d}y + \mathrm{i}\iint_D \left(\frac{\partial u}{\partial x} - \frac{\partial v}{\partial y}\right)\mathrm{d}x\,\mathrm{d}y = 0\,,$$

即以下命题成立.

命题 2.31 设 D 为有界区域，$f(z)$ 在 $\bar{D}$ 上连续可导，则有 $\displaystyle\int_{\partial D} f(z)\,\mathrm{d}z = 0$，这里 ∂D 为区域 D 的正向边界.

这一命题是 Cauchy 积分定理的简单形式. Cauchy 进一步观察发现，f 的导数连续的条件是不必要的，亦即下面一般形式的 Cauchy 积分定理.

定理 2.32 (Cauchy 积分定理) 设 D 为有界区域，$f(z)$ 在 D 内解析，在 $\bar{D}$ 上连续，则有 $\displaystyle\int_{\partial D} f(z)\,\mathrm{d}z = 0$，这里 ∂D 为区域 D 的正向边界.

一般形式的 Cauchy 积分定理由 Goursat[1]在 1900 年给出严格的证明（参考文献 [9]），这里略去.

由 Cauchy 积分定理以及积分与路径无关的等价条件，不难得到以下结论.

定理 2.33 设 D 为单连通区域，$f(z)$ 在 D 内解析，C 为 D 内任一条简单闭曲线，则有 $\displaystyle\int_C f(z)\,\mathrm{d}z = 0$，从而 $f(z)$ 在 D 内积分与路径无关.

证明 此时，记 C 的内部区域为 D_1，由 D 单连通，故 $D_1 \subset D$，从而 f 在 D_1 内解析，在 $\bar{D}_1$ 上连续，从而根据 Cauchy 积分定理立得结论. 证毕.

例 2.28 计算积分 $\displaystyle\int_{|z|=1} \frac{\sin z}{z-2}\mathrm{d}z$.

解 单位圆周 $|z| = 1$ 可视为单位圆盘的边界，被积函数 $\dfrac{\sin z}{z-2}$ 在单位圆盘内部解析，并连续到边界，从而根据 Cauchy 积分定理，该积分为 0.

例 2.29 设 D 为有界区域，$z_0 \in D$，n 为整数，证明

$$\int_{\partial D} \frac{\mathrm{d}z}{(z-z_0)^n} = \begin{cases} 2\pi\mathrm{i}\,, & n = 1\,, \\ 0\,, & n \neq 1\,. \end{cases} \tag{2.23}$$

---

[1]全名为 Édouard Jean-Baptiste Goursat (1858–1936)，古尔沙，法国数学家.

由于函数 $f(z) = \dfrac{1}{(z-z_0)^n}$ 在 $z_0 \in D$ 不解析，所以不能直接使用 Cauchy 积分定理. 下面使用一个小技巧：把被积函数不解析的点（称为奇点）z_0 挖掉，使 Cauchy 积分定理能够得以应用.

证明 取充分小的 $\rho > 0$，使得 $\{|z - z_0| \leqslant \rho\} \subset D$，并记 $C = \{|z - z_0| = \rho\}$. 设围线 $\Gamma = \partial D \cup C^-$，则在 Γ 围成的多连通区域及边界上，$f(z) = \dfrac{1}{(z-z_0)^n}$ 解析. 由多连通区域的 Cauchy 积分定理有

$$\int_{\Gamma} \frac{\mathrm{d}z}{(z-z_0)^n} = 0\,.$$

从而

$$\int_{\partial D} \frac{\mathrm{d}z}{(z-z_0)^n} = \int_{C} \frac{\mathrm{d}z}{(z-z_0)^n}\,.$$

再结合定理 2.26，立得结论. 证毕.

例 2.29 可看作定理 2.26 的推广. 通过挖掉小圆域获得函数的解析区域，进而使用 Cauchy 积分定理的技巧，在后续章节还会多次使用.

例 2.30 证明对一切正数 a 和 b，$\displaystyle\int_0^{2\pi} \frac{\mathrm{d}\theta}{a^2 \cos^2 \theta + b^2 \sin^2 \theta} = \frac{2\pi}{ab}$.

证明 首先，取曲线 C 为正向椭圆 $z(\theta) = a\cos\theta + ib\sin\theta$ $(0 \leqslant \theta \leqslant 2\pi)$，则由例 2.29 知，

$$\int_C \frac{\mathrm{d}z}{z} = 2\pi\mathrm{i}\,.$$

其次，由复积分的定义知，将参数方程代入积分得到

$$2\pi\mathrm{i} = \int_C \frac{\mathrm{d}z}{z} = \int_0^{2\pi} \frac{-a\sin\theta + ib\cos\theta}{a\cos\theta + ib\sin\theta}\,\mathrm{d}\theta = \int_0^{2\pi} \frac{\left(b^2 - a^2\right)\cos\theta\sin\theta + \mathrm{i}ab}{a^2\cos^2\theta + b^2\sin^2\theta}\,\mathrm{d}\theta\,.$$

比较等式两边的虚部，即得结论. 证毕.

本题的解法比使用万能公式直接计算定积分要简便得多. 由此可见，利用复变函数的理论，可以解决一些在微积分中比较困难甚至解决不了的问题，这正是复变函数理论得到重视并蓬勃发展的原因！

2.5.2 Cauchy 积分公式

Cauchy 积分定理解决了当函数在有界区域内部解析时，函数沿区域边界积分的结果，但当函数在区域内部存在不解析的点时，Cauchy 积分定理不再适用，以下的 Cauchy 积分公式就是 Cauchy 积分定理的进一步发展.

定理 2.34 (Cauchy 积分公式) 设 D 为有界区域. 若 $f(z)$ 在 D 内解析，在 $\bar{D}$ 上连续，则对一切 $z_0 \in D$，

$$f(z_0) = \frac{1}{2\pi i} \int_{\partial D} \frac{f(z)}{z - z_0} \, dz \,, \tag{2.24}$$

这里 ∂D 为区域 D 的正向边界.

首先考虑区域 D 为圆域的情形.

引理 2.35 设 $f(z)$ 在区域 D 内解析，则对一切 $\{|z - z_0| \leqslant R\} \subset D$，有

$$f(z_0) = \frac{1}{2\pi i} \int_{|z-z_0|=R} \frac{f(z)}{z - z_0} \, dz \,. \tag{2.25}$$

证明 对取定的正数 R，任取正数 $\rho < R$，则 $\dfrac{f(z)}{z - z_0}$ 在区域 $\{\rho < |z - z_0| < R\}$ 内解析并连续到边界，由 Cauchy 积分定理，得

$$\int_{|z-z_0|=R} \frac{f(z)}{z - z_0} \, dz = \int_{|z-z_0|=\rho} \frac{f(z)}{z - z_0} \, dz \,. \tag{2.26}$$

以下只须证明上式右端当 $\rho \to 0^+$ 时的极限为 $2\pi i f(z_0)$，从而在上式两边令 $\rho \to 0^+$，便可得到定理结论. 事实上，选取圆周 $|z - z_0| = \rho$ 的参数方程为 $z = z_0 + \rho e^{i\theta}$ $(0 \leqslant \theta \leqslant 2\pi)$，代入式 (2.26) 右端得到

$$\int_{|z-z_0|=\rho} \frac{f(z)}{z - z_0} \, dz = \int_0^{2\pi} \frac{f(z_0 + \rho e^{i\theta})}{\rho e^{i\theta}} i\rho e^{i\theta} d\theta = i \int_0^{2\pi} f(z_0 + \rho e^{i\theta}) \, d\theta \,,$$

于是

$$\lim_{\rho \to 0^+} \int_{|z-z_0|=\rho} \frac{f(z)}{z - z_0} \, dz = i \lim_{\rho \to 0^+} \int_0^{2\pi} f(z_0 + \rho e^{i\theta}) \, d\theta$$

$$= i \int_0^{2\pi} \lim_{\rho \to 0^+} f(z_0 + \rho e^{i\theta}) \, d\theta = i \int_0^{2\pi} f(z_0) \, d\theta = 2\pi i f(z_0) \,.$$

证毕.

注 2.7 在证明的最后一步中，交换了积分与极限的运算次序，即认为

$$\lim_{\rho \to 0^+} \int_0^{2\pi} f(z_0 + \rho e^{i\theta}) \, d\theta = \int_0^{2\pi} \lim_{\rho \to 0^+} f(z_0 + \rho e^{i\theta}) \, d\theta = \int_0^{2\pi} f(z_0) \, d\theta \qquad (2.27)$$

成立，这一做法在这里是合理的. 事实上

$$\int_0^{2\pi} f(z_0 + \rho e^{i\theta}) \, d\theta = \int_0^{2\pi} (f(z_0 + \rho e^{i\theta}) - f(z_0)) \, d\theta + \int_0^{2\pi} f(z_0) \, d\theta .$$

由于 $f(z)$ 连续，从而对任何 $\varepsilon > 0$，存在 $\delta > 0$，使当 $|z - z_0| < \delta$ 时，有 $|f(z) - f(z_0)| < \dfrac{\varepsilon}{2\pi}$. 于是当 $0 < \rho < \delta$ 时，上式右端第一项

$$\left| \int_0^{2\pi} \left(f(z_0 + \rho e^{i\theta}) - f(z_0) \right) d\theta \right| \leqslant \int_0^{2\pi} |f(z_0 + \rho e^{i\theta}) - f(z_0)| \, d\theta < \int_0^{2\pi} \frac{\varepsilon}{2\pi} \, d\theta = \varepsilon ,$$

即式 (2.27) 右端第一项当 $\rho \to 0^+$ 时，极限为零. 对一般的情况，积分与极限只有在满足一定条件的情况下才可以交换，但**只要被积函数关于积分变量和参数都是连续的**（本例中积分变量是 θ，参数是 ρ），**则带参数的正常积分和关于参数的极限可以交换次序**（参考文献 [4]）.

由引理 2.35 立即得到下面的结论.

定理 2.36（解析函数的平均值性质）设 $f(z)$ 在区域 D 内解析，则对一切 $z_0 \in D$，以及满足 $\{|z - z_0| \leqslant R\} \subset D$ 的正数 R，有

$$f(z_0) = \frac{1}{2\pi} \int_0^{2\pi} f(z_0 + R e^{i\theta}) \, d\theta . \qquad (2.28)$$

式 (2.28) 右边等同于函数 f 的值沿圆周的积分除以圆周长，即函数 f 沿圆周的平均值，平均值性质指出，单连通区域内的解析函数在区域内部任一圆周上的平均值，恰为该函数在圆心的值.

证明 将积分曲线的参数方程 $z(\theta) = z_0 + R e^{i\theta}$ 代入引理 2.35 的结论

$$f(z_0) = \frac{1}{2\pi i} \int_{|z - z_0| = R} \frac{f(z)}{z - z_0} \, dz ,$$

即有

$$f(z_0) = \frac{1}{2\pi i} \int_0^{2\pi} \frac{f(z_0 + R e^{i\theta})}{R e^{i\theta}} i R e^{i\theta} \, d\theta = \frac{1}{2\pi} \int_0^{2\pi} f(z_0 + R e^{i\theta}) \, d\theta .$$

证毕.

以下证明 Cauchy 积分公式.

证明 取充分小的 $\rho > 0$，使得 $\{|z - z_0| \leqslant \rho\} \subset D$，并记 $C = \{|z - z_0| = \rho\}$．设围线 $\Gamma = \partial D \cup C^-$，则在 Γ 围成的多连通区域内，$\dfrac{f(z)}{z - z_0}$ 解析并连续到边界，于是由 Cauchy 积分定理有

$$0 = \frac{1}{2\pi i} \int_{\Gamma} \frac{f(z)}{z - z_0}\, dz = \frac{1}{2\pi i} \int_{\partial D} \frac{f(z)}{z - z_0}\, dz - \frac{1}{2\pi i} \int_{C} \frac{f(z)}{z - z_0}\, dz \, .$$

再根据引理 2.35 得到

$$\frac{1}{2\pi i} \int_{\partial D} \frac{f(z)}{z - z_0}\, dz = \frac{1}{2\pi i} \int_{C} \frac{f(z)}{z - z_0}\, dz = f(z_0) \, .$$

证毕．

根据 Cauchy 积分公式立即得到，解析函数在有界区域内部的取值，由该函数在该区域边界的取值完全决定，即有下面的定理．

定理 2.37 设函数 $f(z)$，$g(z)$ 都在有界区域 D 内解析，在 $\bar{D}$ 上连续，且当 $z \in \partial D$ 时有 $f(z) = g(z)$，则当 $z \in \bar{D}$ 时，$f(z) = g(z)$．

证明 只要证明当 $z_0 \in D$ 时有 $f(z_0) = g(z_0)$ 即可．事实上，由 Cauchy 积分公式，有

$$f(z_0) = \frac{1}{2\pi i} \int_{\partial D} \frac{f(z)}{z - z_0}\, dz = \frac{1}{2\pi i} \int_{\partial D} \frac{g(z)}{z - z_0}\, dz = g(z_0) \, .$$

证毕．

Cauchy 积分公式是计算沿闭曲线的复积分的重要工具．

例 2.31 计算 $\displaystyle\int_C \frac{\sin iz}{z^2 + 1}\, dz$，其中 C 为正向圆周 $|z - 2i| = 2$．

解 注意到 $\dfrac{\sin iz}{z + i}$ 在 $\{|z - 2i| \leqslant 2\}$ 上连续并在内部解析，故由 Cauchy 积分公式得

$$\int_C \frac{\sin iz}{z^2 + 1}\, dz = \int_C \frac{\sin iz}{z + i} \frac{dz}{z - i} = 2\pi i \left(\frac{\sin iz}{z + i}\right)\bigg|_{z=i} = -\pi \sin 1 \, .$$

例 2.32 计算积分 $\displaystyle\int_{|z|=R} \frac{dz}{(z - a)(z - b)}$，这里 $|a| < R$，$|b| < R$．

解法一 由于

$$\int_{|z|=R} \frac{dz}{(z - a)(z - b)} = \frac{1}{a - b} \left(\int_{|z|=R} \frac{dz}{z - a} - \int_{|z|=R} \frac{dz}{z - b} \right),$$

注意到 a ，b 都在圆周 $|z| = R$ 的内部，从而由 Cauchy 积分公式得到

$$\frac{1}{a-b}\left(\int_{|z|=R}\frac{\mathrm{d}z}{z-a} - \int_{|z|=R}\frac{\mathrm{d}z}{z-b}\right) = \frac{1}{a-b}(2\pi\mathrm{i} - 2\pi\mathrm{i}) = 0 .$$

解法二　取充分小的 $r > 0$ ，使得 $(B_r(a) \cup B_r(b)) \subset B_R(0)$ ，且 $B_r(a) \cap B_r(b) = \varnothing$.
因 $\dfrac{\mathrm{d}z}{(z-a)(z-b)}$ 在圆盘 $B_R(0)$ 挖去 $B_r(a) \cup B_r(b)$ 的区域内部解析，并连续到边界，
从而根据 Cauchy 积分定理得到

$$\int_{|z|=R}\frac{\mathrm{d}z}{(z-a)(z-b)} = \int_{|z-a|=r}\frac{\mathrm{d}z}{(z-a)(z-b)} + \int_{|z-b|=r}\frac{\mathrm{d}z}{(z-a)(z-b)} .$$

再根据 Cauchy 积分公式，

$$\int_{|z-a|=r}\frac{\mathrm{d}z}{(z-a)(z-b)} = \left.\frac{2\pi\mathrm{i}}{z-b}\right|_{z=a} = \frac{2\pi\mathrm{i}}{a-b} ,$$

$$\int_{|z-b|=r}\frac{\mathrm{d}z}{(z-a)(z-b)} = \left.\frac{2\pi\mathrm{i}}{z-a}\right|_{z=b} = \frac{2\pi\mathrm{i}}{b-a} ,$$

从而原积分的值为 0 .

注 2.8　本例中，被积函数在积分曲线围成的内部区域中存在两个不解析的点（称为孤立奇点），不能直接使用 Cauchy 积分公式. 解法一，利用代数的方法，将被积函数拆成两个各有一个孤立奇点的函数的和；解法二，利用几何的方法，将原积分曲线转化为两条只绕一个孤立奇点的曲线，经两种方法转化之后的积分都可以利用 Cauchy 积分公式计算. 其中，解法二将解析函数沿闭曲线的积分，转化为该函数沿区域内部各孤立奇点的小邻域边界积分的和，这正是下一章中留数定理的思想.

借助本节的结论，可以给出著名的代数学基本定理的一个简洁证明.

定理 2.38 (代数学基本定理)　n 次复系数多项式在复平面上恰有 n 个零点.

证明　先证明复系数多项式在复平面上至少有 1 个零点. 使用反证法. 设复系数多项式函数 $f(z) = a_0 z^n + a_1 z^{n-1} + \cdots + a_n$ 对一切复数 z 都不为零（这里 a_0 ，a_1 ，$\cdots$ ，a_n 为复常数，$a_0 \neq 0$ ，$n \geqslant 1$），特别 $f(0) \neq 0$. 令 $g(z) = (f(z))^{-1}$ ，则 $g(z)$ 在整个复平面上解析且

$$\lim_{|z|\to\infty}|g(z)| = \lim_{|z|\to\infty}\frac{1}{|a_0 + a_1 z^{-1} + \cdots + a_n z^{-n}|}\cdot\frac{1}{|z|^n} = 0 .$$

由解析函数的平均值性质（定理 2.36），得

$$g(0) = \frac{1}{2\pi} \int_0^{2\pi} g(Re^{i\theta}) \, d\theta \,,$$

令 $R \to +\infty$，得

$$|g(0)| \leqslant \lim_{R \to +\infty} \frac{1}{2\pi} \int_0^{2\pi} |g(Re^{i\theta})| \, d\theta = \frac{1}{2\pi} \int_0^{2\pi} \lim_{R \to +\infty} |g(Re^{i\theta})| \, d\theta = 0 \,,$$

与 $g(0) = (f(0))^{-1} \neq 0$ 矛盾.

利用归纳法，设 $(n-1)$ 次多项式恰有 $(n-1)$ 个零点，并记 z_1 为 $f(z)$ 的一个零点，则根据代数学的余式定理（参考文献 [6]），存在 $(n-1)$ 次多项式 $f_1(z)$，使得 $f(z) = (z - z_1)f_1(z)$，根据归纳假设立得结论. 证毕.

注 2.9 代数学基本定理中提及的 n 个零点未必互不相同. 如上述证明过程中，z_1 恰为 $f_1(z)$ 的一个零点，则 z_1 应算作 $f(z)$ 的两个相同的零点（称为 2 重零点）. 关于多项式零点重数的定义，将在第 3 章具体给出.

2.5.3 Cauchy 高阶导数公式

将 Cauchy 积分公式中被积函数的分母由 $(z - z_0)$ 改为 $(z - z_0)^{n+1}$（n 为正整数），积分该如何计算，是非常自然的问题. 此时 Cauchy 积分公式不再适用. 为解决这一问题，需要再发展一个公式，这便是下面的 Cauchy 高阶导数公式.

定理 2.39 (Cauchy 高阶导数公式) 设 D 为有界区域，且 $f(z)$ 在 D 内解析，在 $\bar{D}$ 上连续，则对一切 $z_0 \in D$ 和正整数 n，有

$$f^{(n)}(z_0) = \frac{n!}{2\pi i} \int_{\partial D} \frac{f(z)}{(z - z_0)^{n+1}} \, dz \,, \tag{2.29}$$

这里 ∂D 为区域 D 的正向边界.

证明 对 Cauchy 积分公式

$$f(z_0) = \frac{1}{2\pi i} \int_{\partial D} \frac{f(z)}{z - z_0} \, dz$$

两边关于 z_0 求 n 阶导数，立即得到

$$f^{(n)}(z_0) = \frac{1}{2\pi i} \frac{d^n}{dz_0^n} \int_{\partial D} \frac{f(z)}{z - z_0} \, dz = \frac{1}{2\pi i} \int_{\partial D} \frac{d^n}{dz_0^n} \left(\frac{f(z)}{z - z_0} \right) dz = \frac{n!}{2\pi i} \int_{\partial D} \frac{f(z)}{(z - z_0)^{n+1}} \, dz \,.$$

注 2.10 在上面的证明中，有两个要点. 其一是关于 z_0 求导数，由于 Cauchy 积分公式对 D 的一切内点 z_0 都成立，因此 z_0 可以看作参数，从而就可以关于参

数求导数. 其二, 在求导数时, 将求导运算由积分号外移到积分号内 (相当于交换对参数的极限和积分的次序), 这一步在此时是合理的. 在一般情形下, **当函数 $f(x, t)$ 及其关于参数 t 的导数 $f_t(x, t)$ 都是连续函数时, 关于参数 t 的求导和关于 x 的正常积分可以交换次序** (参考文献 [4]).

注 2.11 Cauchy 高阶导数公式指出, 一旦 $f(z)$ 在区域 D 内可导, 则 $f(z)$ 在 D 内必定任意阶可导, 且每点的任意阶导数都可以用函数在边界上的值通过积分来表示. 特别, 解析函数的导数必定解析. 这一点与一元实可微函数完全不同, 一元实函数即便在一个区间上处处可导, 它的导数在这个区间上甚至可能不连续, 更不要说存在高阶导数了.

由于 $f'(z) = u_x + \mathrm{i} v_x = v_y - \mathrm{i} u_y$, 进一步根据高阶导数定理, $f'(z)$ 解析, 从而 u_x, v_x, u_y, v_y 都可微, 利用归纳法立即得到解析函数的实部和虚部任意阶偏导数都存在且连续.

将高阶导数公式 (2.29) 写成

$$\int_{\partial D} \frac{f(z)}{(z - z_0)^{n+1}} \, \mathrm{d}z = \frac{2\pi \mathrm{i}}{n!} f^{(n)}(z_0),$$

即可解决本小节最初提出的复积分问题.

例 2.33 计算复积分 $\displaystyle\int_C \frac{1}{(z^2 + 1)^2} \, \mathrm{d}z$, 其中 C 为正向圆周 $x^2 + (y - 1)^2 = 1$.

解 注意到 $(z^2 + 1)^2 = (z + \mathrm{i})^2 (z - \mathrm{i})^2$, 于是 $\dfrac{1}{(z + \mathrm{i})^2}$ 在 C 的内部区域解析并连续到边界, 根据 Cauchy 高阶导数公式, 有

$$\int_C \frac{1}{(z^2 + 1)^2} \, \mathrm{d}z = 2\pi \mathrm{i} \left(\frac{1}{(z + \mathrm{i})^2} \right)' \bigg|_{z=\mathrm{i}} = 2\pi \mathrm{i} \left(\frac{-2}{(z + \mathrm{i})^3} \right) \bigg|_{z=\mathrm{i}} = \frac{\pi}{2}.$$

例 2.34 计算复积分 $\displaystyle\int_C \frac{\mathrm{e}^{\mathrm{i}z}}{(z - \mathrm{i})^3} \, \mathrm{d}z$, 其中 C 为正向圆周 $|z| = 2$.

解 由于 $\mathrm{e}^{\mathrm{i}z}$ 解析, 故由高阶导数公式有

$$\int_C \frac{\mathrm{e}^{\mathrm{i}z}}{(z - \mathrm{i})^3} \, \mathrm{d}z = \frac{2\pi \mathrm{i}}{(3 - 1)!} \left(\mathrm{e}^{\mathrm{i}z} \right)'' \bigg|_{z=\mathrm{i}} = -\pi \mathrm{i} \mathrm{e}^{-1}.$$

至此已经得到了三个以 Cauchy 命名的公式, 即 Cauchy 积分定理、Cauchy 积分公式、Cauchy 高这阶导数公式, 这三个公式统称为 Cauchy 型积分公式. 利用 Cauchy 型积分公式, 对有界区域 D 以及在 D 内解析并连续到边界的函数 $f(z)$, 积

分

$$\int_{\partial D} \frac{f(z)}{(z-z_1)^{m_1}(z-z_2)^{m_2}\cdots(z-z_n)^{m_n}}\,\mathrm{d}z$$

都可以仿照例 2.32 的方法计算，而不必再借助积分曲线的参数方程.

利用 Cauchy 高阶导数公式，还可以得到以下两个重要的结论.

定理 2.40 (Morera[1]) 设 $f(z)$ 为定义在区域 D 内的连续函数，且 $f(z)$ 在 D 内积分与路径无关，则 $f(z)$ 在 D 内解析.

证明 因 $f(z)$ 在 D 内积分与路径无关，故可定义

$$F(z) = \int_{z_0}^z f(\zeta)\,\mathrm{d}\zeta,$$

其中 z_0 为 D 中某个固定点. 由定理 2.28 可知，$F(z)$ 在 D 内处处可导（即解析），且 $F'(z) = f(z)$，从而 $f(z)$ 作为解析函数 $F(z)$ 的导数也在 D 内解析. 证毕.

定理 2.33 指出，单连通区域内的解析函数，在区域内积分与路径无关，如果将 Morera 定理中的区域取为单连通区域，则 Morera 定理可以看作定理 2.33 的逆定理. 同时，Morera 定理给出了连续函数在区域内积分与路径无关的必要条件是这个函数在区域内解析，而且一旦这个区域是单连通的，该条件还是充分的.

在整个复平面上解析的函数称为**整函数**. 以下定理刻画了整函数值域的重要特征.

定理 2.41 (Liouville[2]) 有界整函数必定是常值函数.

证明 设 $f(z)$ 是一个整函数，且存在正数 M，使得 $|f(z)| \leqslant M$ 对一切复数 z 成立. 为证明 $f(z)$ 是常数，只要证明 $f(z)$ 的导数恒为零. 事实上，对任何一点 z_0，根据 Cauchy 高阶导数公式，有

$$f'(z_0) = \frac{1}{2\pi\mathrm{i}}\int_{|z-z_0|=R} \frac{f(z)}{(z-z_0)^2}\,\mathrm{d}z.$$

由定理 2.27，得

$$|f'(z_0)| \leqslant \frac{1}{2\pi}\int_{|z-z_0|=R} \frac{|f(z)|}{|z-z_0|^2}|\mathrm{d}z| \leqslant \frac{M}{2\pi R^2}\,2\pi R = \frac{M}{R},$$

令 $R \to \infty$，即得 $f'(z_0) = 0$. 证毕.

对实变量函数而言，即便函数在整个实数轴上无穷次连续可导，这类函数的

---

[1] 全名为 Giacinto Morera (1856–1909)，莫雷拉，意大利数学家.
[2] 全名为 Joseph Liouville (1809–1882)，刘维尔，法国数学家.

值域也很难统一刻画，但 Liouville 定理指出，复变函数一旦在整个复平面上可导，值域一定不会是有界集，除非常值函数．事实上，还有更深刻的结论．

定理 2.42 (Picard[1]**小定理)**　非常值的整函数，其值域只有两种类型，全体复数或全体复数除去一个值．

Picard 小定理中的两种情形，在初等函数中就可以找到例子．值域为全体复数的整函数有正弦函数、余弦函数等，而指数函数的值域，恰好是全体非零复数．Picard 小定理的证明远远超出本书的范围（参考文献 [9]），此处略去．

借助 Liouville 定理，可以给出代数学基本定理（定理 2.38）的另一个证明．

证明　使用反证法．首先，与定理 2.38 的第一段证明相同，设复系数多项式函数 $f(z) = a_0 z^n + a_1 z^{n-1} + \cdots + a_n$ 对一切复数 z 都不为零（这里 $a_0, a_1, \cdots, a_n$ 为复常数，$a_0 \neq 0$，$n \geqslant 1$）．令 $g(z) = \dfrac{1}{f(z)}$，则 $g(z)$ 在整个复平面上解析且

$$\lim_{|z| \to \infty} |g(z)| = 0 .$$

从而存在 $R > 0$，使当 $|z| > R$ 时，$|g(z)| < 1$．其次，$|g(z)|$ 在圆域 $\{|z| \leqslant R\}$ 上连续，故在其上有界．设 M 为其上界，从而对一切复数 z，

$$|g(z)| \leqslant \max\{M, 1\} ,$$

即 $g(z)$ 在复平面上有界，由 Liouville 定理知，$g(z)$ 为常值函数，于是 $f(z)$ 为常值函数，矛盾．证毕．

2.6　调和函数

本节将利用解析函数的性质，研究一类在热力学、流体力学、电磁场理论等领域有重要应用的调和函数．

2.6.1　调和函数与共轭调和函数

定义 2.20　设实函数 $H(x, y)$ 在平面区域 D 内有二阶连续的偏导数，且满足

---

[1]全名为 Charles Émile Picard (1856–1941)，毕卡，法国数学家．

Laplace[1]方程

$$\frac{\partial^2 H}{\partial x^2} + \frac{\partial^2 H}{\partial y^2} = 0 , \qquad (2.30)$$

则称其为 D 内的**调和函数**, 这里 (x, y) 是平面欧氏坐标, 式 (2.30) 左端简记为 $\triangle H$, $\triangle$ 称为 **Laplace 算子**.

定义 2.21 若 $u(x, y)$, $v(x, y)$ 都在区域 D 内调和, 且满足 Cauchy-Riemann 方程 $u_x = v_y$, $u_y = -v_x$, 则称 v 为 u 的**共轭调和函数**.

根据共轭调和函数的定义, 可立即得到下面的结论.

定理 2.43 共轭调和函数在相差一个常数的意义下唯一, 即 v 和 $\tilde{v}$ 均为 u 的共轭调和函数, 当且仅当 $\tilde{v} - v$ 为常值函数.

注 2.12 对调和函数 u 和 v, 当 v 为 u 的共轭调和函数时, u 并不是 v 的共轭调和函数, 而是 $-v$ 的共轭调和函数.

以下定理揭示了解析函数与调和函数的关系.

定理 2.44 复变函数 $f(z) = u(x, y) + \mathrm{i}v(x, y)$ 在区域 D 内解析的充分必要条件是 $u(x, y)$ 与 $v(x, y)$ 都在区域 D 内调和, 且 $v(x, y)$ 为 $u(x, y)$ 的共轭调和函数.

证明 首先证明充分性. 设 $u(x, y)$ 与 $v(x, y)$ 都是区域 D 内的调和函数, 且 $v(x, y)$ 为 $u(x, y)$ 的共轭调和函数. 则由调和函数及其共轭调和函数的定义可知, $v(x, y)$ 与 $u(x, y)$ 在区域 D 内必有一阶偏导数连续, 且二者满足 Cauchy-Riemann 方程, 所以由解析函数的充分条件知 $f(z) = u(x, y) + \mathrm{i}v(x, y)$ 在区域 D 内解析.

再证明必要性. 设 $f(z) = u(x, y) + \mathrm{i}v(x, y)$ 在区域 D 内解析, 则 Cauchy-Riemann 方程成立. 下面只须证明 $u(x, y)$ 与 $v(x, y)$ 都在区域 D 内调和即可. 事实上, 由高阶导数公式可知, $f(z)$ 在 D 内无穷次可导, 从而 u 与 v 在 D 内亦无穷次可导, 特别, 二阶偏导数在 D 内连续. 进一步根据 Cauchy-Riemann 方程, 有

$$\triangle u = \frac{\partial^2 u}{\partial x^2} + \frac{\partial^2 u}{\partial y^2} = \frac{\partial}{\partial x}\left(\frac{\partial u}{\partial x}\right) + \frac{\partial}{\partial y}\left(\frac{\partial u}{\partial y}\right)$$

$$= \frac{\partial}{\partial x}\left(\frac{\partial v}{\partial y}\right) - \frac{\partial}{\partial y}\left(\frac{\partial v}{\partial x}\right) = \frac{\partial^2 v}{\partial y\,\partial x} - \frac{\partial^2 v}{\partial x\,\partial y} = 0 ,$$

即 $u(x, y)$ 在区域 D 内调和, 类似可证 $v(x, y)$ 在区域 D 内调和. 证毕.

通过定理 2.44, 可以给出很多调和函数的例子.

---

[1]全名为 Pierre-Simon de Laplace (1749–1827), 拉普拉斯, 法国数学家.

例 2.35　线性函数，$x^2 - y^2$，xy，$e^x \cos y$，$e^x \sin y$，$\ln(x^2 + y^2)$，$\arctan \dfrac{y}{x}$ 都是各自定义域上的调和函数. 事实上，上述函数都是某个初等解析函数的实部或虚部.

　　下面考虑共轭调和函数的存在性，即对给定的定义在区域 D 内的调和函数 $u(x, y)$，是否存在定义在区域 D 内的共轭调和函数 $v(x, y)$？如果存在，如何求这个共轭调和函数？

　　首先，如果共轭调和函数 v 存在，则 v 在区域 D 内的全微分为 $\mathrm{d}v = v_x \mathrm{d}x + v_y \mathrm{d}y$，由 Cauchy-Riemann 方程，应有

$$\mathrm{d}v = -u_y \mathrm{d}x + u_x \mathrm{d}y . \tag{2.31}$$

反之，容易验证，如果 D 内的函数 v 满足式 (2.31)，则 v 就是 u 的共轭调和函数. 于是 v 的存在性问题，归结为是否存在 v 使得式 (2.31) 成立. 根据积分与路径关系的理论，当 D 为单连通区域时，微分形式 $P \mathrm{d}x + Q \mathrm{d}y$ 是某个函数在区域 D 内的全微分，当且仅当该微分形式在 D 内积分与路径无关，当且仅当 $P_y = Q_x$ 在 D 内成立. 容易验证微分形式 (2.31) 满足条件，于是有以下定理.

　　定理 2.45　对一切定义在单连通区域 D 内的调和函数 $u(x, y)$，由下式定义的函数

$$v(x, y) = \int_{(x_0, y_0)}^{(x, y)} -u_y \mathrm{d}x + u_x \mathrm{d}y + c ,$$

恰为 u 在 D 内的共轭调和函数，这里 c 为任意实数.

　　这一定理同时给出了求调和函数在单连通区域内共轭调和函数的一种方法.

　　例 2.36　设 $u(x, y) = x^3 - 3xy^2$，

　　(1) 验证 $u(x, y)$ 是调和函数；

　　(2) 求 $u(x, y)$ 的共轭调和函数 $v(x, y)$；

　　(3) 求出解析函数 $f(z) = u(x, y) + \mathrm{i}v(x, y)$.

　　解法一　(1) 因为 $u_{xx} = 6x$，$u_{yy} = -6x$，所以 $u_{xx} + u_{yy} = 0$，从而 $u(x, y)$ 在全平面调和.

　　(2) 由定理 2.45 得

$$v(x, y) = \int_{(0,0)}^{(x, y)} 6xy \mathrm{d}x + (3x^2 - 3y^2) \mathrm{d}y + c = 3x^2 y - y^3 + c ,$$

这里 c 为任意实数.

(3) 将 $u(x, y)$ 和 $v(x, y)$ 代入，得到

$$f(z) = u + iv = x^3 - 3xy^2 + i(3x^2y - y^3 + c) = z^3 + ic , \qquad (2.32)$$

这里 c 为任意实数.

解法二 验证 $u(x, y)$ 为调和函数同解法一，从而以 $u(x, y)$ 为实部的解析函数 $f(z)$ 局部存在，根据式 (2.2) 并利用 Cauchy-Riemann 方程得

$$f'(z) = u_x + iv_x = u_x - iu_y = 3x^2 - 3y^2 + i6xy = 3z^2 ,$$

通过不定积分，得

$$f(z) = \int f'(z) \, dz = \int 3z^2 \, d\zeta = z^3 + C ,$$

注意到 $f(z)$ 的实部须为 $u(x, y)$，故 C 的实部须为零. 对上式取虚部即得 $u(x, y)$ 的共轭调和函数 $v(x, y) = 3x^2y - y^3 + c$.

解法三 验证 $u(x, y)$ 为调和函数同解法一. 根据 Cauchy-Riemann 方程，$v_y = u_x = 3x^2 - 3y^2$，利用不定积分得到

$$v(x, y) = \int \left(3x^2 - 3y^2\right) dy = 3x^2y - y^3 + C(x) ,$$

这里 $C(x)$ 为关于 x 的某个可微函数（读者不妨思考一下这是为什么）. 又因为

$$v_x = 6xy + C'(x) = -u_y = 6xy ,$$

从而 $C'(x) = 0$，即 $C(x) = c$（c 为实常数）.

注 2.13 上述解法中，都需要将依赖于实变量 x，y 的函数，表示为关于复变量 z 的函数. 利用

$$x = \frac{1}{2}(z + \bar{z}) , \quad y = \frac{1}{2i}(z - \bar{z})$$

代入，通常需要一定的计算量. 对解析函数，有更快速的计算方法：令 $x = z$，$y = 0$（相当于令 $\bar{z} = z$，即将 z 看作实数）. 这是因为解析函数都是不依赖于 $\bar{z}$ 的，因此可以将 $\bar{z}$ 取为任意值（读者不妨尝试将 $\bar{z}$ 取为 0 或其他特殊值，验证是否得到相同的结果）. 注意，对非解析函数，不可使用上述算法.

由定理 2.45，还可以得到以下结论.

定理 2.46 设 $f(z) = u(x, y) + iv(x, y)$ 在区域 D 内解析，取值在区域 D_1 中，$h(x, y)$ 在区域 D_1 内调和，则 $h(u(x, y), v(x, y))$ 在区域 D 内调和.

简言之，调和函数和解析函数的复合是调和函数. 该定理可以通过调和函数的定义直接验证，留作习题. 这里利用定理 2.45 给出一种无需计算的证明.

证明 任取区域 D 内一点 $z_0 = x_0 + iy_0$，记 $w_0 = u_0 + iv_0 = f(z_0)$，选取 w_0 在

D_1 中的邻域 $B_\varepsilon(w_0)$，由于 $B_\varepsilon(w_0)$ 是单连通的，故存在定义在 $B_\varepsilon(w_0)$ 内的 $h(x,y)$ 的共轭调和函数，亦即存在定义在 $B_\varepsilon(w_0)$ 内的解析函数 $H(z)$，使得 $h(x,y) = \operatorname{Re} H(z)$. 于是 $H(f(z))$ 在点 z_0 解析，从而 $h(u(x,y),\ v(x,y)) = \operatorname{Re} H(f(z))$ 在点 z_0 的某邻域内调和，即 $\triangle h(u(x,y),\ v(x,y)) = 0$ 在点 z_0 的某邻域内成立. 由 z_0 的任意性，知 $\triangle h(u(x,y),\ v(x,y)) = 0$ 在 D 内成立. 证毕.

对定义在非单连通区域内的调和函数，不一定存在整个区域内的共轭调和函数，如下面的例子.

例 2.37 证明 $u(x,y) = \ln\left(x^2 + y^2\right)$ 在 $\mathbf{R}^2 \setminus \{(0,0)\}$ 上调和，但不存在定义在 $\mathbf{R}^2 \setminus \{(0,0)\}$ 上的函数 $v(x,y)$，使得 $v(x,y)$ 为 $u(x,y)$ 的共轭调和函数.

证明 直接由定义可验证 $u(x,y)$ 在 $\mathbf{R}^2 \setminus \{(0,0)\}$ 上调和，以下利用反证法证明 $v(x,y)$ 不存在. 若不然，定义在 $\mathbf{R}^2 \setminus \{(0,0)\}$ 上的微分形式

$$\omega = v_x\,\mathrm{d}x + v_y\,\mathrm{d}y = -u_y\,\mathrm{d}x + u_x\,\mathrm{d}y = -\frac{2y}{x^2 + y^2}\,\mathrm{d}x + \frac{2x}{x^2 + y^2}\,\mathrm{d}y$$

应为 v 的全微分，从而 ω 在 $\mathbf{R}^2 \setminus \{(0,0)\}$ 上积分与路径无关，特别，ω 沿 $\mathbf{R}^2 \setminus \{(0,0)\}$ 上任何一条闭曲线的积分应为零. 然而 ω 沿圆周 $|z| = r$ 的积分

$$\int_{|z|=r} \frac{2x}{x^2 + y^2}\,\mathrm{d}y - \frac{2y}{x^2 + y^2}\,\mathrm{d}x = \int_0^{2\pi} \left(\frac{2r\cos\theta}{r^2} r\cos\theta + \frac{2r\sin\theta}{r^2} r\sin\theta \right)\mathrm{d}\theta = 4\pi,$$

矛盾，从而 ω 不可能是某个函数的全微分. 证毕.

以下例子是调和函数的一个有趣的结果.

例 2.38 设 $u(x,y)$ 于 $|z| < R$ 内调和，$f(z)$ 是以 $u(x,y)$ 为实部的一个解析函数，则当 $0 < r < R$ 时，有

$$f'(0) = \frac{1}{\pi r} \int_0^{2\pi} u(r\cos\theta, r\sin\theta)\mathrm{e}^{-\mathrm{i}\theta}\mathrm{d}\theta.$$

证明 首先，由导数公式并作变换 $z = r\mathrm{e}^{\mathrm{i}\theta}$，得

$$f'(0) = \frac{1}{2\pi\mathrm{i}} \int_{|z|=r} \frac{f(z)}{z^2}\,\mathrm{d}z = \frac{1}{2\pi r} \int_0^{2\pi} \frac{f(r\mathrm{e}^{\mathrm{i}\theta})}{\mathrm{e}^{2\mathrm{i}\theta}} \mathrm{e}^{\mathrm{i}\theta}\mathrm{d}\theta = \frac{1}{2\pi r} \int_0^{2\pi} f(r\mathrm{e}^{\mathrm{i}\theta})\mathrm{e}^{-\mathrm{i}\theta}\mathrm{d}\theta.$$

其次，由 Cauchy 积分定理有

$$\frac{1}{2\pi\mathrm{i} r^2} \int_{|z|=r} f(z)\,\mathrm{d}z = \frac{1}{2\pi r} \int_0^{2\pi} f(r\mathrm{e}^{\mathrm{i}\theta})\mathrm{e}^{\mathrm{i}\theta}\mathrm{d}\theta = 0.$$

对上式两边取共轭，得到

$$0 = \frac{1}{2\pi r} \int_0^{2\pi} \overline{f(re^{i\theta})} e^{-i\theta} d\theta .$$

综合以上两方面，有

$$f'(0) = \frac{1}{2\pi r} \int_0^{2\pi} (f(re^{i\theta}) + \overline{f(re^{i\theta})}) e^{-i\theta} d\theta = \frac{1}{\pi r} \int_0^{2\pi} u(r\cos\theta, r\sin\theta) e^{-i\theta} d\theta .$$

证毕.

2.6.2 极值原理和 Liouville 定理

类似解析函数，调和函数有很多不平凡的性质.

定理 2.47 (调和函数的平均值性质) 设 $u(x, y)$ 在区域 D 内调和，则对一切 $z_0 = x_0 + iy_0 \in D$，以及满足 $\bar{B}_r(z_0) \subset D$ 的正数 r，有

$$u(x_0, y_0) = \frac{1}{2\pi} \int_0^{2\pi} u(x_0 + r\cos\theta, y_0 + r\sin\theta) d\theta . \tag{2.33}$$

证明 取正数 ρ，使得 $\bar{B}_r(z_0) \subset B_\rho(z_0) \subset D$. 因 $B_\rho(z_0)$ 为单连通区域，故存在定义在其上的函数 $v(x, y)$，使得 $v(x, y)$ 为 $u(x, y)$ 的共轭调和函数，令 $f(z) = u(x, y) + iv(x, y)$，于是 $f(z)$ 在 $B_\rho(z_0)$ 内解析. 由解析函数的平均值性质（定理 2.28）知，

$$f(z_0) = u(x_0, y_0) + iv(x_0, y_0) = \frac{1}{2\pi} \int_0^{2\pi} f(z_0 + re^{i\theta}) d\theta$$

$$= \frac{1}{2\pi} \int_0^{2\pi} (u(x_0 + r\cos\theta, y_0 + r\sin\theta) + iv(x_0 + r\cos\theta, y_0 + r\sin\theta)) d\theta ,$$

等式两边取实部，即得结论. 证毕.

调和函数的平均值性质与解析函数的平均值性质形式上完全相同.

由平均值性质，可以得到调和函数的极值原理.

定理 2.48 (极值原理) 有界闭区域上非常值的调和函数，其最大值和最小值只能在区域边界取到. 即若 $u(x, y)$ 在有界区域 D 内调和，在 $\bar{D}$ 上连续，如果 u 在 $\bar{D}$ 上的最大值或最小值在 D 的内部取到，则 u 必定为 $\bar{D}$ 上的常数函数.

为证明极值原理，首先证明一个引理.

引理 2.49 若函数 $f(x)$ 在 $[a, b]$ 上非负连续，且 $\int_a^b f(x) dx = 0$，则 $f(x) \equiv 0$.

该引理直观上是显然的，如果读者承认这一结论，可以跳过以下纯技巧性的证明.

证明 使用反证法. 设存在 $x_0 \in [a,b]$，使得 $f(x_0) = m > 0$，则由 $f(x)$ 是连续函数知，存在包含 x_0 的闭区间 $[c,d] \subset [a,b]$，使得对一切 $x \in [c,d]$，$f(x) > \dfrac{m}{2}$，从而根据 f 非负，得

$$\int_a^b f(x)\,\mathrm{d}x \geqslant \int_c^d f(x)\,\mathrm{d}x \geqslant \int_c^d \frac{m}{2}\,\mathrm{d}x = \frac{m}{2}\,(d-c) > 0 \,,$$

矛盾. 证毕.

以下是极值原理的证明. 该证明用到了连通性的等价定理（定理 1.8）.

证明 因为 $\bar{D}$ 是一个有界闭区域，u 是 $\bar{D}$ 上的连续函数，于是 u 在 $\bar{D}$ 上必定取到最大值和最小值. 定义性质 P 为 "u 在点 z 取到 u 在 $\bar{D}$ 上的最小值"，故若 u 在 $\bar{D}$ 上的最小值在 D 的内部取到，则性质 P 至少在 D 内一点成立.

根据平均值性质，若 u 在点 $z_0 \in D$ 取到在 $\bar{D}$ 上的最小值（即性质 P 在点 z_0 成立），则对任何满足 $\{|z - z_0| \leqslant r\} \subset D$ 的正数 r，有

$$u(x_0, y_0) = \frac{1}{2\pi} \int_0^{2\pi} u(x_0 + r\cos\theta, y_0 + r\sin\theta)\,\mathrm{d}\theta \,,$$

即

$$\frac{1}{2\pi} \int_0^{2\pi} (u(x_0 + r\cos\theta, y_0 + r\sin\theta) - u(x_0, y_0))\,\mathrm{d}\theta = 0 \,.$$

注意到上式的被积函数非负，从而根据上面的引理知在圆周 $|z - z_0| = r$ 上，$u(x,y) = u(x_0, y_0)$. 再由 r 的任意性得，在圆域 $\{|z - z_0| \leqslant r\}$ 上，$u(x,y) = u(x_0, y_0)$，即存在 z_0 的邻域，使得性质 P 在该邻域内的所有点都成立.

再设 $\{w_n : n \geqslant 1\}$ 为 D 中收敛到 D 的内点 w_0 的序列，且对一切正整数 n，u 在 w_n 点取到在 $\bar{D}$ 上的最小值（即性质 P 在序列 $\{w_n\}$ 上成立），则由 u 连续得，

$$u(w_0) = \lim_{n \to \infty} u(w_n) \,,$$

于是 u 在 w_0 点取到最小值（即性质 P 在 w_0 点成立）.

由于 D 连通，根据定理 1.8 得，性质 P 在 D 内的每一点都成立，从而 u 在 D 内每一点的取值都是在 $\bar{D}$ 上的最小值，即 u 为 D 内的常值函数.

若 u 在 D 内一点取到在 $\bar{D}$ 上的最大值，只需考虑 $-u$，显然 $-u$ 在 D 内调和，在 $\bar{D}$ 上连续，且 $-u$ 取最小值的点恰为 u 取最大值的点，故 $-u$ 在 D 内至少一点取

到在 $\bar{D}$ 上的最小值，从而 $-u$ 为 D 内的常值函数．证毕．

调和函数的极值原理有很好的物理意义．可以证明，稳定的温度场的温度函数和静电场的势函数均是调和的，极值原理指出，非常值调和函数的最大值和最小值只能在边界取到，这与温度和电势的最大值和最小值都在边缘达到的物理现象一致．

推论 2.50 设函数 f 和 g 都在有界区域 D 内调和，在 $\bar{D}$ 上连续，且在 D 的边界上，$f = g$，则 $f = g$ 在 D 内处处成立．

证明 只需考虑 $h = f - g$，显然 h 在 D 内调和，在 $\bar{D}$ 上连续，且在 D 的边界上，$h = 0$．从而由极值原理，h 在 $\bar{D}$ 上的最大、最小值均为零，从而 $h \equiv 0$．证毕．

上述推论指出，调和函数在有界区域内部的取值，也可由该函数在区域边界的取值完全决定．当区域较为特殊时，调和函数在区域内部的取值，还能通过边界值的某种积分得到（详见本章习题）．这一结论有重要的应用价值．例如某些区域上的温度函数或势函数，其内部的函数值无法通过实验得到，但区域边界上的函数值是可以得到的，于是借助该结论，可以通过边界的函数值推算出内部的函数值．

对复解析函数 f，虽然不能研究 f 的最大值和最小值，但可以研究 $|f|$ 的最大值，并有下面的最大模原理．

定理 2.51 (最大模原理) 有界闭区域上非常值的解析函数，其最大模只能在区域边界取到．即若 $f(z)$ 在有界区域 D 内解析，在 $\bar{D}$ 上连续，如果 $|f(z)|$ 在 $\bar{D}$ 上的最大值在 D 的内部取到，则 f 必定为常数函数．

最大模原理的证明与极值原理的证明完全类似，唯一的差别是对 $|f|$，只有

$$|f(z_0)| \leqslant \frac{1}{2\pi} \int_0^{2\pi} \left| f(z_0 + re^{i\theta}) \right| \mathrm{d}\theta,$$

所以当 $|f(z_0)|$ 取到最大值时，可以利用上述不等式推得在圆周 $|z - z_0| = r$ 上，$|f(z)| = |f(z_0)|$，证明的细节留作习题．

例 2.39 设 $f(z)$ 在 $|z| < R$ 解析，在 $|z| \leqslant R$ 连续，如果存在 $a > 0$，使当 $|z| = R$ 时，$|f(z)| > a$，且 $|f(0)| < a$，则在 $|z| < R$ 上，$f(z)$ 至少有一个零点．

证明 假设在 $|z| < R$ 上，$f(z)$ 没有零点．由已知条件知，当 $|z| = R$ 时，$|f(z)| > a$，所以 $\varphi(z) = (f(z))^{-1}$ 在 $|z| < R$ 解析，在 $|z| \leqslant R$ 连续．而且在 $|z| = R$ 上，$|\varphi(z)| =$

$\left|\dfrac{1}{f(z)}\right| < \dfrac{1}{a}$，又因为 $|\varphi(0)| = \left|\dfrac{1}{f(0)}\right| > \dfrac{1}{a}$，所以在 $|z| = R$ 上 $|\varphi(z)| < |\varphi(0)|$，与最大模原理矛盾．证毕．

类似解析函数，调和函数也有 Liouville 定理．

定理 2.52 (Liouville) 在平面上调和并且有上界（或下界）的调和函数，必定是常值函数．

证明 只需考虑 u 在平面上调和并有上界的情形（若 u 有下界，则 $-u$ 有上界）．由于平面为单连通区域，故存在定义在全平面上的 u 的共轭调和函数 v，记 $f(z) = u(x,y) + iv(x,y)$，则 f 在全平面解析，于是 $e^{f(z)}$ 也在全平面解析．又 $|e^{f(z)}| = e^{u} \leqslant e^{M}$（$M$ 为 u 的上界），故根据整函数的 Liouville 定理，$e^{f(z)}$ 为常值函数，从而 $u = \ln\left|e^{f(z)}\right|$ 为常值函数．证毕．

注 2.14 对 n 元实函数 $H(x_1,\cdots,x_n)$，这里 $(x_1,\cdots,x_n)$ 为欧氏坐标，若 H 在 n 维区域 D 内有二阶连续的偏导数，且满足 n 维 Laplace 方程

$$\triangle H = \sum_{j=1}^{n} \frac{\partial^2 H}{\partial x_j^2} = 0 , \tag{2.34}$$

则称 $H(x_1,\cdots,x_n)$ 为 D 内的**调和函数**，调和函数在物理与工程中应用十分广泛，本节得到的很多结论，例如平均值性质、极值原理、Liouville 定理等，对 n 元情形都是成立的（参考文献 [1] 和 [5]）．

习题 2

1. 设定义在复平面上的函数 $f(z)$ 满足 $\lim\limits_{z \to z_0} f(z) = A$，证明存在 z_0 的某个邻域，使得 $f(z)$ 在该邻域内有界．

2. 设定义在复平面上的函数 $f(z)$ 在点 z_0 连续且 $f(z_0) \neq 0$，证明存在 z_0 的一个邻域，使得在这个邻域内 $f(z) \neq 0$．

3. 设定义在复平面上的函数 $f(z)$ 在 z 趋于无穷远点时，极限存在且不为零（或极限为无穷远点），证明存在正数 R，使当 $|z| > R$ 时，$f(z) \neq 0$．

4. 指出下列函数 $f(z)$ 在何处可导，并在可导点求其导数．

    (1) $f(z) = x^2 y + ixy^2$,   (2) $f(z) = 3x^3 + i2y^3$,   (3) $f(z) = \dfrac{az+b}{cz+d}$.

5. 讨论下列函数的解析性.

   (1) $f(z) = x^3 - 3xy^2 + i(3x^2y - y^3)$,   (2) $f(z) = 2x^3 - i3y^3$,

   (3) $f(z) = \mathrm{Re}\, z$,   (4) $f(z) = |z|$.

6. 证明若函数 $f(z)$ 在上半平面内解析, 则函数 $\overline{f(\bar{z})}$ 在下半平面内解析.

7. 证明若函数 $f(z)$ 在区域 D 内解析, 并满足下列条件之一, 则 $f(z)$ 在 D 内是常值函数.

   (1) $f(z)$ 恒取实数;   (2) $|f(z)|$ 是一个常数;   (3) $\mathrm{Re}\, f(z)$ 是一个常数.

8. 设 $f(z)$ 在 z_0 点解析且 $f'(z_0) \neq 0$, 并记 $f(z) = u(x,y) + iv(x,y)$, 证明 f 作为映射的 Jacobi[1]矩阵

$$\mathrm{Jacobi}\,(f) = \begin{pmatrix} u_x & v_x \\ u_y & v_y \end{pmatrix}$$

   在 z_0 点可逆. 由此, 根据多元微积分中的**逆映射定理**（定义在平面区域上的光滑映射在一点局部可逆的充分条件是该映射的 Jacobi 矩阵在该点可逆, 参见参考文献 [4]）可证得 $f(z)$ 在点 z_0 的某个邻域内存在反函数.

9. 计算下列各式的值.

   (1) $\cos i$,   (2) $\mathrm{Ln}\,(1 + i)$,   (3) 1^i.

10. 求以下方程在复数范围内的一切解.

   (1) $z^6 + 3z^3 + 2 = 0$,   (2) $\cosh z = 0$,   (3) $\sin z + \cos z = 2$.

11. 举反例说明, 以下等式一般不成立.

   (1) $\ln z^n = n \ln z$ (n 为正整数且 $n \geqslant 2$),   (2) $\ln z_1 z_2 = \ln z_1 + \ln z_2$,

   (3) $(z^a)^b = z^{ab}$, 这里的幂函数均取主值.

12. 若函数 $f(z)$ 在 z_0 点解析, 且 $f(z_0) \neq 0$, n 为正整数. 证明存在函数 $g(z)$ 与 $h(z)$, 使得 $g(z)$ 与 $h(z)$ 在 z_0 点解析的, 且在 z_0 点的某个邻域中, $f(z) = (g(z))^n = e^{h(z)}$.

---

[1]全名为 Carl Gustav Jacob Jacobi (1804–1851), 雅可比, 德国数学家.

13. 计算积分 $\displaystyle\int_L \bar{z}\,\mathrm{d}z$，其中积分路径 L 分别取：

(1) 自 0 到 1 的线段；　　　(2) 自 0 经 i 再到 1 的折线段.

14. 计算积分 $\displaystyle\int_L \frac{\mathrm{d}z}{z^2}$，其中积分路径 L 分别为：

(1) 自 1 到 i 的线段；　　　(2) 自 1 经 $1+i$ 到 i 的折线段；

(3) 自 1 沿单位圆周逆时针方向到 i 的圆弧.

15. 设函数 $f(z)$ 在 $\{0 < |z| < 1\}$ 内解析，且沿任何圆周 $|z| = r\ (0 < r < 1)$ 的积分为零，问 $f(z)$ 在原点是否解析？

16. (1) 在 $\operatorname{Arctan} z$ 的单值分支上，计算其导数.

(2) 设 z 为右半平面内单位圆周上任意一点，用在右半平面内任意一条简单曲线 C 连接原点 0 与 z. 证明 $\operatorname{Re}\left(\displaystyle\int_0^z \frac{\mathrm{d}\zeta}{1+\zeta^2}\right) = \frac{\pi}{4}$.

17. 沿指定曲线的正向，计算下列积分的值：

(1) $\displaystyle\int_{|z|=1} \frac{\mathrm{d}z}{z+2}$，　　　(2) $\displaystyle\int_{|z|=1} \frac{\mathrm{d}z}{z^2+z-12}$，　　　(3) $\displaystyle\int_{|z|=2} \frac{\mathrm{d}z}{(z+1)^2}$，

(4) $\displaystyle\int_{|z|=1} \frac{\mathrm{d}z}{z^2(z+2)}$，　　　(5) $\displaystyle\int_{|z|=3} \frac{\mathrm{d}z}{(z^2+4)(z^2+16)}$，　　　(6) $\displaystyle\int_{|z-\mathrm{i}|=1} \frac{\mathrm{d}z}{z^2+2}$，

(7) $\displaystyle\int_{|z|=2} \frac{1-\cos z}{z^2}\,\mathrm{d}z$，　　　(8) $\displaystyle\int_{|z|=2} \frac{e^z}{(z-1)^2(z+1)^3}\,\mathrm{d}z$，　　　(9) $\displaystyle\int_{|z+2\mathrm{i}|=2} \frac{e^{\mathrm{i}z}\,\mathrm{d}z}{z^2+1}$，

(10) $\displaystyle\int_{|z|=2} \frac{z-1}{(z+1)^2}\,\mathrm{d}z$，　　　(11) $\displaystyle\int_{|z|=4} \frac{(2z+3)\,\mathrm{d}z}{z^3-3z^2+2z}$，　　　(12) $\displaystyle\int_{x^2+y^2=2y} \frac{\mathrm{d}z}{z^4+1}$，

(13) $\displaystyle\int_{|z|=4} \frac{\sin z}{(z-\pi)^2}\,\mathrm{d}z$，　　　(14) $\displaystyle\int_{|z|=2} \frac{(z-1)^{50}(z+2)^{50}}{z^{102}}\,\mathrm{d}z$，　　　(15) $\displaystyle\int_{|z|=2} \frac{\cos z}{(z+1)^3}\,\mathrm{d}z$.

18. 计算下列积分的值：

(1) $\displaystyle\int_L \frac{2z-5}{z(z-5)}\,\mathrm{d}z$，其中 L 为环域 $\{2 < |z| < 4\}$ 的正向边界；

(2) $\displaystyle\int_L \frac{z^2 + 6z - 2}{(z-3)^2(z-5)^2}\,\mathrm{d}z$ ，其中 L 为环域 $\{2 < |z| < 4\}$ 的正向边界；

(3) $\displaystyle\int_L \frac{e^{iz}\,\mathrm{d}z}{z(z^2 + 4)}$ ，其中 L 为环域 $\{1 < |z| < 3\}$ 的正向边界.

19. 设 z_0 为区域 D 内一点，$f(z)$ 在 $D \setminus \{z_0\}$ 内解析，在 ∂D 上连续，且 $\lim\limits_{z \to z_0}(z - z_0)f(z) = 0$ ，证明 $\displaystyle\int_{\partial D} f(z)\,\mathrm{d}z = 0$.

20. 若 $f(z)$ 在简单光滑闭曲线 L 的外部区域 G 内解析并连续到边界，且 $\lim\limits_{z \to \infty} f(z) = a$ ，证明

$$\frac{1}{2\pi i}\int_L \frac{f(z)}{z - z_0}\,\mathrm{d}z = \begin{cases} a - f(z_0), & z_0 \in G; \\ a, & z_0 \notin \overline{G}. \end{cases}$$

21. 设 $f(z)$ 为整函数，a，b 为复常数，且 $a \neq b$.

   (1) 对 $R > \max\{|a|, |b|\}$ ，计算积分 $\displaystyle\int_{|z|=R} \frac{f(z)\,\mathrm{d}z}{(z-a)(z-b)}$.

   (2) 利用定理 2.27 证明，当 $f(z)$ 有界时，(1) 中所求的积分为零，并由此证明整函数的 Liouville 定理.

22. 设函数 $f(z)$ 在单位圆域内解析，且 $|f(z)| \leqslant 1$. 证明 $|f'(0)| \leqslant 1$.

23. $u(x,y) = x^2 - y^2$ 和 $v(x,y) = xy$ 是否调和？$u + iv$ 是否解析？

24. 已知调和函数 $u(x,y) = x^2 - xy - y^2$ ，求以 u 为实部且满足 $f(i) = -1 + i$ 的解析函数 $f(z)$.

25. 求定义在第二象限的解析函数 $f(z)$ ，使得 $\operatorname{Im} f(z) = \arctan \dfrac{y}{x}$.

26. 根据调和函数的定义证明定理 2.46 .

27. 设 (r, θ) 为平面极坐标，证明以下结论.

   (1) 函数 u 在不包含原点的平面区域内调和，当且仅当在该区域内

$$\frac{\partial^2 u}{\partial r^2} + \frac{1}{r}\frac{\partial u}{\partial r} + \frac{1}{r^2}\frac{\partial^2 u}{\partial \theta^2} = 0,$$

特别，在极坐标下，Laplace 算子 $\triangle = \dfrac{\partial^2}{\partial r^2} + \dfrac{1}{r}\dfrac{\partial}{\partial r} + \dfrac{1}{r^2}\dfrac{\partial^2}{\partial \theta^2}$.

(2) 函数 $f(z) = u + \mathrm{i}v$ 在不包含原点的区域内解析，当且仅当在该区域内

$$\frac{\partial u}{\partial r} = \frac{1}{r}\frac{\partial v}{\partial \theta}, \qquad \frac{\partial v}{\partial r} = -\frac{1}{r}\frac{\partial u}{\partial \theta} .$$

该方程组为 Cauchy-Riemann 方程在极坐标下的形式.

28. 证明最大模原理（定理 2.51）.

29. 利用例 2.39 的结论证明代数学基本定理（定理 2.38）.

30. 证明**最小模原理**：设 $f(z)$ 在有界区域 D 内解析，在 $\bar{D}$ 上连续，且 $f(z) \neq 0$ ，如果 $|f(z)|$ 在 D 内部取得最小值，则 $f(z)$ 是一个常值函数.

31. 设 $f(z) = u + \mathrm{i}v$ 在有界区域 D 内解析且非常值，在 $\bar{D}$ 上连续且不取零值，证明 $\ln(u^2 + v^2)$ 在 $\bar{D}$ 上的最大值和最小值只能在边界 ∂D 上取到.

32. (1) 设 $f(z)$ 在圆域 $B_R(0)$ 内解析并连续到边界，证明对一切 $z \in B_R(0)$ ，

$$f(z) = \frac{1}{2\pi\mathrm{i}} \int\limits_{|w|=R} \mathrm{Re}\left(\frac{w+z}{w-z}\right)\frac{f(w)}{w}\,\mathrm{d}w ,$$

（提示：将圆域上的 Cauchy 积分公式与下式

$$\frac{1}{2\pi\mathrm{i}} \int\limits_{|w|=R} \frac{f(w)}{w-z'}\,\mathrm{d}w = 0 ,$$

相减并化简，这里 z' 满足 $\bar{z}z' = R^2$ ，称为 z 关于圆周 $|z| = R$ 的**反演点**）.

(2) 设 $u(r, \theta)$ 在圆域 $B_R(0)$ 内调和并连续到边界，并记 $\varphi(\alpha) = u(R, \alpha)$ ，这里 (r, θ) 为极坐标，证明对一切 $0 \leqslant r < R$ ，有

$$u(r, \theta) = \frac{1}{2\pi} \int_0^{2\pi} \frac{R^2 - r^2}{R^2 + r^2 - 2Rr\cos(\alpha - \theta)}\varphi(\alpha)\,\mathrm{d}\alpha .$$

该式称为圆域上调和函数的 **Poisson**[1]**公式**. 反之，若 $\varphi(\alpha)$ 为定义在单位圆周上的连续函数，则由上式定义的 $u(r, \theta)$ 在单位圆域内调和.

---

[1] 全名为 Siméon Denis Poisson (1781–1840)，泊松，法国数学家.

第3章 解析函数的级数理论与留数定理

幂级数是研究解析函数的重要工具，历史上解析函数的定义正是通过幂级数引入的．本章将给出解析函数的幂级数理论，包括解析函数的 Taylor 级数和 Laurent[1]级数、孤立奇点的分类与性质、留数定理及其应用．

3.1 复数项级数与幂级数

本节将把微积分中级数的基本理论推广到复变函数的范畴．

3.1.1 复数项级数

定义 3.1 对复数列 $\{z_k\}$，令 $S_n = z_1 + z_2 + \cdots + z_n$ 为 $\{z_k\}$ 的前 n 项之和，记 $\sum\limits_{k=1}^{\infty} z_k = \lim\limits_{n \to \infty} S_n$，称为**级数**，$S_n$ 称为级数 $\sum\limits_{k=1}^{\infty} z_k$ 的**部分和**. 若极限 $\lim\limits_{n \to \infty} S_n$ 存在，则称级数 $\sum\limits_{k=1}^{\infty} z_k$ **收敛**，否则称级数 $\sum\limits_{k=1}^{\infty} z_k$ **发散**.

若记 $z_k = x_k + iy_k$（这里 x_k，y_k 分别为 z_k 的实部与虚部），因 $S_n = \sum\limits_{k=1}^{\infty} x_k + i\sum\limits_{k=1}^{\infty} y_k$，则 $\operatorname{Re} S_n$ 和 $\operatorname{Im} S_n$ 分别为实数项级数 $\sum\limits_{k=1}^{\infty} x_k$ 和 $\sum\limits_{k=1}^{\infty} y_k$ 的部分和，根据定理 2.2，可将将复数项级数的敛散性问题转化为实数项级数的敛散性问题，即以下命题成立．

---

[1]全名为 Pierre Alphonse Laurent (1813–1854)，洛朗，法国数学家．

定理 3.1　复数项级数 $\displaystyle\sum_{k=1}^{\infty} z_k$ 收敛的充分必要条件是实数项级数 $\displaystyle\sum_{k=1}^{\infty} x_k$ 和 $\displaystyle\sum_{k=1}^{\infty} y_k$ 同时收敛.

类似实数项级数, 复数项级数有下述性质, 证明与实数项级数的情形相同.

定理 3.2　若 $\displaystyle\sum_{k=1}^{\infty} z_k$ 收敛, 则 $\displaystyle\lim_{k\to\infty} z_k = 0$.

证明　只需注意到 $z_k = S_k - S_{k-1}$, 在等式两边同时取极限, 即得结论.

定义 3.2　对复数项级数 $\displaystyle\sum_{k=1}^{\infty} z_k$, 若正项级数 $\displaystyle\sum_{k=1}^{\infty} |z_k|$ 收敛, 则称级数 $\displaystyle\sum_{k=1}^{\infty} z_k$ 绝对收敛.

定理 3.3　若 $\displaystyle\sum_{k=1}^{\infty} z_k$ 绝对收敛, 则 $\displaystyle\sum_{k=1}^{\infty} z_k$ 收敛.

证明　因 $|\operatorname{Re} z_k| \leqslant |z_k|$, $|\operatorname{Im} z_k| \leqslant |z_k|$, 从而根据比较判别法知, 当 $\displaystyle\sum_{k=1}^{\infty} z_k$ 绝对收敛时, $\displaystyle\sum_{k=1}^{\infty} \operatorname{Re} z_k$ 和 $\displaystyle\sum_{k=1}^{\infty} \operatorname{Im} z_k$ 分别收敛, 从而 $\displaystyle\sum_{k=1}^{\infty} z_k$ 收敛. 证毕.

例 3.1　讨论 $\displaystyle\sum_{k=1}^{\infty} \left(\frac{1}{k^2} + \frac{\mathrm{i}}{k} \right)$ 的敛散性.

解　由于 $\displaystyle\operatorname{Im} \sum_{k=1}^{\infty} \left(\frac{1}{k^2} + \frac{\mathrm{i}}{k} \right) = \sum_{k=1}^{\infty} \frac{1}{k}$ 发散, 所以级数 $\displaystyle\sum_{k=1}^{\infty} \left(\frac{1}{k^2} + \frac{\mathrm{i}}{k} \right)$ 发散.

例 3.2　证明 $\displaystyle\sum_{k=0}^{\infty} \frac{z^k}{k!}$ 在复平面上处处绝对收敛.

解　对任意复数 z, 因 $\displaystyle\sum_{k=0}^{\infty} \frac{|z^k|}{k!} = \sum_{k=0}^{\infty} \frac{|z|^k}{k!} = \mathrm{e}^{|z|}$, 所以 $\displaystyle\sum_{k=0}^{\infty} \frac{z^k}{k!}$ 绝对收敛. 由 z 的任意性, $\displaystyle\sum_{k=0}^{\infty} \frac{z^k}{k!}$ 在复平面上处处绝对收敛.

例 3.3　判别**等比级数** $\displaystyle\sum_{k=0}^{\infty} z^k$ 的敛散性（约定 $z^0 = 1$）.

证明 当 $|z| \geqslant 1$ 时，因 $\lim\limits_{k \to \infty} |z|^k \neq 0$，故级数 $\sum\limits_{k=0}^{\infty} z^k$ 发散.

当 $|z| < 1$ 时，因级数 $\sum\limits_{k=0}^{\infty} |z|^k$ 收敛，故级数 $\sum\limits_{k=0}^{\infty} z^k$ 收敛. 进一步，因

$$1 + z + \cdots + z^{n-1} = \frac{1 - z^n}{1 - z},$$

故

$$\sum_{k=0}^{\infty} z^k = \lim_{n \to \infty} \frac{1 - z^n}{1 - z} = \frac{1}{1 - z} \quad (|z| < 1). \tag{3.1}$$

3.1.2 幂级数

基于数项级数，可以进一步考虑函数项级数.

定义 3.3 设 $\{f_n(z)\}$ 为定义在区域 D 内的复变函数序列，记 $S(z) = \sum\limits_{n=1}^{\infty} f_n(z)$，于是 $S(z)$ 为定义在使得级数 $\sum\limits_{n=1}^{\infty} f_n(z)$ 收敛的点集上的函数，称为级数 $\sum\limits_{n=1}^{\infty} f_n(z)$ 的**和函数**.

在各种函数项级数中，幂级数是最简单的一种.

定义 3.4 函数项级数 $\sum\limits_{n=0}^{\infty} a_n(z - z_0)^n$ 称为以 z_0 为中心的**幂级数**，这里 a_n 为复常数，并约定 $(z - z_0)^0 = 1$.

相比一般的函数项级数，幂级数具有十分规则的收敛区域.

定理 3.4 (Abel[1]) 对幂级数 $\sum\limits_{n=0}^{\infty} a_n(z - z_0)^n$ 和正实数 r，

(1) 若数列 $\{a_n r^n\}$ 有界，则在圆域 $\{|z - z_0| < r\}$ 内，$\sum\limits_{n=0}^{\infty} a_n(z - z_0)^n$ 绝对收敛；

(2) 若数列 $\{a_n r^n\}$ 无界，则在环域 $\{|z - z_0| > r\}$ 内，$\sum\limits_{n=0}^{\infty} a_n(z - z_0)^n$ 发散.

---

[1]全名为 Niels Henrik Abel (1802–1829)，阿贝尔，挪威数学家.

证明 (1) 设对一切非负整数 n，$|a_n w^n| \leqslant M$，这里 $M > 0$，从而

$$|a_n(z - z_0)^n| = |a_n r^n| \left| \frac{z - z_0}{r} \right|^n \leqslant M \left| \frac{z - z_0}{r} \right|^n .$$

当 $|z - z_0| < r$ 时，$\left| \dfrac{z - z_0}{r} \right| < 1$，正项级数 $\displaystyle\sum_{n=0}^{\infty} M \left| \frac{z - z_0}{r} \right|^n$ 收敛，由比较判别法可知，

此时 $\displaystyle\sum_{n=0}^{\infty} a_n(z - z_0)^n$ 绝对收敛.

(2) 若数列 $\{a_n r^n\}$ 无界，则当 $|z - z_0| > r$ 时，数列 $\{a_n(z - z_0)^n\}$ 无界. 特别，

$\displaystyle\lim_{n \to \infty} a_n(z - z_0)^n \neq 0$，从而 $\displaystyle\sum_{n=0}^{\infty} a_n(z - z_0)^n$ 发散. 证毕.

对幂级数 $\displaystyle\sum_{n=0}^{\infty} a_n(z - z_0)^n$，考虑集合

$$S = \{r > 0 : a_n r^n \text{ 关于一切非负整数 } n \text{ 有界}\},$$

显然，若 $b \in S$，则对一切正数 $r < b$，有 $r \in S$，从而 S 只可能是空集或区间，由 Abel 定理立即得到下面的结论.

定理 3.5   记 R 为区间 S 的右端点（当 S 为空集时，约定 $R = 0$），称为幂级数 $\displaystyle\sum_{n=0}^{\infty} a_n(z - z_0)^n$ 的**收敛半径**. 此时幂级数 $\displaystyle\sum_{n=0}^{\infty} a_n(z - z_0)^n$ 在圆域 $\{|z - z_0| < R\}$（称为该幂级数的**收敛圆域**）内绝对收敛，在环域 $\{|z - z_0| > R\}$ 内发散.

例 3.4   分别求幂级数 $\displaystyle\sum_{n=0}^{\infty} n z^n$，$\displaystyle\sum_{n=0}^{\infty} \frac{z^n}{n}$ 和 $\displaystyle\sum_{n=0}^{\infty} \frac{z^n}{n^2}$ 的收敛半径.

解   不难发现，对第一个幂级数，$S = [0, 1)$，对后两个幂级数，$S = [0, 1]$，从而这三个幂级数的收敛半径均为 1.

注 3.1   在收敛圆域的边界上，幂级数的敛散性十分复杂，本书不作讨论. 事实上，通过例 3.4 可以看出，$\displaystyle\sum_{n=0}^{\infty} n z^n$ 在单位圆周（收敛圆域的边界）的每一点，通项都无界，从而在单位圆周的每一点都不收敛；$\displaystyle\sum_{n=0}^{\infty} \frac{z^n}{n^2}$ 在单位圆周的每一点都绝对收敛，即在单位圆周的每一点都收敛；$\displaystyle\sum_{n=0}^{\infty} \frac{z^n}{n}$ 在 $z = 1$ 时发散，在 $z = -1$ 时收

敛，即在单位圆周的部分点收敛，部分点不收敛.

与实系数幂级数类似，复系数幂级数的收敛半径也可通过计算系数的某种极限得到.

定理 3.6 对幂级数 $\sum_{n=0}^{\infty} a_n(z-z_0)^n$，

(1) 若 $\lim_{n\to\infty} \sqrt[n]{|a_n|} = \lambda$，则该幂级数的收敛半径 $R = \lambda^{-1}$；

(2) 若 $\lim_{n\to\infty} \left|\dfrac{a_{n+1}}{a_n}\right| = \lambda$，则该幂级数的收敛半径 $R = \lambda^{-1}$.

这里约定当 $\lambda = 0$ 时，$R = +\infty$；当 $\lambda = +\infty$ 时，$R = 0$.

上述定理的证明过程与实系数幂级数中相应定理的证明过程基本相同，这里略去，有兴趣的读者可参考文献 [3].

注 3.2 在上述定理中，极限存在这个条件是很不自然的，因为幂级数的收敛半径是客观存在的，不应依赖于某个极限的存在性. 事实上，可以通过上极限取代定理 3.6 中的极限（上极限必定存在），具体细节参考文献 [4].

例 3.5 分别求幂级数 $\sum_{n=0}^{\infty} n! z^n$ 和 $\sum_{n=0}^{\infty} \dfrac{z^n}{n!}$ 的收敛半径.

解 当 n 为偶数时，有

$$\sqrt[n]{n!} \geqslant \sqrt[n]{\left(\frac{n}{2}\right)^{\frac{n}{2}}} = \sqrt{\frac{n}{2}} \to \infty;$$

当 n 为奇数时，有

$$\sqrt[n]{n!} \geqslant \sqrt[n]{\left(\frac{n-1}{2}\right)^{\frac{n-1}{2}}} = \left(\frac{n-1}{2}\right)^{\frac{n-1}{2n}} \to \infty.$$

故所讨论的幂级数收敛半径分别是 0 和 ∞.

3.1.3 幂级数的和函数

与实系数幂级数类似，复系数幂级数的和函数在收敛圆域内也可逐项求极限、逐项求导和逐项积分.

定理 3.7 设幂级数 $\sum_{n=0}^{\infty} a_n(z-z_0)^n$ 的收敛半径为 R，则其和函数 $S(z)$ 满足：

(1) 在收敛圆域内可逐项求导，且逐项求导不改变收敛半径，特别，$S(z)$ 在收敛圆域内部解析，$S'(z) = \sum_{n=1}^{\infty} a_n n (z - z_0)^{n-1}$；

(2) 在收敛圆域内可逐项积分，且逐项积分不改变收敛半径，即

$$\int_{z_0}^{z} S(\zeta)\, \mathrm{d}\zeta = \sum_{n=0}^{\infty} \frac{a_n}{n+1} (z - z_0)^{n+1},$$

其中 $|z - z_0| < R$.

对结论 (2)，因为在单连通区域内解析函数的积分与路径无关，故左端定义合理. 该定理证明的关键在于极限和级数交换次序的合理性，这涉及幂级数的一致收敛性，此处不作展开，细节可参考文献 [4].

通常，只有在一些特殊情形下，幂函数的和函数可以写成初等函数，最简单的情形是等比级数

$$\frac{1}{1-z} = \sum_{n=0}^{\infty} z^n, \quad |z| < 1.$$

由此，若函数 $g(z)$ 在区域 D 内，$|g(z)| < 1$，则可以在区域 D 内将复合函数 $f(z) = \dfrac{1}{1 - g(z)}$ 写为以 $g^n(z)$ 为一般项的函数项级数，即有

$$f(z) = \frac{1}{1 - g(z)} = \sum_{n=0}^{\infty} g^n(z).$$

例 3.6 在 $|z| < 1$ 内，将 $\dfrac{1}{1+z}$ 表示为幂级数.

解 在 $|z| < 1$ 内，$\dfrac{1}{1+z} = \dfrac{1}{1 - (-z)} = \sum_{n=0}^{\infty} (-1)^n z^n$.

例 3.7 将函数 $f(z) = \dfrac{1}{b - z}$ 在 a 点的邻域内表示为幂级数，这里 $a \neq b$.

解 取 $D = \{z : |z - a| < |b - a|\}$，则当 $z \in D$ 时，有 $\left| \dfrac{z-a}{b-a} \right| < 1$，从而

$$\frac{1}{b-z} = \frac{1}{(b-a) - (z-a)} = \frac{1}{b-a} \cdot \frac{1}{1 - \dfrac{z-a}{b-a}} = \frac{1}{b-a} \sum_{n=0}^{\infty} \left(\frac{z-a}{b-a} \right)^n.$$

3.2 Taylor 级数

幂级数的和函数在收敛圆域内是解析的，反向的问题是，解析函数是否可以写成幂级数. 本节指出，圆域内的解析函数，都可以表示为收敛幂级数，这正是微积分中的 Taylor 级数对复变函数的推广.

3.2.1 Taylor 级数定理

在微积分中，一个实函数在一点的邻域内能展开成幂级数，需要两个条件，首先该函数必须具有任意阶导数，其次该函数在该点对应的 Taylor 公式中的余项需要趋于零. 根据高阶导数公式可知，复解析函数具有任意阶导数，以下定理指出，复解析函数 Taylor 公式中的余项趋于零也蕴含在解析性中.

定理 3.8 设 $f(z)$ 在区域 D 内解析，z_0 为 D 内一点，则只要圆域 $\{|z - z_0| < R\} \subset D$，就有

$$f(z) = \sum_{n=0}^{\infty} a_n (z - z_0)^n \tag{3.2}$$

在该圆域上成立，其中 $a_n = \dfrac{f^{(n)}(z_0)}{n!}$，称为 $f(z)$ 在 z_0 点的 **Taylor 系数**，级数 (3.2) 称为 $f(z)$ 在 z_0 点的 **Taylor 级数**.

证明 对圆域 $\{|z - z_0| < R\}$ 内任何一点 z，取正数 r 使得 $|z - z_0| < r < R$，记 C 为圆周 $|\zeta - z_0| = r$，由 Cauchy 积分公式知，

$$f(z) = \frac{1}{2\pi i} \int_C \frac{f(\zeta)}{\zeta - z} \, d\zeta . \tag{3.3}$$

由于 $\left| \dfrac{z - z_0}{\zeta - z_0} \right| < 1$，从而

$$\frac{1}{\zeta - z} = \frac{1}{\zeta - z_0} \cdot \frac{1}{1 - \dfrac{z - z_0}{\zeta - z_0}} = \sum_{n=0}^{\infty} \frac{(z - z_0)^n}{(\zeta - z_0)^{n+1}} .$$

将其代入式 (3.3)，并交换积分与级数的次序得

$$f(z) = \sum_{n=0}^{\infty} \left(\frac{1}{2\pi i} \int_C \frac{f(\zeta)}{(\zeta - z_0)^{n+1}} \, d\zeta \right) (z - z_0)^n ,$$

再由 Cauchy 高阶导数公式，得

$$f(z) = \sum_{n=0}^{\infty} \frac{f^{(n)}(z_0)}{n!}(z - z_0)^n \, .$$

证毕.

特别，当 $z_0 = 0$ 时，级数

$$f(z) = \sum_{n=0}^{\infty} \frac{f^{(n)}(0)}{n!} z^n$$

也称为 **Maclaurin**[1]**级数**.

注 3.3 根据 Taylor 级数定理，只要函数 $f(z)$ 在圆域内解析，级数 (3.2) 在相应的圆域上就是收敛的. 这说明函数在一点解析，不仅蕴含了函数在这一点无穷次可导，还进一步蕴含了 Taylor 级数的收敛性. 另一方面，收敛幂级数必定是解析的. 于是**函数关于自变量解析，当且仅当函数在局部可以表示为自变量的收敛幂级数**.

注 3.4 在证明过程中，用到了交换积分与级数的次序，本质上仍然是极限和积分交换次序的问题. 这里极限与积分可以交换次序的依据是级数的一致收敛性，这里不再展开，有兴趣的读者可以查阅参考文献 [4].

定理 3.9 若 $f(z)$ 在 z_0 点的某个邻域内可展开成幂级数，则该幂级数只能是 $f(z)$ 在 z_0 处的 Taylor 级数，即解析函数在一点的幂级数表达式唯一.

证明 设 $f(z)$ 在 z_0 点的某个邻域内可以展开成幂级数

$$f(z) = \sum_{n=0}^{\infty} a_n(z - z_0)^n .$$

令 $z = z_0$，得 $a_0 = f(z_0)$. 由幂级数在收敛域内可逐项求导，得

$$f'(z) = \sum_{n=1}^{\infty} na_n(z - z_0)^{n-1} \, ,$$

令 $z = z_0$，得 $a_1 = f'(z_0)$. 逐次求导，归纳可得

$$a_n = \frac{f^{(n)}(z_0)}{n!} \quad (n = 0，1，\cdots) .$$

由于解析函数在固定点邻域内的 Taylor 级数具有唯一性，因此在求解析函数的 Taylor 级数时，可不必拘泥于系数公式，详见后续例题.

---

[1]全名为 Colin Maclaurin (1698–1746)，麦克劳林，英国数学家.

3.2.2 初等函数的 Taylor 级数

计算函数在解析点处的 Taylor 级数, 可以采用直接法和间接法两种方式. 直接法通过算出函数的各阶导数, 得到 Taylor 级数的表达式, 通常用于函数比较简单的情形; 间接法将初等函数的 Taylor 级数, 通过四则运算、函数复合、求导和积分等运算, 得到函数的幂级数表示, 通常用于复合函数的情形.

例 3.8 求 e^z 在原点处的 Taylor 级数.

解 记 $f(z) = e^z$, 则 $f^{(n)}(0) = e^z|_{z=0} = 1$, 故 e^z 在 $z_0 = 0$ 点的 Taylor 系数 $a_n = \dfrac{f^{(n)}(0)}{n!} = \dfrac{1}{n!}$, 从而 e^z 在原点处的 Taylor 级数为

$$e^z = 1 + z + \frac{z^2}{2!} + \frac{z^3}{3!} + \cdots + \frac{z^n}{n!} + \cdots = \sum_{n=0}^{\infty} \frac{z^n}{n!} .$$

注意到 e^z 在整个复平面上处处解析, 收敛半径 $R = +\infty$, 即上式在复平面上处处成立.

例 3.9 求 $\sin z$ 和 $\cos z$ 在原点处的 Taylor 级数.

解 记 $f(z) = \sin z$, 因对非负整数 n, $f^{(2n)}(0) = 0$, $f^{(2n+1)}(0) = (-1)^n$, 故 $\sin z$ 在 $z_0 = 0$ 处的 Taylor 级数为

$$\sin z = z - \frac{z^3}{3!} + \frac{z^5}{5!} - \frac{z^7}{7!} + \cdots = \sum_{n=0}^{\infty} \frac{(-1)^n}{(2n+1)!} z^{2n+1} , \tag{3.4}$$

因为 $\sin z$ 在整个复平面上处处解析, 上面级数在整个复平面上处处成立. 同理可得, 对一切复数 z, 有

$$\cos z = 1 - \frac{z^2}{2!} + \frac{z^4}{4!} - \cdots + (-1)^n \frac{z^{2n}}{(2n)!} + \cdots = \sum_{n=0}^{\infty} \frac{(-1)^n}{(2n)!} z^{2n} . \tag{3.5}$$

例 3.10 求函数 $\ln(1+z)$ 在原点处的 Taylor 级数.

解 因为 $(\ln(1+z))' = \dfrac{1}{1+z}$, 且在 $|z| < 1$ 时, $\dfrac{1}{1+z} = \sum\limits_{n=0}^{\infty} (-1)^n z^n$, 逐项积分, 得到

$$\ln(1+z) = \int_0^z \frac{1}{1+w} \, dw = \int_0^z \left(\sum_{n=0}^{\infty} (-1)^n w^n \right) dw = \sum_{n=0}^{\infty} (-1)^n \int_0^z w^n \, dw = \sum_{n=0}^{\infty} \frac{(-1)^n}{n+1} z^{n+1} .$$

注 3.5 若考虑 $\mathrm{Ln}\,(1+z)$ 的单值解析分支

$$\mathrm{Ln}_k\,(1+z) = \ln\,(1+z) + \mathrm{i}2k\pi , \quad k \in \mathbf{Z} ,$$

由于这些单值分支离原点最近的奇点都是 -1，导数也都是 $\dfrac{1}{1+z}$，故在原点处的 Taylor 级数分别为

$$\mathrm{Ln}_k(1+z) = \ln(1+z) + \mathrm{i}2k\pi = \mathrm{i}2k\pi + \sum_{n=0}^{\infty}(-1)^n \frac{z^{n+1}}{n+1}, \quad |z| < 1, \quad k \in \mathbf{Z}.$$

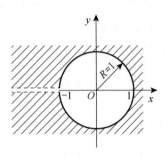

图 3.1

例 3.11 把下列函数在原点处展开为幂级数：

(1) $f(z) = \dfrac{1}{1+z^2}$，　　(2) $f(z) = \dfrac{1}{(1+z)^2}$．

解 (1) 因 $|z| < 1$ 时，$\dfrac{1}{1-z} = \sum\limits_{n=0}^{\infty} z^n$，所以在 $|-z^2| < 1$ 时，有

$$\frac{1}{1+z^2} = \frac{1}{1-(-z^2)} = \sum_{n=0}^{\infty}(-1)^n z^{2n}.$$

(2) 当 $|z| < 1$ 时，$\dfrac{1}{1+z} = \dfrac{1}{1-(-z)} = \sum\limits_{n=0}^{\infty}(-1)^n z^n$，由逐项求导公式得

$$\frac{1}{(1+z)^2} = \left(-\frac{1}{1+z}\right)' = \left(-\sum_{n=0}^{\infty}(-1)^n z^n\right)' = \sum_{n=1}^{\infty}(-1)^{n-1} n z^{n-1}.$$

例 3.12 求函数 $f(z) = \dfrac{z}{z+2}$ 在 $z_0 = 1$ 处的 Taylor 级数．

解 由题意可知，须将 $f(z)$ 按 $(z-1)$ 的幂展开成 Taylor 级数，作变形

$$f(z) = \frac{z}{z+2} = 1 - \frac{2}{z+2} = 1 - \frac{2}{(z-1)+3} = 1 - \frac{2}{3} \cdot \frac{1}{1-\left(-\dfrac{z-1}{3}\right)}.$$

于是当 $\left|-\dfrac{z-1}{3}\right| < 1$，即 $|z-1| < 3$ 时，

$$f(z) = 1 - \frac{2}{3}\sum_{n=0}^{\infty}(-1)^n \cdot \left(\frac{z-1}{3}\right)^n = \frac{1}{3} - \frac{2}{3}\sum_{n=1}^{\infty}\left(-\frac{1}{3}\right)^n (z-1)^n \,.$$

3.2.3 解析函数的零点

定义 3.5 设函数 $f(z)$ 在点 z_0 有定义且 $f(z_0) = 0$，则称 z_0 为 $f(z)$ 的**零点**.

以下应用 Taylor 级数这一工具研究解析函数的零点.

定义 3.6 若 z_0 是解析函数 $f(z)$ 的零点，且 $f(z)$ 在点 z_0 的 Taylor 系数不全为零，即存在正整数 m，使得 $f^{(m)}(z_0) \neq 0$ 且 $f(z_0) = f'(z_0) = \cdots = f^{(m-1)}(z_0) = 0$，则称 z_0 为 $f(z)$ 的 m **重零点**，m 称为零点 z_0 的**重数**. 当 z_0 的重数为 1 时，z_0 也称为 $f(z)$ 的**单零点**.

定理 3.10 解析函数 $f(z)$ 以 z_0 为 m 重零点当且仅当存在 z_0 点的邻域 $B_\delta(z_0) = \{|z - z_0| < \delta\}$，在该邻域内，$f(z)$ 可以表示为

$$f(z) = (z - z_0)^m \varphi(z) \,. \tag{3.6}$$

其中 $\varphi(z)$ 在 z_0 点解析，且 $\varphi(z)$ 在该邻域内恒不为零. 特别，$f(z)$ 在该邻域内只有 z_0 一个零点，此时称 z_0 作为 $f(z)$ 的零点是**孤立**的.

证明 首先证明充分性. 若在邻域 $B_\delta(z_0)$ 内有 $f(z) = (z - z_0)^m \varphi(z)$，则 $f(z_0) = 0$，直接计算得

$$f'(z_0) = (m(z - z_0)^{m-1}\varphi(z) + (z - z_0)^m \varphi'(z))|_{z=z_0} = 0 \,, \quad \cdots \,, \quad f^{(m-1)}(z_0) = 0 \,,$$

以及 $f^{(m)}(z_0) = m!\varphi(z_0) \neq 0$. 由定义知，$z_0$ 为 $f(z)$ 的 m 重零点.

再证明必要性. 由 $f(z)$ 的解析性可得，在 z_0 点的邻域 $B_{\delta_1}(z_0)$ 内 $f(z)$ 可以展开成 Taylor 级数 $f(z) = \displaystyle\sum_{n=0}^{\infty} a_n(z - z_0)^n$. 又因为 z_0 点是 $f(z)$ 的 m 重零点，推得 $a_0 = a_1 = \cdots = a_{m-1} = 0$，即

$$f(z) = \sum_{n=m}^{\infty} a_n(z - z_0)^n = (z - z_0)^m \sum_{n=0}^{\infty} a_{m+n}(z - z_0)^n \,.$$

显然，幂级数 $\displaystyle\sum_{n=0}^{\infty} a_{m+n}(z - z_0)^n$ 在该邻域内收敛，记其和函数为 $\varphi(z)$，于是 $\varphi(z)$ 在

该邻域内解析. 而 $\varphi(z_0) = a_m = \dfrac{f^{(m)}(z_0)}{m!} \neq 0$，根据 $\varphi(z)$ 的连续性，存在 z_0 的邻域 $B_\delta(z_0)$，使得 $\varphi(z)$ 在该邻域内恒不为零，不妨取 $\delta < \delta_1$，从而在 $B_\delta(z_0)$ 内分解式 (3.6) 成立. 证毕.

例 3.13　指出 $f(z) = z(z-1)^3$ 所有零点的重数.

解　显然 $f(z)$ 在整个复平面上解析，由 $f(z) = 0$ 推得 $z_1 = 0$ 和 $z_2 = 1$ 是 $f(z)$ 的零点. 因为 $f(z) = z \cdot \varphi(z)$，其中 $\varphi(z) = (z-1)^3$ 解析且 $\varphi(0) \neq 0$，由定理 3.10 可知，$z_1 = 0$ 是 $f(z)$ 的单零点. 同理可得 $z_2 = 1$ 是 $f(z)$ 的 3 重零点.

例 3.14　指出 0 作为下列函数零点的重数：

(1) $f(z) = z^3(e^z - 1)$，　　(2) $f(z) = z - \sin z$.

解　(1) $f(z)$ 在整个复平面上解析，由 $f(z) = 0$ 推得 0 是 $f(z)$ 的零点. 将 $f(z)$ 在原点处展开成 Taylor 级数

$$f(z) = z^4 \left(1 + \frac{z}{2!} + \frac{z^2}{3!} + \cdots \right).$$

显然，$1 + \dfrac{z}{2!} + \dfrac{z^2}{3!} + \cdots$ 在原点的邻域内收敛，记其和函数为 $\varphi(z)$，则 $\varphi(z)$ 在原点解析且 $\varphi(0) = 1 \neq 0$，因此，0 是 $f(z)$ 的 4 重零点.

(2) 因为 $f(0) = 0$，$f'(0) = (1 - \cos z)|_{z=0} = 0$，$f''(0) = \sin z|_{z=0} = 0$，$f'''(0) = \cos z|_{z=0} = 1$，由定义可知，0 是 $f(z)$ 的 3 重零点.

前面讨论的零点，都是在零点孤立的假设下进行的，一个很自然的问题是，有没有非孤立的零点呢？很显然恒等于零的常值函数，其零点不是孤立的. 以下定理指出，除此之外的一切解析函数，都不会有非孤立的零点.

定理 3.11　不恒为零的解析函数的零点一定是孤立的.

证明　设 $f(z)$ 在区域 D 内解析. 首先，根据定理 3.10，对 $f(z)$ 的任何零点 z_0，只要 $f(z)$ 在点 z_0 的 Taylor 系数不全为零，z_0 作为 $f(z)$ 的零点必定是孤立的. 于是 z_0 一旦是非孤立的零点，则 $f(z)$ 在点 z_0 的 Taylor 系数必定全为零，从而 $f(z)$ 在 z_0 的某个邻域内恒为零.

定义性质 P 为 "w 是函数 $f(z)$ 的非孤立的零点". 假设定义在区域 D 内的函数 $f(z)$ 存在非孤立的零点，于是满足性质 P 的点集非空. 一方面，根据上面的推理，一旦 w 为非孤立的零点，则存在 w 的某个邻域，使得 $f(z)$ 在该邻域内恒为零，从而该邻域中的每个点都是非孤立的零点，即性质 P 若在一点成立，则必定

在该点的某个邻域内成立. 另一方面, 设 $\{w_n : n \in \mathbf{Z}^+\}$ 为 D 内收敛到 D 内一点 w_0 的序列. 若 $f(z)$ 以 $\{w_n : n \in \mathbf{Z}^+\}$ 为零点 (无论这些点是否为孤立的零点), 由 $f(z)$ 的连续性知, $f(w_0) = 0$, 而 w_0 不是孤立的零点, 故性质 P 在 w_0 点成立. 根据 D 的连通性以及定理 1.8, 性质 P 在 D 内处处成立, 即 $f(z)$ 在 D 内恒为零. 证毕.

注 3.6 这个结论对可导的实值函数不成立, 即可导的实值函数的零点不一定孤立. 例如

$$f(x) = \begin{cases} x^2 \sin \dfrac{1}{x}, & x \neq 0, \\ 0, & x = 0, \end{cases}$$

在原点的函数值为零且可导, 但在原点的任意邻域内均含有点 $x_n = \dfrac{1}{n\pi}$ (只要 n 取得足够大), 且 x_n 也是 $f(x)$ 零点, 所以 0 不是 $f(x)$ 的孤立零点. 即使将对 $f(x)$ 的要求提升为无穷次可导, 这样的结论也未必成立, 例如

$$g(x) = \begin{cases} \mathrm{e}^{-\frac{1}{x^2}}, & x > 0, \\ 0, & x \leqslant 0, \end{cases}$$

可以证明 $g(x)$ 无穷次可导, 一切 $x \leqslant 0$ 都是 $g(x)$ 的零点, 但都不是孤立的. 由此再次说明, 复变函数的解析性要远远强于相对于实函数的无穷次可导.

由解析函数零点的孤立性, 立即得到解析函数的唯一性定理.

定理 3.12 (**解析函数的唯一性**) 设 $f_1(z)$ 和 $f_2(z)$ 均在区域 D 内解析, $\{z_n\}$ 为 D 中收敛到 D 内一点 z_0 的点列, 这里 $z_n \neq z_0$, 若在点列 $\{z_n\}$ 上 $f_1(z_n) = f_2(z_n)$, 则在 D 内有 $f_1(z) = f_2(z)$.

证明 令 $F(z) = f_1(z) - f_2(z)$, 由已知条件得 $F(z_n) = 0$. 又因为 $\lim\limits_{n\to\infty} z_n = z_0$, 函数 $F(z)$ 连续, 所以 $F(z_0) = 0$, 从而可知 z_0 是 $F(z)$ 的一个非孤立零点. 根据定理 3.11 可知, $F(z) = 0$, 即 $f_1(z) = f_2(z)$. 证毕.

将解析函数的唯一性中的点列 $\{z_n\}$ 换成 D 内的一个圆域或一小段连续曲线, 显然定理结论仍成立, 因此解析函数在整个解析区域的值, 完全由局部的取值所决定. 局部可以决定整体, 是解析函数的又一重要特征.

根据解析函数的唯一性定理, 可以给出有关三角函数的恒等式的一个简单证明. 因为三角函数是定义在复平面区域内的解析函数, 若当自变量取实值时, 有三角函数恒等式成立, 由于实区间是复平面上的一段连续曲线, 因此该三角函数

恒等式必定在整个定义域上成立. 需要注意的是, 带有根号的三角函数恒等式, 只有当根式函数的单值分支包含相应的实值根式函数的取值时, 原恒等式才对复变量成立.

3.3　Laurent 级数

当函数在某点解析时, Taylor 级数给出了函数在该点邻域内的幂级数表示, 一个很自然的问题是, 当函数在一点不解析, 但在这一点某个邻近的区域内解析时, 函数是否也有某种级数表示? 本节将回答这一问题.

3.3.1　Laurent 级数的定义和 Laurent 级数定理

定义 3.7　具有如下形式的级数

$$\sum_{n=-\infty}^{+\infty} c_n(z-z_0)^n = \sum_{n=-\infty}^{-1} c_n(z-z_0)^n + \sum_{n=0}^{+\infty} c_n(z-z_0)^n \tag{3.7}$$

称为 **Laurent 级数**, 其中 c_n 和 z_0 是复常数.

在 Laurent 级数 (3.7) 中, 若对一切负整数 n, $c_n = 0$, 则 Laurent 级数就退化为标准幂级数, 所以可以认为 Laurent 级数是标准幂级数的推广.

Laurent 级数 (3.7) 可以分为正幂次项部分和负幂次项部分:

$$\sum_{n=0}^{+\infty} c_n(z-z_0)^n = c_0 + c_1(z-z_0) + c_2(z-z_0)^2 + \cdots + c_n(z-z_0)^n + \cdots, \tag{3.8}$$

$$\sum_{n=-\infty}^{-1} c_n(z-z_0)^n = \frac{c_{-1}}{(z-z_0)^1} + \frac{c_{-2}}{(z-z_0)^2} + \cdots + \frac{c_{-n}}{(z-z_0)^n} + \cdots. \tag{3.9}$$

正幂次项部分是一个标准幂级数, 设其收敛半径为 R, 则当 $|z-z_0| < R$ 时, 式 (3.8) 绝对收敛且和函数解析, 当 $|z-z_0| > R$ 时, 式 (3.8) 发散. 对负幂次项部分, 令 $\zeta = \dfrac{1}{z-z_0}$, 式 (3.9) 化成 ζ 的幂级数 $\displaystyle\sum_{n=1}^{+\infty} c_{-n}\zeta^n$, 设其收敛半径为 R', 则当 $|\zeta| < R'$ 时, 级数绝对收敛, 当 $|\zeta| > R'$ 时, 级数发散. 记 $r = \dfrac{1}{R'}$, 即 $|z-z_0| > r$ 时, 式 (3.9) 绝对收敛且和函数解析, $|z-z_0| < r$ 时, 式 (3.9) 发散.

综上所述，对 Laurent 级数 (3.7)，有

(1) $r > R$ 时，Laurent 级数在全平面 $\mathbf{C}$ 上处处发散；

(2) $r = R$ 时，Laurent 级数仅在圆周 $|z - z_0| = r$ 上可能收敛；

(3) $r < R$ 时，Laurent 级数在环域 $D = \{r < |z - z_0| < R\}$ 内绝对收敛，且和函数解析，其中 D 称为 Laurent 级数 (3.7) 的**收敛环域**. 特别，当 $r = 0$ 时，收敛环域 D 为点 z_0 的去心邻域 $\{0 < |z - z_0| < R\}$；当 $R = +\infty$ 时，D 为圆周的外部区域 $\{|z - z_0| > r\}$.

由于 Laurent 级数正、负幂次项部分都可以看作幂级数，从而有以下定理.

定理 3.13 若 Laurent 级数 (3.7) 的收敛环域为 $D = \{r < |z - z_0| < R\}$，则它在 D 内绝对收敛，和函数 $f(z)$ 在 D 内解析，且可逐项积分和逐项求任意阶导数.

现在考虑反方向的问题，一个在环域内解析的函数是否可以表示为一个收敛的 Laurent 级数. 答案是肯定的，特别，有以下定理.

定理 3.14 (Laurent) 设 $f(z)$ 在环域 $D = \{r < |z - z_0| < R\}$ 内解析，则 $f(z)$ 可在 D 内唯一地表示为 Laurent 级数

$$f(z) = \sum_{n=-\infty}^{+\infty} c_n (z - z_0)^n ,\tag{3.10}$$

其中，

$$c_n = \frac{1}{2\pi i} \int_C \frac{f(w)}{(w - z_0)^{n+1}} \, \mathrm{d}w ,\tag{3.11}$$

C 是 D 内绕 z_0 的任何一条正向简单闭曲线. 这里式 (3.10) 称为 $f(z)$ 在 D 内的 **Laurent 级数**，c_n 称为 $f(z)$ 在 D 内的 **Laurent 系数**. Laurent 级数中正整数次幂部分称为 Laurent 级数的**解析部分**，负整数次幂部分称为 Laurent 级数的**主要部分**.

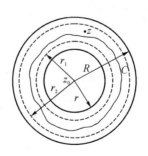

图 3.2

证明 对任何满足 $r < |z - z_0| < R$ 的 z，取 $r < r_1 < r_2 < R$，使得 $z \in \Omega = \{r_1 < |z - z_0| < r_2\}$（图 3.2），从而对任何满足 $r < |z - z_0| < R$ 的 z，由 f 在环形区域 Ω 内解析并在 $\bar{\Omega}$ 上连续，根据 Cauchy 积分公式知，

$$f(z) = \frac{1}{2\pi i} \int_{\partial \Omega} \frac{f(w)}{w - z} \, dw = \frac{1}{2\pi i} \int_{|w-z_0|=r_2} \frac{f(w)}{w - z} \, dw - \frac{1}{2\pi i} \int_{|w-z_0|=r_1} \frac{f(w)}{w - z} \, dw .$$

注意到当 $z \in \Omega$ 时，有

$$\frac{1}{w - z} = \frac{1}{w - z_0} \cdot \frac{1}{1 - \dfrac{z - z_0}{w - z_0}} = \sum_{n=0}^{\infty} \frac{(z - z_0)^n}{(w - z_0)^{n+1}} , \qquad \text{当 } |w - z_0| = r_2 \text{ 时,}$$

$$-\frac{1}{w - z} = \frac{1}{z - z_0} \cdot \frac{1}{1 - \dfrac{w - z_0}{z - z_0}} = \sum_{n=1}^{\infty} \frac{(w - z_0)^{n-1}}{(z - z_0)^n} , \qquad \text{当 } |w - z_0| = r_1 \text{ 时.}$$

代入 Cauchy 积分公式，并交换积分与级数的次序，得到

$$\int_{|w-z_0|=r_2} \frac{f(w)}{w - z} \, dw = \sum_{n=0}^{\infty} (z - z_0)^n \int_{|w-z_0|=r_2} \frac{f(w)}{(w - z_0)^{n+1}} \, dw ,$$

$$-\int_{|w-z_0|=r_1} \frac{f(w)}{w - z} \, dw = \sum_{n=1}^{\infty} (z - z_0)^{-n} \int_{|w-z_0|=r_1} \frac{f(w)}{(w - z_0)^{-n+1}} \, dw .$$

令

$$c_n = \begin{cases} \dfrac{1}{2\pi i} \displaystyle\int_{|w-z_0|=r_2} \dfrac{f(w)}{(w - z_0)^{n+1}} \, dw , & n \text{ 为非负整数,} \\[4mm] \dfrac{1}{2\pi i} \displaystyle\int_{|w-z_0|=r_1} \dfrac{f(w)}{(w - z_0)^{n+1}} \, dw , & n \text{ 为负整数,} \end{cases}$$

立即得到

$$f(z) = \sum_{n=-\infty}^{+\infty} c_n (z - z_0)^n .$$

进一步，对 D 内绕 z_0 的任何一条正向简单闭曲线 C，总可适当选取 Ω，使得 $C \subset \Omega$，于是因 $\dfrac{f(w)}{(w - z_0)^{n+1}}$ 在曲线 $|z - z_0| = r_2$（或 $|z - z_0| = r_1$）与 C 之间的区域

内解析，故

$$\int_{|w-z_0|=r_2} \frac{f(w)}{(w-z_0)^{n+1}} \, \mathrm{d}w = \int_{|w-z_0|=r_1} \frac{f(w)}{(w-z_0)^{n+1}} \, \mathrm{d}w = \int_C \frac{f(w)}{(w-z_0)^{n+1}} \, \mathrm{d}w \, ,$$

从而

$$c_n = \frac{1}{2\pi \mathrm{i}} \int_C \frac{f(w)}{(w-z_0)^{n+1}} \, \mathrm{d}w \, .$$

在式 (3.10) 两边同除以 $(z-z_0)^{n+1}$ 并在 C 上积分，即可得到唯一性. 证毕.

上述证明中多次交换了积分与级数的运算次序，其合理性依据与证明 Taylor 级数定理过程中的依据相同.

注 3.7 Laurent 级数的系数公式与 Cauchy 导数公式中的积分形式相同，但此处却不能利用导数公式化简. 当 $f(z)$ 在 z_0 点解析时，若考虑 $f(z)$ 在 z_0 的去心邻域内的 Laurent 级数，此时导数公式的条件成立，故

$$c_n = \frac{1}{2\pi \mathrm{i}} \int_C \frac{f(w)}{(w-z_0)^{n+1}} \, \mathrm{d}w = \frac{f^{(n)}(z_0)}{n!} \ (n = 0, \, 1 \cdots) \, ,$$

即 $f(z)$ 在 z_0 点去心邻域内的 Laurent 级数与 f 在 z_0 点的 Taylor 级数相同. 但是，当 $f(z)$ 在 z_0 点不解析时，上述积分不适合导数公式的条件，同时 $f^{(n)}(z_0)$ 也没有定义，因此 c_n 不能通过 f 在某点的导数表示.

3.3.2 Laurent 级数的计算

与计算函数的 Taylor 级数类似，计算函数的 Laurent 级数也有直接和间接两种方法.

例 3.15 将函数 $f(z) = \dfrac{\mathrm{e}^z}{z^2}$ 在 $\{0 < |z| < +\infty\}$ 内展开成 Laurent 级数.

解 (1) 直接法. 取 $C = \{|z| = \rho > 0\}$，则由式 (3.11) 知，

$$c_n = \frac{1}{2\pi \mathrm{i}} \int_C \frac{f(\zeta)}{\zeta^{n+1}} \, \mathrm{d}\zeta = \frac{1}{2\pi \mathrm{i}} \int_C \frac{\mathrm{e}^\zeta}{\zeta^{n+3}} \, \mathrm{d}\zeta \, .$$

当 $n \leqslant -3$ 时，$\dfrac{\mathrm{e}^\zeta}{\zeta^{n+3}}$ 在 C 上及其内部解析，由 Cauchy 积分定理得 $c_n = 0$. 当 $n \geqslant -2$ 时，因为 e^ζ 在 C 上及其内部解析，由高阶导数公式，得

$$c_n = \frac{(\mathrm{e}^z)^{(n+2)}}{(n+2)!} \bigg|_{z=0} = \frac{1}{(n+2)!} \, ,$$

所以当 $|z| > 0$ 时，

$$f(z) = \frac{e^z}{z^2} = \frac{1}{z^2} + \frac{1}{z} + \frac{1}{2!} + \frac{z}{3!} + \cdots.$$

(2) 间接法. 当 $|z| > 0$ 时，由 e^z 在原点处的 Taylor 级数有

$$f(z) = \frac{e^z}{z^2} = \frac{1}{z^2}\left(1 + z + \frac{z^2}{2!} + \frac{z^3}{3!} + \cdots\right) = \frac{1}{z^2} + \frac{1}{z} + \frac{1}{2!} + \frac{z}{3!} + \cdots.$$

通过本例不难看出，利用直接法计算 c_n，需要计算复积分，而间接法通过已有的幂级数公式，避开了复积分的计算. 由于通常情况下，积分的计算要比级数系数的计算困难，因此计算函数在给定区域的 Laurent 级数，通常采用间接法.

例 3.16　将 $f(z) = \dfrac{1}{(z-1)(z-2)}$ 分别在以下环域内展开成 Laurent 级数：

(1) $\{0 < |z| < 1\}$，(2) $\{1 < |z| < 2\}$，(3) $\{|z| > 2\}$.

解　首先作部分分式分解 $f(z) = \dfrac{1}{1-z} - \dfrac{1}{2-z}$.

(1) 当 $0 < |z| < 1$ 时，由于 $|z| < 1$，$\left|\dfrac{z}{2}\right| < 1$，所以

$$\frac{1}{1-z} = 1 + z + z^2 + \cdots + z^n + \cdots = \sum_{n=0}^{\infty} z^n,$$

$$\frac{1}{2-z} = \frac{1}{2} \cdot \frac{1}{1-\dfrac{z}{2}} = \frac{1}{2}\left(1 + \frac{z}{2} + \left(\frac{z}{2}\right)^2 + \cdots + \left(\frac{z}{2}\right)^n + \cdots\right) = \sum_{n=0}^{\infty} \frac{z^n}{2^{n+1}},$$

从而有

$$f(z) = \sum_{n=0}^{\infty} \left(1 - \frac{1}{2^{n+1}}\right) z^n.$$

注意到该级数没有负幂次项，事实上，因为 $f(z)$ 在原点解析，$f(z)$ 在此环域内的 Laurent 级数就是 Taylor 级数.

(2) 在环域 $\{1 < |z| < 2\}$ 内，由于 $\left|\dfrac{1}{z}\right| < 1$，$\left|\dfrac{z}{2}\right| < 1$，所以

$$\frac{1}{1-z} = -\frac{1}{z} \cdot \frac{1}{1-\dfrac{1}{z}} = -\frac{1}{z}\left(1 + \frac{1}{z} + \frac{1}{z^2} + \cdots + \frac{1}{z^n} + \cdots\right) = -\sum_{n=1}^{\infty} \frac{1}{z^n},$$

$$\frac{1}{2-z} = \frac{1}{2} \cdot \frac{1}{1-\dfrac{z}{2}} = \frac{1}{2}\left(1 + \frac{z}{2} + \left(\frac{z}{2}\right)^2 + \cdots + \left(\frac{z}{2}\right)^n + \cdots\right) = \sum_{n=0}^{\infty} \frac{z^n}{2^{n+1}},$$

从而有

$$f(z) = -\sum_{n=0}^{\infty} \frac{z^n}{2^{n+1}} - \sum_{n=1}^{\infty} \frac{1}{z^n}.$$

(3) 在环域 $\{|z| > 2\}$ 内，由于 $\left|\dfrac{1}{z}\right| < 1$，$\left|\dfrac{2}{z}\right| < 1$，所以

$$\frac{1}{1-z} = -\frac{1}{z} \cdot \frac{1}{1-\dfrac{1}{z}} = -\frac{1}{z}\left(1 + \frac{1}{z} + \frac{1}{z^2} + \cdots + \frac{1}{z^n} + \cdots\right) = -\sum_{n=0}^{\infty} \frac{1}{z^{n+1}},$$

$$\frac{1}{2-z} = -\frac{1}{z} \cdot \frac{1}{1-\dfrac{2}{z}} = -\frac{1}{z}\left(1 + \frac{2}{z} + \frac{2^2}{z^2} + \cdots + \frac{2^n}{z^n} + \cdots\right) = -\sum_{n=0}^{\infty} \frac{2^n}{z^{n+1}},$$

从而有

$$f(z) = \sum_{n=0}^{\infty} \frac{2^n - 1}{z^{n+1}}.$$

由本例题可以看出，对给定的函数 $f(z)$，选取不同的环域，即使中心相同，相应的 Laurent 级数也不一定相同，但对给定函数的 Taylor 级数，其形式只依赖于圆域的中心。造成这一差别的原因在于，对给定的函数 $f(z)$，若 f 在点 z_0 解析，则相应的 Taylor 级数的系数只依赖与 f 及其各阶导数在 z_0 的取值，该级数的收敛圆域本质上只有一个，即使得该函数解析的最大圆域；但函数 Laurent 级数的系数是通过积分表示的，并不仅仅依赖于环域的中心点，而同一函数以某点为中心的本质不同的解析环域，可能存在多个，积分曲线落在不同的环域中，可能得到不同的值，因此在各个不同环域内的 Laurent 级数系数也就未必相同。

3.4 孤立奇点

在复变函数中，函数不解析的点（在这一点无定义，或有定义但不可导）统称为函数的**奇点**，孤立奇点是最简单的一类奇点。在上一章中已经看到，函数沿区域边界的复积分，与函数在区域内的孤立奇点密切相关。Laurent 级数是研究孤立奇点的重要工具。

3.4.1　孤立奇点的定义与分类

定义 3.8　设 z_0 为函数 $f(z)$ 的奇点. 若 $f(z)$ 在 z_0 的某个去心邻域 $\{0 < |z - z_0| < \delta\}$ 内解析，则称 z_0 为 $f(z)$ 的**孤立奇点**. 若对一切 z_0 的邻域，$f(z)$ 在该邻域中总有除 z_0 以外的不解析点，则称 z_0 为 $f(z)$ 的**非孤立奇点**.

例 3.17　0 为 $f(z) = \mathrm{e}^{\frac{1}{z}}$ 的孤立奇点.

例 3.18　1 是 $f(z) = \dfrac{1}{z - 1}$ 的孤立奇点.

例 3.19　0 和 $\dfrac{1}{n\pi}$ ($n = \pm 1$，± 2，$\cdots$) 都是 $f(z) = \dfrac{1}{\sin\dfrac{1}{z}}$ 的奇点，但由于

$\lim\limits_{n\to\infty} \dfrac{1}{n\pi} = 0$，即在 0 的任何去心邻域内，总有 $f(z)$ 的奇点存在，所以 0 是 $\dfrac{1}{\sin\dfrac{1}{z}}$ 的

非孤立奇点，而其他奇点都是孤立的.

例 3.20　函数 $\ln z$，在原点处无定义，且在负实轴不连续，所以一切负实数和 0 都是 $\ln z$ 的奇点，且都不是孤立的.

容易发现，若函数在复平面上的奇点个数有限，只要对选定奇点，取正数 δ 小于该奇点与其他奇点间距离的最小值，则函数在该奇点的 δ-邻域内就不会有其他奇点，所以当函数在复平面上只有有限个奇点时，所有的奇点一定都是孤立的. 反之，若函数的奇点个数为无穷，且这些奇点都落在某个有界区域中，则根据分析中的 Weiersrtrass[1] 定理（参考文献 [4]），必定存在由奇点构成的一个收敛序列，而该序列的极限一定也是奇点，且不是孤立的. 上述论述可以总结为以下定理.

定理 3.15　函数 $f(z)$ 在有界闭区域 D 上一切奇点都是孤立的充分必要条件为 $f(z)$ 在 D 内奇点个数有限.

下面考虑奇点的分类问题.

定义 3.9　设 z_0 是 $f(z)$ 的孤立奇点，$f(z)$ 在去心邻域 $\{0 < |z - z_0| < \delta\}$ 内解析，$f(z)$ 在 $\{0 < |z - z_0| < \delta\}$ 内的 Laurent 级数为

$$f(z) = \sum_{n=-\infty}^{+\infty} c_n(z - z_0)^n = \sum_{n=0}^{+\infty} c_n(z - z_0)^n + \sum_{n=-\infty}^{-1} c_n(z - z_0)^n.$$

---

[1] 全名为 Karl Theodor Wilhelm Weierstrass (1815–1897)，魏尔斯特拉斯，德国数学家.

(1) 若该级数的主要部分为零，即

$$f(z) = \sum_{n=0}^{\infty} c_n(z - z_0)^n = c_0 + c_1(z - z_0) + \cdots, \tag{3.12}$$

则称 z_0 为 $f(z)$ 的**可去奇点**.

(2) 若该级数的主要部分只有有限多项，并记最小的幂指数为 $-m$，即

$$f(z) = \sum_{n=-m}^{\infty} c_n(z - z_0)^n = \frac{c_{-m}}{(z - z_0)^m} + \frac{c_{-m+1}}{(z - z_0)^{m-1}} + \cdots, \tag{3.13}$$

这里 $c_{-m} \neq 0$，m 为正整数，则称 z_0 为 $f(z)$ 的**极点**，m 称为该极点的**级**；特别，1 级极点也称为**单极点**.

(3) 若该级数的主要部分有无穷多项，则称 z_0 为 $f(z)$ 的**本性奇点**.

例 3.21 指出下列函数所有孤立奇点的类型：

(1) $f(z) = \dfrac{1}{z^2(z-1)}$，   (2) $f(z) = \sin\dfrac{1}{z}$.

解 (1) $f(z)$ 的奇点为 0 和 1，因为奇点个数有限，故均为孤立奇点. 因在 $\{0 < |z| < 1\}$ 内，

$$f(z) = -\frac{1}{z^2} \cdot \frac{1}{1-z} = -\frac{1}{z^2} \sum_{n=0}^{+\infty} z^n = -\frac{1}{z^2} - \frac{1}{z} - 1 - z - z^2 - \cdots,$$

由定义可知 0 是 $f(z)$ 的 2 级极点. 在 $\{0 < |z-1| < 1\}$ 内，因

$$f(z) = \frac{1}{z-1} \cdot \frac{1}{z^2} = \frac{1}{z-1} \cdot \left(-\frac{1}{z}\right)' = \frac{1}{z-1} \cdot \left(-\frac{1}{1+(z-1)}\right)',$$

逐项求导得

$$f(z) = \frac{1}{z-1} \left(\sum_{n=0}^{+\infty} (-1)^{n+1}(z-1)^n\right)' = \frac{1}{z-1} \left(\sum_{n=0}^{+\infty} (-1)^n(n+1)(z-1)^n\right),$$

所以 1 是 $f(z)$ 的单极点.

(2) $f(z)$ 仅在原点不解析，故 0 是 $f(z)$ 的孤立奇点. 由正弦函数的 Taylor 级数知，在 $\{0 < |z| < +\infty\}$ 内，有

$$f(z) = \sin\frac{1}{z} = \frac{1}{z} - \frac{1}{3!} \cdot \frac{1}{z^3} + \frac{1}{5!} \cdot \frac{1}{z^5} - \cdots,$$

级数含有无穷多负幂次项，因此 0 是 $f(z)$ 的本性奇点.

3.4.2　解析函数在孤立奇点的极限

本小节将借助 Laurent 级数，研究函数在孤立奇点的极限．可以证明，函数在三类孤立奇点的极限，恰好对应了三种完全不同的情形．

首先，考虑可去奇点的情形．

定理 3.16　设 z_0 为 $f(z)$ 的孤立奇点，则 z_0 为 $f(z)$ 的可去奇点的充分必要条件为 $\lim\limits_{z \to z_0} f(z)$ 存在．进一步，若重新定义 $f(z_0) = \lim\limits_{z \to z_0} f(z)$，则 $f(z)$ 在点 z_0 解析．

证明　首先证明必要性．设 z_0 为 $f(z)$ 的可去奇点，则 $f(z)$ 在 z_0 的去心邻域 $\{0 < |z - z_0| < \delta\}$ 内的 Laurent 级数为

$$f(z) = c_0 + c_1(z - z_0) + c_2(z - z_0)^2 + \cdots + c_n(z - z_0)^n + \cdots, \tag{3.14}$$

因此 $\lim\limits_{z \to z_0} f(z) = c_0$．进一步，若重新定义 $f(z_0) = c_0$，则式 (3.14) 在邻域 $\{|z - z_0| < \delta\}$ 内成立，从而 $f(z)$ 在点 z_0 解析．

再证明充分性．设 $\lim\limits_{z \to z_0} f(z) = c_0$，从而存在 $M > 0$ 以及去心邻域 $\{0 < |z - z_0| \leqslant \delta\}$，使得在该去心邻域内，$f(z)$ 解析且 $|f(z)| \leqslant M$．又由 Laurent 系数公式知，

$$|c_n| = \left| \frac{1}{2\pi i} \int_C \frac{f(z)}{(z - z_0)^{n+1}} \, dz \right| \leqslant \frac{1}{2\pi} M \frac{2\pi\delta}{\delta^{n+1}} = \frac{M}{\delta^n} \quad (n = 0, \ \pm 1, \ \pm 2, \ \cdots),$$

这里积分曲线 C 取为圆周 $|z - z_0| = \delta$，对一切负整数 n，令 $\delta \to 0^+$，就有 $c_n = 0$，从而 z_0 是 $f(z)$ 的可去奇点．证毕．

从定理结论可以看出，可去奇点的奇性可以通过重新定义函数在奇点的值而去掉，这正是"可去"这个名称的由来．

例 3.22　$f(z) = \dfrac{\sin z}{z}$ 在原点没有定义，在 $\{0 < |z| < +\infty\}$ 内处处解析，因此 0 是 $f(z)$ 的孤立奇点．因当 $0 < |z| < +\infty$ 时，

$$f(z) = \frac{\sin z}{z} = \frac{1}{z} \sum_{n=0}^{+\infty} \frac{(-1)^n}{(2n+1)!} z^{2n+1} = \sum_{n=0}^{+\infty} \frac{(-1)^n}{(2n+1)!} z^{2n},$$

该级数没有负幂次项，从而 0 是 $f(z)$ 的可去奇点．补充定义 $f(0) = \lim\limits_{z \to 0} \dfrac{\sin z}{z} = 1$，则 $f(z)$ 在全平面解析．

根据定理 3.16 的证明可以看出，在证明充分性时，只用到了 $f(z)$ 在奇点去心邻域内的有界性，因此有如下推论．

推论 3.17 设 z_0 为 $f(z)$ 的孤立奇点，则 z_0 为 $f(z)$ 的可去奇点当且仅当存在去心邻域 $\{0 < |z - z_0| < \delta\}$，使得 $f(z)$ 在该去心邻域内有界.

其次，考虑极点的情形.

定理 3.18 设 z_0 为 $f(z)$ 的孤立奇点，则 z_0 为 $f(z)$ 的极点的充分必要条件是 $\lim\limits_{z \to z_0} f(z) = \infty$. 进一步，$z_0$ 为 m 级极点，当且仅当存在去心邻域 $\{0 < |z - z_0| < \delta\}$，使得在该去心邻域内有 $f(z) = \dfrac{g(z)}{(z - z_0)^m}$，这里 $g(z)$ 在邻域 $\{|z - z_0| < \delta\}$ 内解析且 $g(z_0) \neq 0$.

证明 首先证明必要性. 设 z_0 为 $f(z)$ 的 m 级极点，$f(z)$ 在去心邻域 $\{0 < |z - z_0| < \delta\}$ 内的 Laurent 级数为

$$f(z) = c_{-m}(z - z_0)^{-m} + c_{-m+1}(z - z_0)^{-m+1} + \cdots + c_0 + c_1(z - z_0) + \cdots, \tag{3.15}$$

这里 $c_{-m} \neq 0$. 于是令

$$g(z) = c_{-m} + c_{-m+1}(z - z_0) + \cdots + c_0(z - z_0)^m + c_1(z - z_0)^{m+1} + \cdots, \tag{3.16}$$

则 $g(z)$ 在邻域 $\{|z - z_0| < \delta\}$ 内解析且 $g(z_0) \neq 0$，此时 $f(z) = \dfrac{g(z)}{(z - z_0)^m}$，特别，$\lim\limits_{z \to z_0} f(z) = \infty$.

再证明充分性. 设 $\lim\limits_{z \to z_0} f(z) = \infty$，则存在去心邻域 $\{0 < |z - z_0| < \delta\}$，使得 $f(z)$ 在该去心邻域内恒不为零. 考虑 $F(z) = \dfrac{1}{f(z)}$，则 $F(z)$ 在该去心邻域内解析且 $\lim\limits_{z \to z_0} F(z) = 0$，从而根据定理 3.16，$z_0$ 为 $F(z)$ 的可去奇点，且若规定 $F(z_0) = 0$，则 $F(z)$ 在邻域 $\{|z - z_0| < \delta\}$ 内解析，且以 z_0 为唯一的零点，由定理 3.10 知，在 $\{|z - z_0| < \delta\}$ 内存在分解式 $F(z) = (z - z_0)^m G(z)$，这里 m 为 z_0 作为 $F(z)$ 零点的重数，$G(z)$ 在 $\{|z - z_0| < \delta\}$ 内解析且恒不为零. 于是 $f(z) = \dfrac{1}{(z - z_0)^m} \dfrac{1}{G(z)}$. 令 $g(z) = \dfrac{1}{G(z)}$，则 $g(z)$ 在 $\{|z - z_0| < \delta\}$ 内解析且 $g(z_0) \neq 0$. 设 $g(z)$ 在 $\{|z - z_0| < \delta\}$ 内的 Taylor 级数为

$$g(z) = a_0 + a_1(z - z_0) + \cdots + a_n(z - z_0)^n + \cdots,$$

则 $f(z)$ 在 $\{0 < |z - z_0| < \delta\}$ 内可表示为

$$f(z) = a_0(z - z_0)^{-m} + a_1(z - z_0)^{-m+1} + \cdots + a_m + a_{m+1}(z - z_0) + \cdots,$$

从而 z_0 为 $f(z)$ 的 m 级极点. 证毕.

根据定理 3.18，函数在极点的极限为 ∞，因此若考虑函数值在球极投影下的

像，则函数值在球极投影下的像点在极点的极限恰为北极点，这便是"极点"这一名称的由来. 若补充定义函数在极点的"值"为 ∞，则在这一意义下，可认为函数在极点的奇性也消去了.

例3.23　分析 $f(z) = \dfrac{e^z}{z(z-2)^2}$ 所有孤立奇点的类型.

解　显然 0 和 2 是 $f(z)$ 的孤立奇点. 对 0，因为 $f(z) = \dfrac{1}{z} \dfrac{e^z}{(z-2)^2}$，其中 $\dfrac{e^z}{(z-2)^2}$ 在 $\{|z| < 2\}$ 内解析且 $\dfrac{e^z}{(z-2)^2}|_{z=0} = \dfrac{1}{4} \neq 0$，由定理 3.18 知，0 是 $f(z)$ 的单极点. 对 2，因为 $f(z) = \dfrac{1}{(z-2)^2} \dfrac{e^z}{z}$，其中 $\dfrac{e^z}{z}$ 在 $\{|z-2| < 2\}$ 内解析且 $\dfrac{e^z}{z}\Big|_{z=2} = \dfrac{e^2}{2} \neq 0$，所以 2 是 $f(z)$ 的 2 级极点.

例3.24　分析 $f(z) = \dfrac{\sin z - z}{z^3}$ 所有孤立奇点的类型，

解　虽然 $\sin z - z$ 在全平面解析，但 $(\sin z - z)|_{z=0} = 0$，因此不能得到 0 是 $f(z)$ 的 3 级极点. 事实上，$f(z)$ 在 0 的去心邻域内的 Laurent 级数为

$$f(z) = \frac{1}{z^3}\left(-\frac{z^3}{3!} + \frac{z^5}{5!} - \frac{z^7}{7!} + \cdots \right) = -\frac{1}{3!} + \frac{1}{5!}z^2 - \frac{1}{7!}z^4 + \cdots,$$

故 0 是 $f(z)$ 的可去奇点.

对一般的情形，若定义在区域 D 内的函数 $f(z) = \dfrac{p(z)}{q(z)}$，这里 $p(z)$ 和 $q(z)$ 均为 D 内的解析函数，且 $q(z)$ 不恒为零，则这样的 $f(z)$ 在 D 内一切奇点都是孤立的，且不会有本性奇点，即有以下定理.

定理3.19　若定义在区域 D 内的函数 $f(z) = \dfrac{p(z)}{q(z)}$，这里 $p(z)$ 和 $q(z)$ 均为 D 内的解析函数，且 $q(z)$ 不恒为零，则

(1) 若 $z_0 \in D$ 为 $q(z)$ 的 n 重零点，$p(z_0) \neq 0$，则 z_0 为 $f(z)$ 的 n 级极点；

(2) 若 $z_0 \in D$ 分别为 $p(z)$ 和 $q(z)$ 的 m 重和 n 重零点，则当 $m \geqslant n$ 时，z_0 为 $f(z)$ 的可去奇点，当 $m < n$ 时，z_0 为 $f(z)$ 的 $(n-m)$ 级极点.

证明　对情形 (1)，由定理 3.10 知，可设 $q(z) = (z-z_0)^n \psi(z)$，其中 $\psi(z)$ 在 z_0 解析且 $\psi(z_0) \neq 0$，则 $f(z) = \dfrac{1}{(z-z_0)^n} \dfrac{p(z)}{\psi(z)} = \dfrac{g(z)}{(z-z_0)^n}$，这里 $g(z) = \dfrac{p(z)}{\psi(z)}$. 由已知可得 $g(z)$ 在 z_0 解析且 $g(z_0) \neq 0$，由定理 3.18 知，z_0 是 $f(z)$ 的 n 级极点.

对情形 (2)，由定理 3.10 知，可设 $p(z) = (z - z_0)^m \varphi(z)$，$q(z) = (z - z_0)^n \psi(z)$，其中 $\varphi(z)$ 和 $\psi(z)$ 均在 z_0 解析且 $\varphi(z_0)\psi(z_0) \neq 0$，从而

$$f(z) = \frac{(z - z_0)^m}{(z - z_0)^n} \frac{\varphi(z)}{\psi(z)} = g(z)(z - z_0)^{m-n} = \frac{g(z)}{(z - z_0)^{n-m}}.$$

这里 $g(z) = \dfrac{\varphi(z)}{\psi(z)}$．于是当 $m \geqslant n$ 时，z_0 为 $f(z)$ 的可去奇点；当 $m < n$ 时，z_0 为 $f(z)$ 的 $(n - m)$ 级极点．证毕．

类似定理 3.19 的证明，有下述结论，证明留作习题．

定理 3.20 若定义在区域 D 内的函数 $f(z) = \dfrac{p(z)}{q(z)}$，这里 $p(z)$ 和 $q(z)$ 均为 D 内的解析函数，且 $q(z)$ 以 z_0 为 n 级极点．

(1) 若 $p(z)$ 在点 z_0 解析，则 z_0 为 $f(z)$ 的可去奇点，且 $\lim\limits_{z \to z_0} f(z) = 0$．

(2) 若 $p(z)$ 以 z_0 为 m 级极点，则当 $m \leqslant n$ 时，z_0 为 $f(z)$ 的可去奇点；当 $m > n$ 时，z_0 为 $f(z)$ 的 $(m - n)$ 级极点．

最后，考虑本性奇点的情形．根据三种奇点的定义，函数在本性奇点处极限的特征，为可去奇点和极点结论的剩余情形．

定理 3.21 设 z_0 为 $f(z)$ 的孤立奇点，则 z_0 是 $f(z)$ 的本性奇点的充分必要条件是 $\lim\limits_{z \to z_0} f(z)$ 不存在也不为无穷远点．

由定理 3.21 知，无论怎样定义函数在本性奇点的取值，函数在本性奇点的奇性都无法消去，这就是本性奇点名称的由来．

以下定理指出，解析函数在本性奇点的邻域内的值，几乎取遍了所有复数．

定理 3.22 设 z_0 为函数 $f(z)$ 的本性奇点，则对 z_0 的任何去心邻域 U 以及任何开集 V，f 在 U 上的取值必定与 V 有交集．

证明 使用反证法，若命题不成立，则存在 z_0 的某个去心邻域 U 以及某个圆盘域 $B_\delta(c)$，使得 $B_\delta(c)$ 与 f 在 U 上的取值无交集，即对一切 $z \in U$，$|f(z) - c| \geqslant \delta$．取函数 $g(z) = \dfrac{1}{f(z) - c}$，则在 U 内，$|g(z)| = \dfrac{1}{|f(z) - c|} \leqslant \dfrac{1}{\delta}$，即在 U 内函数 $g(z)$ 有界，从而根据推论 3.17 知，z_0 为 $g(z)$ 的可去奇点，故可通过重新定义 $g(z)$ 在点 z_0 的取值，使得 $g(z)$ 在点 z_0 解析，从而根据定理 3.19，z_0 只可能为 $f(z) = \dfrac{1 + c \cdot g(z)}{g(z)}$ 的可去奇点或极点，矛盾．证毕．

上述定理指出，函数在本性奇点的任何一个去心邻域内的取值，在复平面上"无处不在"（数学上称之为**稠密**）. 事实上，还有更精确、深刻的结论.

定理 3.23 (Picard 大定理) 设 z_0 为函数 $f(z)$ 的本性奇点，则 $f(z)$ 在 z_0 的任何一个去心邻域内，至多有一个复数取不到.

Picard 大定理与第 2 章中提到的 Picard 小定理，都是解析函数值分布理论的重要结果. Picard 大定理的证明远远超出本书范围，这里略去（参考文献 [9]）.

例 3.25 指出下列函数的所有孤立奇点，并判断类型：

$$(1)\ f(z) = \frac{1}{z} - \frac{1}{e^z - 1} + 2z, \qquad (2)\ f(z) = \sin\frac{1}{z-1}, \qquad (3)\ f(z) = \frac{(z-1)^2}{(\sin\pi z)^3}.$$

解 (1) $f(z)$ 的孤立奇点全体为 $2k\pi i\ (k \in \mathbf{Z})$. 当 $k \neq 0$ 时，$2k\pi i$ 是 $(e^z - 1)$ 的单零点，且非其他两项的奇点，从而是 $f(z)$ 的单极点. 又因为

$$f(z) = \frac{e^z - 1 - z}{z(e^z - 1)} + 2z,$$

0 同为 $(e^z - 1 - z)$ 和 $z(e^z - 1)$ 的 2 重零点，从而是 $f(z)$ 的可去奇点.

(2) 显然 1 是 $f(z)$ 的孤立奇点，且 $\sin\dfrac{1}{z-1}$ 在 1 的去心邻域内的 Laurent 级数中有无穷多个负幂次，于是 1 是 $f(z)$ 的本性奇点.

(3) 由 $f(z)$ 的表达式可知，奇点就是使分母 $\sin\pi z = 0$ 的点，即 $f(z)$ 的孤立奇点是全体整数. 因为对任何整数 k，$(\sin\pi z)'|_{z=k} = \pi\cos\pi z|_{z=k} = \pi(-1)^k \neq 0$，则 k 是 $\sin\pi z$ 的单零点，从而是分母 $(\sin\pi z)^3$ 的 3 重零点. 而对分子 $(z-1)^2$，1 是其 2 重零点. 因此 1 是 $f(z)$ 的单极点，其他整数都是 $f(z)$ 的 3 级极点.

例 3.26 研究函数 $f(z) = z\sin\dfrac{1}{z}$ 当 $z \to 0$ 时的极限.

解 易见 0 是 $f(z)$ 的孤立奇点，且在 0 的去心邻域内有

$$z\sin\frac{1}{z} = \sum_{n=0}^{\infty} \frac{(-1)^n}{(2n+1)!}\frac{1}{z^{2n}},$$

从而 0 是 $f(z)$ 的本性奇点，故当 $z \to 0$ 时，$f(z)$ 的极限不存在也不为无穷远点.

3.4.3 解析函数在无穷远点的奇性

解析函数在无穷远点的极限的研究，可仿照孤立奇点的研究方法. 由于任何函数在无穷远点处都没有定义，因此规定无穷远点为任何函数的奇点，以下定义

给出了无穷远点可视为孤立奇点的条件.

定义 3.10 对函数 $f(z)$，若存在正数 R，使得 $f(z)$ 在 $\{|z| > R\}$ 内解析，则称无穷远点为 $f(z)$ 的**孤立奇点**. 若对任何正数 R，$f(z)$ 在 $\{|z| > R\}$ 内总有奇点，则称无穷远点为 $f(z)$ 的**非孤立奇点**.

考虑区域 $\{|z| > R\}$ 在球极投影下的像集，不难看出，该像集恰为北极点 N 在 Riemann 球面上的去心邻域，因此区域 $\{|z| > R\}$ 也称为**无穷远点的去心邻域**. 由此看出，无穷远点作为孤立奇点的定义，与通常点作为孤立奇点的定义，本质上是一致的.

当无穷远点为 $f(z)$ 的孤立奇点时，作变换 $\zeta = z^{-1}$，则 z 平面上无穷远点的去心邻域 $\{|z| > R\}$ 被映射为 ζ 平面上原点的去心邻域 $\{0 < |\zeta| < R^{-1}\}$，0 为 $f(\zeta^{-1})$ 的一个孤立奇点. 从而 $f(z)$ 在无穷远点的去心邻域内的 Laurent 级数和在无穷远点的极限可通过研究 $f(\zeta^{-1})$ 得到，于是有如下定义和结论.

定义 3.11 设无穷远点是 $f(z)$ 的孤立奇点，$f(z)$ 在区域 $\{|z| > R\}$ 内的 Laurent 级数为

$$f(z) = \sum_{n=-\infty}^{+\infty} c_n z^n , \tag{3.17}$$

则当级数 (3.17) 中不含 z 的正幂次项时，无穷远点称为 $f(z)$ 的**可去奇点**；当级数 (3.17) 中只包含有限个 z 的正幂次项时，无穷远点称为 $f(z)$ 的**极点**，其中级数 (3.17) 中所含的最高次幂 m 称为无穷远点作为极点的**级**；当级数 (3.17) 中包含无限多个正幂次项时，无穷远点称为 $f(z)$ 的**本性奇点**.

定理 3.24 无穷远点作为 $f(z)$ 的奇点类型，与 0 作为 $f(\zeta^{-1})$ 的奇点类型相同，且

$$\lim_{z \to \infty} f(z) = \lim_{\zeta \to 0} f(\zeta^{-1}) .$$

例 3.27 判断无穷远点作为 $f(z) = e^z$ 奇点的类型.

解 令 $\zeta = z^{-1}$，则 $f(\zeta^{-1}) = e^{\frac{1}{\zeta}}$，其在 $0 < |\zeta| < +\infty$ 内的 Laurent 级数为

$$e^{\frac{1}{\zeta}} = 1 + \frac{1}{\zeta} + \frac{1}{2!} \cdot \frac{1}{\zeta^2} + \frac{1}{3!} \cdot \frac{1}{\zeta^3} + \cdots .$$

所以 0 是 $f(\zeta^{-1})$ 的本性奇点，因此无穷远点是 $f(z) = e^z$ 的本性奇点.

同理可得无穷远点是 $\sin z$ 和 $\cos z$ 的本性奇点.

例 3.28 研究函数 $f(z) = \dfrac{\sin z}{z}$ 当 $z \to \infty$ 时的极限.

证明 因当 $0 < |z| < +\infty$ 时，

$$\frac{\sin z}{z} = \sum_{n=0}^{\infty} \frac{(-1)^n}{(2n+1)!} z^{2n},$$

故无穷远点是 $f(z)$ 的本性奇点，从而当 $z \to \infty$ 时 $f(z)$ 的极限不存在也不为无穷远点.

注 3.8 例 3.26 和例 3.28 的最终结果，与微积分中相应的实变量的结论完全不同，原因在于在复平面上，正弦函数和余弦函数不再是有界函数了.

例 3.29 判断无穷远点作为有理函数 $f(z) = \dfrac{a_0 z^n + a_1 z^{n-1} + \cdots + a_n}{b_0 z^m + b_1 z^{m-1} + \cdots + b_m}$（$a_0 \neq 0$，$b_0 \neq 0$）奇点的类型.

解 令

$$g(\zeta) = f(\zeta^{-1}) = \frac{\zeta^m}{\zeta^n} \cdot \frac{a_0 + a_1 \zeta + \cdots + a_n \zeta^n}{b_0 + b_1 \zeta + \cdots + b_m \zeta^m},$$

则当 $m \geqslant n$ 时，0 是 $g(\zeta)$ 的可去奇点，所以无穷远点是 $f(z)$ 的可去奇点；当 $m < n$ 时，0 是 $g(\zeta)$ 的 $(n-m)$ 级极点，所以以无穷远点是 $f(z)$ 的 $(n-m)$ 级极点.

例 3.30 在扩充复平面上考察下列函数奇点的类型：

(1) $f(z) = z^5 \mathrm{e}^{\frac{1}{z}}$，　　　(2) $f(z) = \dfrac{1}{\sin \pi z}$.

解 (1) $f(z)$ 在扩充复平面上的奇点有两个：0 和无穷远点. 在环域 $\{|z| > 0\}$ 内，$f(z)$ 的 Laurent 级数为

$$f(z) = z^5 \cdot \sum_{n=0}^{+\infty} \frac{1}{n!} \frac{1}{z^n} = z^5 + z^4 + \cdots + \frac{1}{5!} + \frac{1}{6!} \frac{1}{z} + \cdots,$$

有无穷多个负幂次项，且最高正幂次项次数为 5，所以 0 是 $f(z)$ 的本性奇点，无穷远点是 $f(z)$ 的 5 级极点.

(2) 在扩充复平面上，$f(z)$ 的奇点为一切整数和无穷远点. 对任意整数 n，由例 3.25 的 (3) 可知，n 是 $\sin \pi z$ 的单零点，故由定理 3.19 知，n 是 $f(z)$ 的单极点. 对无穷远点，因为对任何正数 R，总有整数（即 $f(z)$ 的奇点）落入在 $\{|z| > R\}$ 中，所以无穷远点不是 $f(z)$ 的孤立奇点.

在本节最后，再简单介绍一下亚纯函数，并不加证明地给出两个定理，这两个结论对判断函数的奇点类型十分有用（证明参考文献 [3] 和 [9]）.

定义 3.12 若函数 $f(z)$ 在区域 D 内除去可去奇点和极点外处处解析（即函数

$f(z)$ 在区域 D 内所有奇点都是孤立的，且没有本性奇点），则称函数为区域 D 内的**亚纯函数**.

定理 3.25 函数 $f(z)$ 在扩充复平面 $\bar{\mathbb{C}}$ 上一切奇点都是孤立奇点的充分必要条件为 $f(z)$ 在 $\bar{\mathbb{C}}$ 上奇点个数有限.

定理 3.26 函数 $f(z)$ 为扩充复平面上的亚纯函数的充分必要条件为 $f(z)$ 为**有理函数**（即 $f(z)$ 为两个关于 z 的多项式的商）.

3.5 留数和留数定理

在第 2 章曾指出，当 $f(z)$ 在简单闭曲线 C 围成的区域内部解析并在 C 上连续时，复积分

$$\int_C \frac{f(z)}{(z-z_1)^{m_1}(z-z_2)^{m_2}\cdots(z-z_n)^{m_n}}\,\mathrm{d}z$$

可以通过 Cauchy 型积分公式计算. 若将上式被积函数的分母换为一般的解析函数，则需要发展新的工具，这就是本节将要介绍的留数定理.

3.5.1 留数

设函数 $f(z)$ 在其孤立奇点 z_0 的去心邻域 D 内的 Laurent 级数为

$$f(z) = \sum_{n=-\infty}^{+\infty} c_n(z-z_0)^n.$$

现任取 D 内一条绕 z_0 的正向简单闭曲线 C，取 $f(z)$ 在 C 上的积分，有

$$\int_C f(z)\,\mathrm{d}z = \sum_{n=-\infty}^{+\infty} c_n \int_C (z-z_0)^n\,\mathrm{d}z = 2\pi\mathrm{i}c_{-1}, \tag{3.18}$$

这说明在孤立奇点附近对函数作复积分时，只有 Laurent 级数的 -1 次项对积分是有贡献的，由此引入留数的概念.

定义 3.13 设 z_0 为函数 $f(z)$ 的孤立奇点，C 为 z_0 的去心邻域内任何一条围绕 z_0 的正向简单闭曲线，记

$$\mathrm{Res}\,(f(z),z_0) = \frac{1}{2\pi\mathrm{i}}\int_C f(z)\,\mathrm{d}z,$$

称为 $f(z)$ 在点 z_0 的**留数**.

结合孤立奇点的定义与性质，有以下明显的结论.

定理 3.27　(1) Res $(f(z), z_0)$ 恰为 $f(z)$ 在 z_0 的去心邻域内 Laurent 级数的 -1 次项的系数.

(2) 若 z_0 为 $f(z)$ 的可去奇点，则 Res $(f(z), z_0) = 0$.

(3) 若 $f(z)$ 以点 z_0 为 m 级极点，则

$$\text{Res}(f(z), z_0) = \frac{1}{(m-1)!} \lim_{z \to z_0} \frac{\mathrm{d}^{m-1}}{\mathrm{d}z^{m-1}} (z - z_0)^m f(z).$$

证明　(1) 可由式 (3.11) 直接得到，进而得到 (2) ，只需证明 (3) . 根据定理 3.18，可令 $f(z) = \dfrac{g(z)}{(z - z_0)^m}$ ，这里 $g(z) = (z - z_0)^m f(z)$ ，且

$$g(z_0) = \lim_{z \to z_0} (z - z_0)^m f(z).$$

由 $g(z)$ 在点 z_0 解析，可设 $g(z)$ 在点 z_0 的 Taylor 级数为

$$g(z) = a_0 + a_1(z - z_0) + \cdots + a_{m-1}(z - z_0)^{m-1} + a_m(z - z_0)^m + \cdots,$$

故 a_{m-1} 为 $f(z)$ 在 z_0 的去心邻域内 Laurent 级数中 $(z - z_0)^{-1}$ 的系数，即 $f(z)$ 在点 z_0 的留数，而根据 Taylor 级数公式，有 $a_{m-1} = \dfrac{g^{(m-1)}(z_0)}{(m-1)!}$. 得证.

例 3.31　求 Res $\left(\dfrac{\mathrm{e}^z}{z^{n+1}}, 0\right)$，其中 n 为正整数.

解　由定理 3.27，有

$$\text{Res}\left(\frac{\mathrm{e}^z}{z^{n+1}}, 0\right) = \frac{1}{n!} \frac{d^n}{dz^n} \mathrm{e}^z \Big|_{z=0} = \frac{\mathrm{e}^z}{n!}\Big|_{z=0} = \frac{1}{n!}.$$

例 3.32　求 Res $\left(\dfrac{1}{z \sin z}, 0\right)$.

解　函数 $f(z) = \dfrac{1}{z \sin z}$ 以 0 为 2 级极点，于是由定理 3.27 得

$$\text{Res}\left(\frac{1}{z \sin z}, 0\right) = \lim_{z \to 0} \left(\frac{z}{\sin z}\right)' = \lim_{z \to 0} \frac{\sin z - z \cos z}{\sin^2 z}.$$

为求上式中的极限，将分子、分母在 0 的邻域内作 Taylor 展开，得

$$\frac{\sin z - z \cos z}{\sin^2 z} = \frac{\left(z - \dfrac{z^3}{6} + \cdots\right) - z\left(1 - \dfrac{z^2}{2} + \cdots\right)}{z^2\left(1 - \dfrac{z^2}{6} + \cdots\right)^2} = \frac{\dfrac{z}{3} + o(z)}{\left(1 - \dfrac{z^2}{6} + o(z^2)\right)^2},$$

从而

$$\text{Res}\left(\frac{1}{z\sin z},0\right) = \lim_{z\to 0}\frac{\dfrac{z}{3}+o(z)}{\left(1-\dfrac{z^2}{6}+o(z^2)\right)^2} = 0.$$

在单极点的留数，还可借助下面的公式计算.

命题 3.28 设函数 $f(z) = \dfrac{p(z)}{q(z)}$，这里 $p(z)$ 与 $q(z)$ 在 z_0 点解析，$q(z_0) = 0$ 且 $q'(z_0) \neq 0$，则 $\text{Res}\,(f(z), z_0) = \dfrac{p(z_0)}{q'(z_0)}$.

证明 由 $q(z_0) = 0$ 及 $q'(z_0) \neq 0$ 知，z_0 是 $q(z)$ 的单零点，从而在 z_0 的某个去心邻域中有分解 $q(z) = (z - z_0)Q(z)$，其中 $Q(z)$ 在 z_0 解析且 $q'(z_0) = Q(z_0) \neq 0$. 因此，$f(z) = \dfrac{1}{z - z_0}\dfrac{p(z)}{Q(z)}$ 且 $\dfrac{p(z)}{Q(z)}$ 在点 z_0 解析，由定理 3.27 有

$$\text{Res}\,(f(z), z_0) = \frac{p(z)}{Q(z)}\bigg|_{z=z_0} = \frac{p(z_0)}{q'(z_0)}.$$

例 3.33 计算 $\text{Res}\left(\dfrac{ze^z}{z^2+1}, i\right)$.

解法一 因 $\dfrac{ze^z}{z^2+1} = \dfrac{1}{z-i}\cdot\dfrac{ze^z}{z+i}$，而 $\dfrac{ze^z}{z+i}$ 在 i 点解析，故由定理 3.27 得

$$\text{Res}\left(\frac{ze^z}{z^2+1}, i\right) = \frac{ze^z}{z+i}\bigg|_{z=i} = \frac{e^i}{2}.$$

解法二 记 $p(z) = ze^z$，$q(z) = z^2 + 1$，因 $q(i) = 0$ 且 $q'(i) = 2i \neq 0$，故由命题 3.28 得，

$$\text{Res}\left(\frac{ze^z}{z^2+1}, i\right) = \frac{p(i)}{q'(i)} = \frac{e^i}{2}.$$

当 z_0 为 $f(z)$ 的本性奇点时，需要借助 Laurent 级数求留数.

例 3.34 计算 $\text{Res}\left(z\cos\dfrac{1}{z}, 0\right)$.

解 因为当 $0 < |z| < +\infty$ 时，

$$z\cos\frac{1}{z} = z\cdot\sum_{n=0}^{\infty}\frac{(-1)^n}{(2n)!z^{2n}} = z - \frac{1}{2!}\frac{1}{z} + \frac{1}{4!}\frac{1}{z^3} - \cdots,$$

所以 $\mathrm{Res}\left(z\cos\dfrac{1}{z},0\right)=-\dfrac{1}{2}$.

下面的例子，是后面章节中将提及的幅角原理的基础.

例 3.35 计算 $\mathrm{Res}\left(\dfrac{f'}{f},z_0\right)$，其中

(1) $f(z)$ 在点 z_0 解析，且以 z_0 为 m 重零点；

(2) z_0 是 $f(z)$ 的 n 级极点.

解 (1) 若 z_0 是 $f(z)$ 的 m 重零点，根据定理 3.10，在 z_0 的某个邻域内，有分解式 $f(z)=(z-z_0)^m\varphi(z)$，其中 $\varphi(z)$ 在点 z_0 解析且 $\varphi(z_0)\neq 0$，于是在该邻域内

$$\frac{f'(z)}{f(z)}=\frac{m(z-z_0)^{m-1}\varphi(z)+(z-z_0)^m\varphi'(z)}{(z-z_0)^m\varphi(z)}=\frac{m}{z-z_0}+\frac{\varphi'(z)}{\varphi(z)}\,.$$

注意到 $\dfrac{\varphi'(z)}{\varphi(z)}$ 在 z_0 点解析，从而 $\mathrm{Res}\left(\dfrac{f'}{f},z_0\right)=m$.

(2) 若 z_0 是 $f(z)$ 的 n 级极点，根据定理 3.18，在 z_0 的局部邻域内，有分解式 $f(z)=\dfrac{\varphi(z)}{(z-z_0)^n}$，其中 $\varphi(z)$ 在点 z_0 解析且 $\varphi(z_0)\neq 0$，于是在该邻域内

$$\frac{f'(z)}{f(z)}=\frac{-n(z-z_0)^{-n-1}\varphi(z)+(z-z_0)^{-n}\varphi'(z)}{(z-z_0)^{-n}\varphi(z)}=-\frac{n}{z-z_0}+\frac{\varphi'(z)}{\varphi(z)}\,.$$

同样因为 $\dfrac{\varphi'(z)}{\varphi(z)}$ 在 z_0 点解析，从而 $\mathrm{Res}\left(\dfrac{f'}{f},z_0\right)=-n$.

3.5.2 留数定理

通过 Cauchy 型积分公式不难发现，函数沿简单逐段光滑闭曲线的复积分，与该函数在积分曲线内部区域中的奇点有关，由上一节可以看出，留数与积分的值有紧密的联系.

定理 3.29 (留数定理) 设 C 是一条逐段光滑的简单闭曲线，函数 $f(z)$ 在 C 上解析，在 C 的内部区域只有有限个奇点 $z_1,z_2,\cdots,z_n$，则

$$\int_C f(z)\,\mathrm{d}z=2\pi\mathrm{i}\sum_{k=1}^n \mathrm{Res}\left(f(z),z_k\right)\,. \tag{3.19}$$

证明 对每个奇点 z_k，选取落在 C 的内部区域且互不相交的邻域，进而在每

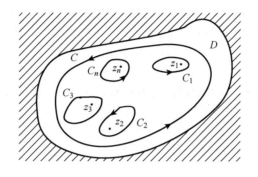

图 3.3

个邻域中作绕 z_k 点的简单逐段光滑闭曲线 C_k（图 3.3）. 由 Cauchy 积分定理有

$$\int_C f(z)\,\mathrm{d}z = \sum_{k=1}^{n} \int_{C_k} f(z)\,\mathrm{d}z\,.$$

再由留数定义，有

$$\int_C f(z)\,\mathrm{d}z = 2\pi\mathrm{i} \sum_{k=1}^{n} \frac{1}{2\pi\mathrm{i}} \int_{C_k} f(z)\,\mathrm{d}z = 2\pi\mathrm{i} \sum_{k=1}^{n} \mathrm{Res}\,(f(z), z_k)\,.$$

证毕.

留数定理是复变函数理论中最重要的定理之一，Cauchy 积分公式以及高阶导数公式都可以看作留数定理的特殊情形. 事实上，当 $f(z)$ 在区域 D 内解析，点 z_0 在 D 中曲线 C 的内部时，由留数定理并结合定理 3.27，有

$$\int_C \frac{f(z)}{(z-z_0)^{n+1}}\,\mathrm{d}z = 2\pi\mathrm{i}\mathrm{Res}\left(\frac{f(z)}{(z-z_0)^{n+1}}, z_0\right) = \frac{2\pi\mathrm{i}}{n!} f^{(n)}(z_0)\,,\quad n = 1, 2, \cdots .$$

通过留数定理，计算复积分的问题便转化成计算被积函数在积分曲线内部各孤立奇点的留数的问题.

例 3.36 求复积分 $\displaystyle\int_{|z|=3} \frac{\mathrm{e}^z}{z(z-1)^2}\,\mathrm{d}z$.

解 记 $f(z) = \dfrac{\mathrm{e}^z}{z(z-1)^2}$，易见 $f(z)$ 在 $|z| = 3$ 的内部区域有 0 和 1 两个奇点，其中 0 为单极点，1 为 2 级极点，由定理 3.27，有

$$\mathrm{Res}\,(f(z), 0) = \left.\frac{\mathrm{e}^z}{(z-1)^2}\right|_{z=0} = 1\,,$$

$$\operatorname{Res}(f(z), 1) = \left(\frac{e^z}{z}\right)' \bigg|_{z=1} = \left(\frac{e^z z - e^z}{z^2}\right) \bigg|_{z=1} = 0.$$

由留数定理，得

$$\int_{|z|=3} \frac{e^z}{z(z-1)^2} \, dz = 2\pi i(\operatorname{Res}(f(z), 0) + \operatorname{Res}(f(z), 1)) = 2\pi i(1 + 0) = 2\pi i.$$

例 3.37 求复积分 $\displaystyle\int_{|z|=n} \tan \pi z \, dz$，$n$ 为正整数.

解 因 $\tan \pi z = \dfrac{\sin \pi z}{\cos \pi z}$，故 $z = k + \dfrac{1}{2}$ $(k \in \mathbf{Z})$ 为 $\tan \pi z$ 的奇点，当 $k = -n$，$-(n-1)$，$\cdots$，$n-1$ 时，相应的奇点落在曲线 $|z| = n$ 的内部区域. 因

$$\cos \pi z|_{z=k+\frac{1}{2}} = 0, \qquad (\cos \pi z)'|_{z=k+\frac{1}{2}} \neq 0,$$

所以由命题 3.28，得

$$\operatorname{Res}\left(\tan \pi z, k + \frac{1}{2}\right) = \frac{\sin \pi z}{(\cos \pi z)'} \bigg|_{z=k+\frac{1}{2}} = -\frac{1}{\pi}.$$

由留数定理得

$$\int_{|z|=n} \tan \pi z \, dz = 2\pi i \sum_{k=-n}^{n-1} \operatorname{Res}\left(\tan \pi z, k + \frac{1}{2}\right) = 2\pi i \cdot \left(-\frac{2n}{\pi}\right) = -4n i.$$

3.5.3 函数在无穷远点的留数

当无穷远点是 $f(z)$ 的孤立奇点时，也可以定义函数在无穷远点的留数.

定义 3.14 设无穷远点是 $f(z)$ 的孤立奇点，C 为 $f(z)$ 的解析环域 $\{|z| > R\}$ 内绕原点的任何一条简单逐段光滑闭曲线，记

$$\operatorname{Res}(f(z), \infty) = \frac{1}{2\pi i} \int_{C^-} f(z) \, dz = -\frac{1}{2\pi i} \int_C f(z) \, dz,$$

称为 $f(z)$ 在**无穷远点的留数**.

注 3.9 在无穷远点的留数定义式中，积分曲线的方向取为顺时针方向，是为了保证无穷远点处在曲线行进方向的左侧. 若 $f(z)$ 在 $\{|z| > R\}$ 内的 Laurent 级数为 $f(z) = \displaystyle\sum_{n=-\infty}^{+\infty} c_n z^n$，类似有限孤立奇点留数的计算，有 $\operatorname{Res}(f(z), \infty) = -c_{-1}$.

例 3.38 计算 $\text{Res}\left(\dfrac{z^2 - z + 2}{z^4 + 10z^2 + 9}, \infty\right)$.

解法一 直接计算函数在无穷远点的 Laurent 级数. 易见函数共有四个奇点, 分别为 $\pm i$ 和 $\pm 3i$, 于是当 $|z| > 3$ 时,

$$\frac{z^2 - z + 2}{z^4 + 10z^2 + 9} = \left(\frac{z}{8} + \frac{7}{8}\right)\frac{1}{z^2 + 9} + \left(-\frac{z}{8} + \frac{1}{8}\right)\frac{1}{z^2 + 1}$$

$$= \left(\frac{1}{8z} + \frac{7}{8z^2}\right)\frac{1}{1 + \dfrac{9}{z^2}} + \left(-\frac{1}{8z} + \frac{1}{8z^2}\right)\frac{1}{1 + \dfrac{1}{z^2}}$$

$$= \left(\frac{1}{8z} + \frac{7}{8z^2}\right)\sum_{n=0}^{\infty}\frac{(-9)^n}{z^{2n}} + \left(-\frac{1}{8z} + \frac{1}{8z^2}\right)\sum_{n=0}^{\infty}\frac{(-1)^n}{z^{2n}}.$$

因此, $\dfrac{z^2 - z + 2}{z^4 + 10z^2 + 9}$ 在无穷远点的留数, 即该函数在 $\{|z| > 3\}$ 内的 Laurent 级数的

系数 $c_{-1} = \dfrac{1}{8} - \dfrac{1}{8} = 0$.

解法二 记 $w = z^{-1}$, 从而

$$\frac{z^2 - z + 2}{z^4 + 10z^2 + 9} = \frac{1}{z^2}\cdot\frac{1 - w + 2w^2}{1 + 10w^2 + 9w^4}.$$

注意到 $\dfrac{1 - w + 2w^2}{1 + 10w^2 + 9w^4}$ 在原点解析, 从而在原点的充分小的去心邻域内有

$$\frac{1 - w + 2w^2}{1 + 10w^2 + 9w^4} = 1 + a_1 w + a_2 w^2 + \cdots = 1 + \frac{a_1}{z} + \frac{a_2}{z^2} + \cdots,$$

于是在无穷远点的去心邻域内有

$$\frac{z^2 - z + 2}{z^4 + 10z^2 + 9} = \frac{1}{z^2}\left(1 + \frac{a_1}{z} + \frac{a_2}{z^2} + \cdots\right) = \frac{1}{z^2} + \frac{a_1}{z^3} + \frac{a_2}{z^4} + \cdots,$$

从而 $\dfrac{z^2 - z + 2}{z^4 + 10z^2 + 9}$ 在无穷远点的留数为该函数在无穷远点去心邻域内的 Laurent 级

数的系数 $c_{-1} = 0$.

根据解法二, 不难得到关于有理函数在无穷远点留数的一般结论, 证明留作习题.

定理 3.30 设 $P(z) = a_0 z^n + a_1 z^{n-1} + \cdots + a_n$, $Q(z) = b_0 z^m + b_1 z^{m-1} + \cdots + b_m$, $a_0, b_0 \neq 0$, 则

(1) 当 $m > n + 1$ 时，$\mathrm{Res}\left(\dfrac{P(z)}{Q(z)}, \infty\right) = 0$；

(2) 当 $m = n + 1$ 时，$\mathrm{Res}\left(\dfrac{P(z)}{Q(z)}, \infty\right) = -\dfrac{a_0}{b_0}$.

注 3.10　虽然无穷远点作为函数 $f(z)$ 的奇点类型规定为 0 作为 $f(w^{-1})$ 的奇点类型，但 $\mathrm{Res}\,(f(z), \infty)$ 与 $\mathrm{Res}\,(f(w^{-1}), 0)$ 不一定相等. 事实上，设在环域 $\{|z| > R\}$ 内，

$$f(z) = \cdots + \frac{c_{-1}}{z} + c_0 + c_1 z + \cdots,$$

则在 $\{0 < |w| < R^{-1}\}$ 内，

$$f(w^{-1}) = \cdots + \frac{c_1}{w} + c_0 + c_{-1} w + \cdots,$$

由此可见 $\mathrm{Res}\,(f(z), \infty) = -c_{-1}$，$\mathrm{Res}\,(f(w^{-1}), 0) = c_1$，并有如下公式

$$\mathrm{Res}\,(f(z), \infty) = -\mathrm{Res}\left(f(w^{-1}) \cdot \frac{1}{w^2}, 0\right). \tag{3.20}$$

式 (3.20) 等价于以下积分恒等式

$$\int_C f(z)\,\mathrm{d}z = \int_\Gamma f(w^{-1}) \frac{\mathrm{d}w}{w^2}, \tag{3.21}$$

这里 C 和 Γ 分别为环域 $\{|z| > R\}$ 和 $\{0 < |w| < R^{-1}\}$ 内绕原点的简单光滑闭曲线. 式 (3.21) 可通过积分的变量替换解释. 令 $z = w^{-1}$，则

$$\int_C f(z)\,\mathrm{d}z = \int_{C'} f(w^{-1})\,\mathrm{d}(w^{-1}) = -\int_{C'} f(w^{-1}) \frac{\mathrm{d}w}{w^2},$$

这里 C' 取为 C 经函数 $w = z^{-1}$ 映射后的像曲线，可以证明 C' 为落在 $\{0 < |w| < R^{-1}\}$ 内的顺时针曲线，从而将 Γ 取为 C' 的反向曲线即得式 (3.21). 复积分的变量替换公式可通过参数方程转化为定积分而严格证明. 对式 (3.21)，可取 C 为正向圆周 $|z| = \rho$，并取其参数方程为 $z(\theta) = \rho \mathrm{e}^{\mathrm{i}\theta}\,(0 \leqslant \theta \leqslant 2\pi)$，其中 $\rho > R$，则 C 经函数 $w = z^{-1}$ 映射后的像曲线 C' 的参数方程为 $w(\theta) = \rho^{-1} \mathrm{e}^{-\mathrm{i}\theta}\,(0 \leqslant \theta \leqslant 2\pi)$，易见 C' 为落在 $\{0 < |w| < R^{-1}\}$ 内顺时针方向的圆周. 利用参数方程将复积分转化为定积分，得

$$-\int_{C'} f(w^{-1}) \frac{\mathrm{d}w}{w^2} = -\int_0^{2\pi} f(\rho \mathrm{e}^{\mathrm{i}\theta})(\rho \mathrm{e}^{\mathrm{i}\theta})^2\,\mathrm{d}(\rho^{-1} \mathrm{e}^{-\mathrm{i}\theta}) = \int_0^{2\pi} f(\rho \mathrm{e}^{\mathrm{i}\theta})(\rho \mathrm{e}^{\mathrm{i}\theta})\mathrm{i}\,\mathrm{d}\theta$$

$$= \int_0^{2\pi} f(\rho \mathrm{e}^{\mathrm{i}\theta})\,\mathrm{d}(\rho \mathrm{e}^{\mathrm{i}\theta}) = \int_C f(z)\,\mathrm{d}z.$$

根据留数定理和无穷远点留数的定义, 立即得到扩充复平面上的留数定理.

定理 3.31 (扩充复平面上的留数定理) 若函数 $f(z)$ 在复平面上只有有限个奇点 $z_1, z_2, \cdots, z_k$, 则 $f(z)$ 在扩充复平面上包括无穷远点在内的所有奇点的留数之和为零, 即

$$\text{Res}\,(f(z), \infty) + \sum_{k=1}^{n} \text{Res}\,(f(z), z_k) = 0\,. \tag{3.22}$$

证明 取充分大的正数 R, 使得点 $z_1, z_2, \cdots, z_n$ 都落在 $\{|z| < R\}$ 内, 则由留数定理知,

$$\frac{1}{2\pi\mathrm{i}} \int_{|z|=R} f(z)\,\mathrm{d}z = \sum_{k=1}^{n} \text{Res}\,(f(z), z_k)\,.$$

再根据函数在无穷远点留数的定义, 立得结论. 证毕.

利用扩充复平面上的留数定理, 可以借助函数在无穷远点的留数, 计算函数在有限奇点的留数和, 达到简化计算的目的.

例 3.39 计算 $\text{Res}\left(z^2\mathrm{e}^{\frac{1}{z}}, \infty\right)$.

解法一 由 $z^2\mathrm{e}^{\frac{1}{z}}$ 在 $\{|z| > 0\}$ 内的 Laurent 级数

$$z^2\mathrm{e}^{\frac{1}{z}} = z^2 \sum_{n=0}^{\infty} \frac{1}{n!z^n} = z^2 + z + \frac{1}{2!} + \frac{1}{3!}\frac{1}{z} + \cdots$$

得到 $\text{Res}\left(z^2\mathrm{e}^{\frac{1}{z}}, \infty\right) = -c_{-1} = -\dfrac{1}{3!} = -\dfrac{1}{6}$.

解法二 函数 $z^2\mathrm{e}^{\frac{1}{z}}$ 的孤立奇点为零和无穷远点, 根据在 $\{|z| > 0\}$ 内 $z^2\mathrm{e}^{\frac{1}{z}}$ 的 Laurent 级数知 $\text{Res}\left(z^2\mathrm{e}^{\frac{1}{z}}, 0\right) = \dfrac{1}{6}$, 由扩充复平面上的留数定理得

$$\text{Res}\left(z^2\mathrm{e}^{\frac{1}{z}}, \infty\right) = -\text{Res}\left(z^2\mathrm{e}^{\frac{1}{z}}, 0\right) = -\frac{1}{6}\,.$$

解法三 利用公式 (3.20) 有 $\text{Res}\left(z^2\mathrm{e}^{\frac{1}{z}}, \infty\right) = -\text{Res}\left(\dfrac{\mathrm{e}^z}{z^4}, 0\right)$, 再由定理 3.27 得

$$\text{Res}\left(\frac{\mathrm{e}^z}{z^4}, 0\right) = \frac{1}{3!}\frac{\mathrm{d}^3}{\mathrm{d}z^3}\mathrm{e}^z\bigg|_{z=0} = \frac{1}{6}\,,$$

所以 $\text{Res}\left(z^2\mathrm{e}^{\frac{1}{z}}, \infty\right) = -\dfrac{1}{6}$.

例 3.40 计算 $\operatorname{Res}\left(\dfrac{\mathrm{e}^{\frac{1}{z}}}{1-z}, 0\right)$.

解法一 在 $\{|z| < 1\}$ 内,

$$\frac{1}{1-z} = \sum_{n=0}^{\infty} z^n = 1 + z + z^2 + \cdots,$$

$$\mathrm{e}^{\frac{1}{z}} = \sum_{n=0}^{\infty} \frac{1}{n! z^n} = 1 + \frac{1}{z} + \frac{1}{2! z^2} + \cdots,$$

从而

$$\frac{\mathrm{e}^{\frac{1}{z}}}{1-z} = \left(\sum_{n=0}^{\infty} z^n\right)\left(\sum_{n=0}^{\infty} \frac{1}{n! z^n}\right),$$

故

$$\operatorname{Res}\left(\frac{\mathrm{e}^{\frac{1}{z}}}{1-z}, 0\right) = c_{-1} = \sum_{n=1}^{\infty} \frac{1}{n!} = \sum_{n=0}^{\infty} \frac{1}{n!} - 1 = \mathrm{e} - 1.$$

解法二 记 $f(z) = \dfrac{\mathrm{e}^{\frac{1}{z}}}{1-z}$,根据扩充复平面上留数定理得

$$\operatorname{Res}(f(z), 0) + \operatorname{Res}(f(z), 1) + \operatorname{Res}(f(z), \infty) = 0.$$

显然 1 是 $f(z)$ 的单极点,故

$$\operatorname{Res}(f(z), 1) = \left.-\mathrm{e}^{\frac{1}{z}}\right|_{z=1} = -\mathrm{e},$$

又因为

$$\operatorname{Res}(f(z), \infty) = -\operatorname{Res}\left(\frac{\mathrm{e}^z}{z^2 - z}, 0\right) = \left.-\frac{\mathrm{e}^z}{z - 1}\right|_{z=0} = 1,$$

于是 $\operatorname{Res}(f(z), 0) = \mathrm{e} - 1$.

例 3.41 计算复积分 $\displaystyle\int_{|z|=2} \dfrac{\mathrm{d}z}{z^5 - 1}$.

解法一 根据函数在无穷远点留数的定义,

$$\int_{|z|=2} \frac{\mathrm{d}z}{z^5 - 1} = -2\pi\mathrm{i}\operatorname{Res}\left(\frac{1}{z^5 - 1}, \infty\right).$$

再根据定理 3.30 得,$\operatorname{Res}\left(\dfrac{1}{z^5 - 1}, \infty\right) = 0$.

解法二 被积函数的分母总共有五个零点：$e^{\frac{2k\pi i}{5}}$ $(k=0,1,2,3,4)$，且都是一重的并都在积分曲线内部，由留数定理以及命题 3.28，有

$$\int_{|z|=2} \frac{\mathrm{d}z}{z^5-1} = 2\pi i \sum_{k=0}^{4} \mathrm{Res}\left(\frac{1}{z^5-1}, e^{\frac{2k\pi i}{5}}\right) = 2\pi i \sum_{k=0}^{4} \frac{1}{(z^5-1)'}\bigg|_{z=e^{\frac{2k\pi i}{5}}}$$

$$= 2\pi i \sum_{k=0}^{4} \frac{1}{5z^4}\bigg|_{z=e^{\frac{2k\pi i}{5}}} = \frac{2\pi i}{5} \sum_{k=0}^{4} e^{\frac{2k\pi i}{5}} = 0.$$

最后一个等号可通过高次方程根与系数的关系或等比数列求和公式得到. 从力学观点看，这一步是显然的，事实上将 1 的 5 个 5 次方根看作作用在原点的力，这 5 个力对称分布，于是合力为 0.

3.6 利用留数定理计算定积分

利用留数定理不仅可以计算复积分，还可以计算某些实积分. 当被积函数的原函数不易求得时，这一方法更为重要. 本节介绍几类可以借助留数定理计算的实积分.

3.6.1 三角函数的定积分

设 $R(x,y)$ 为二元有理函数，考虑形如 $\int_0^{2\pi} R(\cos\theta, \sin\theta)\,\mathrm{d}\theta$ 的定积分. 当关于 θ 的函数 $R(\cos\theta, \sin\theta)$ 在 $[0, 2\pi]$ 上连续时，上述积分可通过万能公式转化为有理函数的定积分来计算，但这一算法计算量较大. 本节指出，通过变量替换，此类积分可以转化为有理函数在圆周上的复积分，从而可利用留数定理进行计算.

令 $z = e^{i\theta}$，则当 θ 从 0 变化到 2π 时，z 恰好沿正向单位圆周运行一圈. 此时

$$\cos\theta = \frac{z+z^{-1}}{2}, \quad \sin\theta = \frac{z-z^{-1}}{2i}, \quad \mathrm{d}z = ie^{i\theta}\,\mathrm{d}\theta = iz\,\mathrm{d}\theta,$$

于是

$$\int_0^{2\pi} R(\cos\theta, \sin\theta)\,\mathrm{d}\theta = \int_{|z|=1} R\left(\frac{z+z^{-1}}{2}, \frac{z-z^{-1}}{2i}\right)\frac{\mathrm{d}z}{iz}.$$

记 $F(z) = \dfrac{1}{\mathrm{i}z} R\left(\dfrac{z + z^{-1}}{2}, \dfrac{z - z^{-1}}{2\mathrm{i}}\right)$，则 $F(z)$ 为关于 z 的有理函数，从而由留数定理，

$$\int_0^{2\pi} R(\cos\theta, \sin\theta)\,\mathrm{d}\theta = 2\pi\mathrm{i} \sum_{k=1}^n \operatorname{Res}(F(z), z_k).$$

这里 $z_1, z_2, \cdots, z_n$ 为 $F(z)$ 在单位圆盘内的所有奇点.

例 3.42　计算积分 $\displaystyle\int_0^{2\pi} \dfrac{\mathrm{d}\theta}{5 + 3\sin\theta}$.

解　令 $z = \mathrm{e}^{\mathrm{i}\theta}$，则 $\sin\theta = \dfrac{z - z^{-1}}{2\mathrm{i}}$，$\mathrm{d}\theta = \dfrac{\mathrm{d}z}{\mathrm{i}z}$，代入积分式得

$$\int_0^{2\pi} \dfrac{\mathrm{d}\theta}{5 + 3\sin\theta} = \int_{|z|=1} \dfrac{2}{3z^2 + 10\mathrm{i}z - 3}\,\mathrm{d}z = \int_{|z|=1} \dfrac{2}{3\left(z + 3\mathrm{i}\right)\left(z + \dfrac{\mathrm{i}}{3}\right)}\,\mathrm{d}z.$$

因被积函数在 $|z| = 1$ 内部只有一个奇点 $-\dfrac{\mathrm{i}}{3}$，且为单极点. 所以

$$\int_0^{2\pi} \dfrac{\mathrm{d}\theta}{5 + 3\sin\theta} = 2\pi\mathrm{i} \operatorname{Res}\left(\dfrac{2}{3z^2 + 10\mathrm{i}z - 3}, -\dfrac{\mathrm{i}}{3}\right) = 2\pi\mathrm{i} \cdot \left.\dfrac{2}{3\left(z + 3\mathrm{i}\right)}\right|_{z = -\frac{\mathrm{i}}{3}} = \dfrac{\pi}{2}.$$

当积分区间长度不为 2π 时，需酌情选择其他的代换方式.

例 3.43　计算积分 $I = \displaystyle\int_0^\pi \tan(\theta + \mathrm{i}b)\,\mathrm{d}\theta$，其中 b 为非零实数.

解　为将原积分转化为简单闭曲线上的复积分，令 $z = \mathrm{e}^{2\mathrm{i}(\theta + \mathrm{i}b)} = \mathrm{e}^{-2b} \cdot \mathrm{e}^{2\theta\mathrm{i}}$，则 $\mathrm{d}z = \mathrm{e}^{-2b} \cdot \mathrm{e}^{2\theta\mathrm{i}} \cdot 2\mathrm{i}\,\mathrm{d}\theta$，从而

$$\tan(\theta + \mathrm{i}b) = \dfrac{1}{\mathrm{i}} \cdot \dfrac{\mathrm{e}^{2\mathrm{i}(\theta + \mathrm{i}b)} - 1}{\mathrm{e}^{2\mathrm{i}(\theta + \mathrm{i}b)} + 1} = \dfrac{1}{\mathrm{i}} \cdot \dfrac{z - 1}{z + 1}, \quad \mathrm{d}\theta = \dfrac{\mathrm{d}z}{2\mathrm{i}z},$$

于是

$$I = -\dfrac{1}{2} \int_{|z| = \mathrm{e}^{-2b}} \dfrac{z - 1}{z(z + 1)}\,\mathrm{d}z.$$

被积函数 $f(z) = \dfrac{z - 1}{z(z + 1)}$ 共有两个奇点 0 和 -1，都是单极点，且

$$\operatorname{Res}(f(z), 0) = \left.\dfrac{z - 1}{z + 1}\right|_{z = 0} = -1, \quad \operatorname{Res}(f(z), -1) = \left.\dfrac{z - 1}{z}\right|_{z = -1} = 2.$$

当 $b < 0$ 时，$|z| = \mathrm{e}^{-2b} > 1$，此时 0 和 -1 均在圆周 $|z| = \mathrm{e}^{-2b}$ 的内部，从而

$$I = -\dfrac{1}{2} \cdot 2\pi\mathrm{i}\left(\operatorname{Res}(f(z), 0) + \operatorname{Res}(f(z), -1)\right) = -\pi\mathrm{i}(-1 + 2) = -\pi\mathrm{i}.$$

当 $b > 0$ 时，$|z| = \mathrm{e}^{-2b} < 1$，此时只有 0 在圆周 $|z| = \mathrm{e}^{-2b}$ 的内部，从而

$$I = -\frac{1}{2} \cdot 2\pi\mathrm{i} \operatorname{Res}\,(f(z), 0) = -\pi\mathrm{i} \cdot (-1) = \pi\mathrm{i}\,.$$

3.6.2 有理函数的广义积分

使用微积分的方法，计算有理函数的积分，需要通过有理函数的部分分式分解得到原函数，计算量相对较大，本节将给出一种借助留数定理，计算有理函数广义积分的简便算法.

定理 3.32 设 $P(x)$ 和 $Q(x)$ 为关于 x 的实系数多项式，$Q(x)$ 无实零点，且 $Q(x)$ 的次数比 $P(x)$ 的次数至少高 2 次，则如下广义积分收敛，且

$$\int_{-\infty}^{+\infty} \frac{P(x)}{Q(x)}\,\mathrm{d}x = 2\pi\mathrm{i} \sum_{j=1}^{k} \operatorname{Res}\left(\frac{P(z)}{Q(z)}, z_j\right), \tag{3.23}$$

这里 $z_1, \cdots, z_k$ 为 $Q(z)$ 在上半平面内的零点全体.

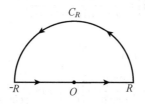

图 3.4

证明 显然该广义积分收敛，故只须证明公式 (3.23) 成立. 为此设

$$P(x) = a_0 x^m + a_1 x^{m-1} + \cdots + a_m, \quad Q(x) = b_0 x^n + b_1 x^{n-1} + \cdots + b_n, \quad a_0,\ b_0 \neq 0\,.$$

因 $Q(z)$ 为多项式，由代数学基本定理（定理 2.38）知，$Q(z)$ 在复平面上只有有限个零点，故可取充分大的正数 R，使得 $Q(z)$ 在上半平面内的所有零点都包含在以原点为圆心、R 为半径的圆域内（图 3.4）. 记 C_R 为上半平面内的半圆弧，由留数定理得

$$\int_{-R}^{R} \frac{P(x)}{Q(x)}\,\mathrm{d}x + \int_{C_R} \frac{P(z)}{Q(z)}\,\mathrm{d}z = 2\pi\mathrm{i} \sum_{j=1}^{k} \operatorname{Res}\left(\frac{P(z)}{Q(z)}, z_j\right). \tag{3.24}$$

因 $n \geqslant m+2$，故当 $|z|$ 充分大时，存在正常数 M，使得

$$\left|\frac{P(z)}{Q(z)}\right| = \frac{1}{|z|^{n-m}} \frac{|a_0 + a_1 z^{-1} + \cdots + a_m z^{-m}|}{|b_0 + b_1 z^{-1} + \cdots + b_n z^{-n}|} \leqslant \frac{M}{|z|^2},$$

根据定理 2.27，有

$$\left|\int_{C_R} \frac{P(z)}{Q(z)} \, \mathrm{d}z\right| \leqslant \int_{C_R} \left|\frac{P(z)}{Q(z)}\right| |\mathrm{d}z| \leqslant \frac{M}{R^2} \cdot \pi R = \frac{\pi M}{R},$$

于是 $\displaystyle\lim_{R \to +\infty} \int_{C_R} \frac{P(z)}{Q(z)} \, \mathrm{d}z = 0$，因此在式 (3.24) 两边令 $R \to +\infty$ 得

$$\int_{-\infty}^{+\infty} \frac{P(x)}{Q(x)} \, \mathrm{d}x = 2\pi\mathrm{i} \sum_{j=1}^{k} \mathrm{Res}\left(\frac{P(z)}{Q(z)}, z_j\right).$$

例 3.44 计算积分 $I = \displaystyle\int_{-\infty}^{+\infty} \frac{x^2}{(x^2 + a^2)(x^2 + b^2)} \, \mathrm{d}x$，其中 $a > b > 0$.

解 令 $\dfrac{P(z)}{Q(z)} = \dfrac{z^2}{(z^2 + a^2)(z^2 + b^2)}$，由于 $\dfrac{P(z)}{Q(z)}$ 在上半平面内只有两个奇点 $a\mathrm{i}$ 和 $b\mathrm{i}$，且都是单极点，从而

$$\mathrm{Res}\left(\frac{P(z)}{Q(z)}, a\mathrm{i}\right) = \left.\frac{z^2}{(z + a\mathrm{i})(z^2 + b^2)}\right|_{z=a\mathrm{i}} = \frac{a\mathrm{i}}{2(b^2 - a^2)}.$$

同理 $\mathrm{Res}\left(\dfrac{P(z)}{Q(z)}, b\mathrm{i}\right) = \dfrac{b\mathrm{i}}{2(a^2 - b^2)}$，于是

$$I = 2\pi\mathrm{i}\left(\mathrm{Res}\left(\frac{P(z)}{Q(z)}, a\mathrm{i}\right) + \mathrm{Res}\left(\frac{P(z)}{Q(z)}, b\mathrm{i}\right)\right) = 2\pi\mathrm{i}\left(\frac{a\mathrm{i}}{2(b^2 - a^2)} + \frac{b\mathrm{i}}{2(a^2 - b^2)}\right) = \frac{\pi}{a+b}.$$

例 3.45 计算积分 $I = \displaystyle\int_0^{+\infty} \frac{\mathrm{d}x}{(1 + x^2)^2}$.

解 因 $\dfrac{1}{(1 + z^2)^2}$ 在上半平面上只有一个奇点 i，且为 2 级极点，于是

$$\mathrm{Res}\left(\frac{1}{(1 + z^2)^2}, \mathrm{i}\right) = \left.\left(\frac{1}{(z + \mathrm{i})^2}\right)'\right|_{z=\mathrm{i}} = \frac{1}{4\mathrm{i}},$$

从而 $I = \dfrac{1}{2} \cdot 2\pi\mathrm{i}\, \mathrm{Res}\left(\dfrac{1}{(1 + z^2)^2}, \mathrm{i}\right) = \dfrac{\pi}{4}$.

在例 3.45 中，由于被积函数为偶函数，从而可以将这一积分转化为定理 3.32 的中的积分来计算，但若被积函数不为偶函数，则需要发展新的方法. 为此，定

义区别于 $\ln z$ 的对数函数

$$\log z = \ln|z| + \mathrm{i}\theta ,$$

其中 θ 为取值在 $[0, 2\pi)$ 上的 z 的幅角的值. 不难证明 $\log z$ 在复平面割破正实轴的区域内解析, 且

$$\lim_{\varepsilon \to 0^+} \log(x - \mathrm{i}\varepsilon) = \log x + 2\pi\mathrm{i} . \tag{3.25}$$

定理 3.33 设 $P(x)$ 和 $Q(x)$ 为关于 x 的实系数多项式, $Q(x)$ 在 $[0, +\infty)$ 上无零点, 且 $Q(x)$ 的次数比 $P(x)$ 的次数至少高 2 次, 则如下广义积分收敛, 且

$$\int_0^{+\infty} \frac{P(x)}{Q(x)} \,\mathrm{d}x = -\sum_{j=1}^n \operatorname{Res}\left(\frac{P(z)}{Q(z)} \log z, z_j\right) , \tag{3.26}$$

这里 $z_1, \cdots, z_n$ 为 $Q(z)$ 的零点全体.

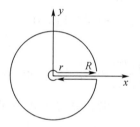

图 3.5

证明 如图 3.5 所示, 将以原点为圆心, 半径为 R 与 r 的圆周分别在与 x 正半轴的交点附近切开一个上下高度各为 ε 的小口, 并将切口相连, 记该封闭曲线为 $C_{Rr\varepsilon}$. 一方面, 在 $C_{Rr\varepsilon}$ 的内部区域, 函数 $\log z$ 解析, 令 R 充分大, r 和 ε 充分小, 可使 $Q(z)$ 的零点都包含在 $C_{Rr\varepsilon}$ 的内部区域中, 从而由留数定理知,

$$\int_{C_{Rr\varepsilon}} \frac{P(z)}{Q(z)} \log z \,\mathrm{d}z = 2\pi\mathrm{i} \sum_{j=1}^n \operatorname{Res}\left(\frac{P(z)}{Q(z)} \log z, z_j\right) . \tag{3.27}$$

另一方面, 积分曲线 $C_{Rr\varepsilon}$ 可分为四段: 大圆弧 C_R, 小圆弧 C_r 和两端连接切口的平行于 x 轴的线段 $L_\pm$. 在向右的线段 L_+ 上,

$$\int_{L_+} \frac{P(z)}{Q(z)} \log z \,\mathrm{d}z = \int_a^b \frac{P(x + \mathrm{i}\varepsilon)}{Q(x + \mathrm{i}\varepsilon)} \log(x + \mathrm{i}\varepsilon) \,\mathrm{d}x ,$$

这里 a, b 分别为 L_+ 左、右端点的横坐标, 当 $\varepsilon \to 0^+$ 时, 有 $a \to r$, $b \to R$, 进

而

$$\int_{L_+} \frac{P(z)}{Q(z)} \log z \, \mathrm{d}z \to \int_r^R \frac{P(x)}{Q(x)} \log x \, \mathrm{d}x \, .$$

在向左的线段 L_- 上，

$$\int_{L_-} \frac{P(z)}{Q(z)} \log z \, \mathrm{d}z = -\int_a^b \frac{P(x-\mathrm{i}\varepsilon)}{Q(x-\mathrm{i}\varepsilon)} \log(x-\mathrm{i}\varepsilon) \, \mathrm{d}x \, ,$$

令 $\varepsilon \to 0^+$ 时，根据式 (3.25)，有

$$\int_{L_-} \frac{P(z)}{Q(z)} \log z \, \mathrm{d}z \to -\int_r^R \frac{P(x)}{Q(x)} \log x \, \mathrm{d}x - \int_r^R \frac{P(x)}{Q(x)} 2\pi\mathrm{i} \, \mathrm{d}x \, .$$

在大圆弧 C_R 上，当 R 充分大时，存在正常数 M，使得

$$\left| \int_{C_R} \frac{P(z)}{Q(z)} \log z \, \mathrm{d}z \right| \leqslant \int_{C_R} \left| \frac{P(z)}{Q(z)} \log z \right| |\mathrm{d}z| < 2\pi R \cdot \frac{M \log R}{R^2} = 2\pi \frac{M \log R}{R} \, ,$$

故当 $R \to +\infty$ 时，在大圆弧 C_R 上的积分趋于 0. 在小圆弧 C_r 上，当 r 充分小时，存在正常数 N，使得

$$\left| \int_{C_r} \frac{P(z)}{Q(z)} \log z \, \mathrm{d}z \right| \leqslant \int_{C_r} \left| \frac{P(z)}{Q(z)} \log z \right| |\mathrm{d}z| < 2\pi r \cdot N |\log r| = 2\pi N r |\log r| \, ,$$

故当 $r \to 0^+$ 时，在小圆弧 C_r 上的积分趋于 0. 利用上述四个极限关系，在式 (3.27) 两边先令 $\varepsilon \to 0^+$，再令 $R \to +\infty$，$r \to 0^+$，即得结论. 证毕.

利用定理 3.33 重新计算例 3.45.

解 由公式 (3.26)，得

$$\int_0^{+\infty} \frac{\mathrm{d}x}{(1+x^2)^2} = -\mathrm{Res}\left(\frac{\log z}{(1+z^2)^2}, \, \mathrm{i} \right) - \mathrm{Res}\left(\frac{\log z}{(1+z^2)^2}, \, -\mathrm{i} \right)$$

$$= -\left(\frac{\log z}{(z+\mathrm{i})^2} \right)' \bigg|_{z=\mathrm{i}} - \left(\frac{\log z}{(z-\mathrm{i})^2} \right)' \bigg|_{z=-\mathrm{i}}$$

$$= \left(\frac{2\log z}{(z+\mathrm{i})^3} - \frac{1}{z(z+\mathrm{i})^2} \right) \bigg|_{z=\mathrm{i}} + \left(\frac{2\log z}{(z-\mathrm{i})^3} - \frac{1}{z(z-\mathrm{i})^2} \right) \bigg|_{z=-\mathrm{i}}$$

$$= -\frac{\log \mathrm{i}}{4\mathrm{i}} + \frac{1}{4\mathrm{i}} + \frac{\log(-\mathrm{i})}{4\mathrm{i}} - \frac{1}{4\mathrm{i}} = \frac{1}{4\mathrm{i}} \left(\frac{3}{2}\pi\mathrm{i} - \frac{1}{2}\pi\mathrm{i} \right) = \frac{\pi}{4} \, .$$

例 3.46 计算积分 $I = \displaystyle\int_0^{+\infty} \frac{\mathrm{d}x}{1+x^3}$.

解 由公式 (3.26)，得

$$\int_0^{+\infty} \frac{\mathrm{d}x}{1+x^3} = -\operatorname{Res}\left(\frac{\log z}{1+z^3}, \mathrm{e}^{\frac{\pi i}{3}}\right) - \operatorname{Res}\left(\frac{\log z}{1+z^3}, -1\right) - \operatorname{Res}\left(\frac{\log z}{1+z^3}, \mathrm{e}^{\frac{5\pi i}{3}}\right)$$

$$= -\frac{\log z}{3z^2}\bigg|_{z=\mathrm{e}^{\frac{\pi i}{3}}} - \frac{\log z}{3z^2}\bigg|_{z=-1} - \frac{\log z}{3z^2}\bigg|_{z=\mathrm{e}^{\frac{5\pi i}{3}}}$$

$$= -\frac{1}{3}\left(-\frac{\pi i}{3}\mathrm{e}^{\frac{\pi i}{3}} + \pi i - \frac{5\pi i}{3}\mathrm{e}^{\frac{5\pi i}{3}}\right) = \frac{2\sqrt{3}\pi}{9}.$$

注 3.11 当积分区间为 $[a, +\infty)$ 时，只需通过积分变量替换 $s = x - a$ 即可将问题转化为在 $[0, +\infty)$ 上的积分，于是可以利用定理 3.33 计算.

3.6.3 有理函数的 Fourier 变换型积分

考虑形如 $\int_{-\infty}^{+\infty} R(x)\mathrm{e}^{iax}\,\mathrm{d}x$ 的积分，这里 $R(x)$ 为有理函数（第 4 章将指出，这一积分与 $R(x)$ 的 Fourier 变换联系密切，因此本节将这类积分称为有理函数的 Fourier 变换型积分）. 由于这里的被积函数通常不存在初等函数形式的原函数，因此无法通过微积分基本定理计算这类积分. 本节将给出一种借助留数定理，计算这类积分的方法.

定理 3.34 设 $P(x)$ 和 $Q(x)$ 为关于 x 的多项式，$Q(x)$ 无实零点，且 $Q(x)$ 的次数至少比 $P(x)$ 的次数高 1 次，$a > 0$，则如下广义积分收敛. 且

$$\int_{-\infty}^{+\infty} \frac{P(x)}{Q(x)}\mathrm{e}^{iax}\,\mathrm{d}x = 2\pi i \sum_{j=1}^{k} \operatorname{Res}\left(\frac{P(z)}{Q(z)}\mathrm{e}^{iaz}, z_j\right), \tag{3.28}$$

这里 $z_1, \cdots, z_k$ 为 $Q(z)$ 在上半平面内的零点全体.

证明 由微积分中的 Dirichlet 判别法（参考文献 [4]）立即得到该广义积分收敛. 为证明公式 (3.28)，设

$$P(x) = a_0 x^n + a_1 x^{n-1} + \cdots + a_n, \quad Q(x) = b_0 x^m + b_1 x^{m-1} + \cdots + b_m, \quad a_0, b_0 \neq 0,$$

这里 $m \geqslant n + 1$. 取充分大的正数 R，使得 $Q(z)$ 在上半平面内的所有零点都包含在以原点为圆心、R 为半径的圆域内（同定理 3.32 图 3.4）. 记 C_R 为上半平面内的半圆弧，由留数定理得

$$\int_{-R}^{R} \frac{P(x)}{Q(x)}\mathrm{e}^{iax}\,\mathrm{d}x + \int_{C_R} \frac{P(z)}{Q(z)}\mathrm{e}^{iaz}\,\mathrm{d}z = 2\pi i \sum_{j=1}^{k} \operatorname{Res}\left(\frac{P(z)}{Q(z)}\mathrm{e}^{iaz}, z_j\right). \tag{3.29}$$

因 $m \geqslant n + 1$，故当 $|z|$ 充分大时，存在正常数 M，使得

$$\left| \frac{P(z)}{Q(z)} \right| = \frac{1}{|z|^{m-n}} \frac{|a_0 + a_1 z^{-1} + \cdots + a_n z^{-n}|}{|b_0 + b_1 z^{-1} + \cdots + b_m z^{-m}|} \leqslant \frac{M}{|z|} ,$$

所以

$$\left| \int_{C_R} \frac{P(z)}{Q(z)} \mathrm{e}^{\mathrm{i}az} \, \mathrm{d}z \right| \leqslant \int_{C_R} \left| \frac{P(z)}{Q(z)} \right| \mathrm{e}^{-a \operatorname{Im} z} |\mathrm{d}z| \leqslant \int_0^\pi \frac{M}{R} \mathrm{e}^{-aR \sin \theta} R \, \mathrm{d}\theta = M \int_0^\pi \mathrm{e}^{-aR \sin \theta} \, \mathrm{d}\theta .$$

注意到

$$\lim_{R \to +\infty} \mathrm{e}^{-aR \sin \theta} = \begin{cases} 0 , & 0 < \theta < \pi , \\ 1 , & \theta = 0 \text{ 或 } \pi , \end{cases}$$

因此

$$\lim_{R \to +\infty} \int_0^\pi \mathrm{e}^{-aR \sin \theta} \, \mathrm{d}\theta = \int_0^\pi \lim_{R \to +\infty} \mathrm{e}^{-aR \sin \theta} \, \mathrm{d}\theta = 0 , \tag{3.30}$$

从而

$$\lim_{R \to +\infty} \int_{C_R} \frac{P(z)}{Q(z)} \mathrm{e}^{\mathrm{i}az} \, \mathrm{d}z = 0 ,$$

于是在式 (3.29) 两边令 $R \to +\infty$ 得

$$\int_{-\infty}^{+\infty} \frac{P(x)}{Q(x)} \mathrm{e}^{\mathrm{i}ax} \, \mathrm{d}x = 2\pi \mathrm{i} \sum_{j=1}^k \operatorname{Res} \left(\frac{P(z)}{Q(z)} \mathrm{e}^{\mathrm{i}az}, z_j \right) .$$

注 3.12 对 $a < 0$ 的情形，可以通过积分变量替换（将 $-x$ 替换为 x），转化为 $a > 0$ 的情形来计算. 当 $\dfrac{P(x)}{Q(x)}$ 为实值函数时，还可利用

$$\int_{-\infty}^{+\infty} \frac{P(x)}{Q(x)} \mathrm{e}^{\mathrm{i}ax} \, \mathrm{d}x = \overline{\left(\int_{-\infty}^{+\infty} \frac{P(x)}{Q(x)} \mathrm{e}^{-\mathrm{i}ax} \, \mathrm{d}x \right)} , \tag{3.31}$$

得到结论. 此时对左侧积分分别取实部和虚部，还可得到

$$\int_{-\infty}^{+\infty} \frac{P(x)}{Q(x)} \cos ax \, \mathrm{d}x = \operatorname{Re} \left(\int_{-\infty}^{+\infty} \frac{P(x)}{Q(x)} \mathrm{e}^{\mathrm{i}ax} \, \mathrm{d}x \right) ,$$

$$\int_{-\infty}^{+\infty} \frac{P(x)}{Q(x)} \sin ax \, \mathrm{d}x = \operatorname{Im} \left(\int_{-\infty}^{+\infty} \frac{P(x)}{Q(x)} \mathrm{e}^{\mathrm{i}ax} \, \mathrm{d}x \right) .$$

注 3.13 证明过程中，式 (3.30) 利用了积分与极限的交换次序，这里的依据是 **Lebesgue**[1]控制收敛定理（参考文献 [8]）：如果函数 $f(x, t)$ 对每个固定的 t 关于

---

[1]全名为 Henri Léon Lebesgue (1875–1941)，勒贝格，法国数学家.

x 在 D 内可积, 且存在 D 内的可积函数 $g(x)$, 满足 $|f(x,t)| \leqslant g(x)$, 则

$$\lim_{t \to t_0} \int_D f(x,t)\,\mathrm{d}x = \int_D \lim_{t \to t_0} f(x,t)\,\mathrm{d}x \,.$$

在式 (3.30) 中, 只需选择 $g(\theta) = 1$ 即可.

例 3.47 计算 Laplace 积分 $\displaystyle\int_0^{+\infty} \frac{\cos ax}{1+x^2}\,\mathrm{d}x \ (\alpha > 0)$ 的值.

解 因 $1 + z^2$ 在上半平面只有一个零点 i, 且是单零点, 于是

$$\int_{-\infty}^{+\infty} \frac{\mathrm{e}^{\mathrm{i}ax}}{1+x^2}\,\mathrm{d}x = 2\pi\mathrm{i}\,\mathrm{Res}\left(\frac{\mathrm{e}^{\mathrm{i}az}}{1+z^2},\ \mathrm{i}\right) = 2\pi\mathrm{i}\left.\frac{\mathrm{e}^{\mathrm{i}az}}{(1+z^2)'}\right|_{z=\mathrm{i}} = \pi\mathrm{e}^{-a}\,,$$

再利用被积函数为偶函数, 得到

$$\int_0^{+\infty} \frac{\cos ax}{1+x^2}\,\mathrm{d}x = \frac{1}{2}\int_{-\infty}^{+\infty} \frac{\cos ax}{1+x^2}\,\mathrm{d}x = \frac{1}{2}\,\mathrm{Re}\left(\int_{-\infty}^{+\infty} \frac{\mathrm{e}^{\mathrm{i}ax}}{1+x^2}\,\mathrm{d}x\right) = \frac{\pi}{2}\mathrm{e}^{-a}\,.$$

例 3.48 计算积分 $\displaystyle\int_0^{+\infty} \frac{x\sin x}{x^2+a^2}\,\mathrm{d}x \ (a > 0)$ 的值.

解 $z^2 + a^2$ 在上半平面内只有一个零点 $a\mathrm{i}$, 且是单零点, 于是

$$\int_{-\infty}^{+\infty} \frac{x\mathrm{e}^{\mathrm{i}x}}{x^2+a^2}\,\mathrm{d}x = 2\pi\mathrm{i}\,\mathrm{Res}\left(\frac{z\mathrm{e}^{\mathrm{i}z}}{z^2+a^2},\ a\mathrm{i}\right) = 2\pi\mathrm{i}\cdot\left.\frac{z\mathrm{e}^{\mathrm{i}z}}{(z^2+a^2)'}\right|_{z=a\mathrm{i}} = \frac{\mathrm{i}\pi}{2}\mathrm{e}^{-a}\,,$$

注意到被积函数为偶函数, 从而

$$\int_0^{+\infty} \frac{x\sin x}{x^2+a^2}\,\mathrm{d}x = \frac{1}{2}\mathrm{Im}\left(\int_{-\infty}^{+\infty} \frac{x\mathrm{e}^{\mathrm{i}x}}{x^2+a^2}\,\mathrm{d}x\right) = \frac{\pi}{2}\mathrm{e}^{-a}\,.$$

3.6.4 其他类型积分计算举例

从前面三类积分的计算方法可以看出, 利用留数计算实积分关键在于选择合适的辅助函数和围线, 从而把实积分的计算转化为沿闭曲线的复积分的计算. 下面再举几个例子. 这些例子虽然不属于前面三种类型, 但它们在数学中的地位十分重要.

例 3.49 计算 Dirichlet[1] 积分 $\displaystyle\int_0^{+\infty} \frac{\sin x}{x}\,\mathrm{d}x$.

---

[1] 全名为 Johann Peter Gustav Lejeune Dirichlet (1805–1859), 狄利克莱, 德国数学家.

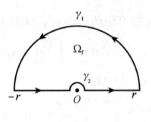

图 3.6

解 对任意 $r > 1$，考察积分 $\displaystyle\int_{\partial\Omega_r} \frac{e^{iz}}{z}\,dz$，其中 $\Omega_r = \left\{r^{-1} \leqslant |z| \leqslant r,\ \operatorname{Im} z \geqslant 0\right\}$ 为

C 中上半环形区域（图 3.6）. 一方面，因函数 $f(z) = \dfrac{e^{iz}}{z}$ 在 $\bar\Omega_r$ 上无奇点，故

$$\int_{\partial\Omega_r} \frac{e^{iz}}{z}\,dz = 0 .$$

另一方面，

$$\int_{\partial\Omega_r} \frac{e^{iz}}{z}\,dz = \int_{\gamma_1} \frac{e^{iz}}{z}\,dz - \int_{\gamma_2} \frac{e^{iz}}{z}\,dz + \int_{\frac{1}{r}}^{r} \frac{e^{iz}}{z}\,dz + \int_{-r}^{-\frac{1}{r}} \frac{e^{iz}}{z}\,dz ,$$

其中，γ_1 与 γ_2 分别为半圆弧 $\left\{|z| = r,\ \operatorname{Im} z \geqslant 0\right\}$ 和 $\left\{|z| = \dfrac{1}{r},\ \operatorname{Im} z \geqslant 0\right\}$. 注意到

$$\left|\int_{\gamma_1} \frac{e^{iz}}{z}\,dz\right| = \left|\int_0^{\pi} \frac{e^{-r(\sin\theta - i\cos\theta)}}{re^{i\theta}} re^{i\theta} i\,d\theta\right| \leqslant \int_0^{\pi} e^{-r\sin\theta}\,d\theta ,$$

$$\int_{\gamma_2} \frac{e^{iz}}{z}\,dz = i \int_0^{\pi} e^{-\frac{1}{r}(\sin\theta - i\cos\theta)}\,d\theta ,$$

根据 Lebesgue 控制收敛定理，交换积分与极限的次序，得

$$\lim_{r\to+\infty} \int_{\gamma_1} \frac{e^{iz}}{z}\,dz = 0 , \qquad \lim_{r\to+\infty} \int_{\gamma_2} \frac{e^{iz}}{z}\,dz = i\pi .$$

故

$$0 = \operatorname{Im}\left(\lim_{r\to+\infty} \int_{\partial\Omega_r} \frac{e^{iz}}{z}\,dz\right) = \int_{-\infty}^{+\infty} \frac{\operatorname{Im} e^{ix}}{x}\,dx - \pi = 2\int_0^{+\infty} \frac{\sin x}{x}\,dx - \pi .$$

从而

$$\int_0^{+\infty} \frac{\sin x}{x}\,dx = \frac{\pi}{2} .$$

例 3.50 计算 Poisson 积分 $\displaystyle\int_0^{+\infty} e^{-x^2} \cos 2bx \, dx$.

解 当 $b = 0$ 时是著名的 Euler-Poisson 积分，

$$\int_0^{+\infty} e^{-x^2} \, dx = \frac{\sqrt{\pi}}{2} \ .$$

以下不妨只计算 $b > 0$ 时的情形. 对任意 $r > 0$，考察积分 $\displaystyle\int_{\partial \Omega_r} e^{-z^2} \, dz$，其中

$$\Omega_r = \left\{ z \in \mathbf{C} : \operatorname{Re} z \in [-r, r] , \ \operatorname{Im} z \in [0, b] \right\}$$

为矩形区域（图 3.7）.

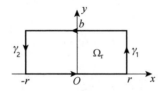

图 3.7

一方面，因 e^{-z^2} 在 $\bar{\Omega}_r$ 上无奇点，故 $\displaystyle\int_{\partial \Omega_r} e^{-z^2} \, dz = 0$. 另一方面

$$\int_{\partial \Omega_r} e^{-z^2} \, dz = \int_{\gamma_1 \cup \gamma_2} e^{-z^2} \, dz + \int_{-r}^{r} e^{-x^2} \, dx - \int_{-r}^{r} e^{-(x+ib)^2} \, dx \ ,$$

其中 γ_1，γ_2 分别为矩形 Ω 当 $\operatorname{Re} z = \pm r$ 时的两条侧边. 注意到

$$\int_{-r}^{r} e^{-(x+ib)^2} \, dx = e^{b^2} \int_{-r}^{r} e^{-x^2} \cos 2bx \, dx \ ,$$

$$\left| \int_{\gamma_1 \cup \gamma_2} e^{-z^2} \, dz \right| \leqslant \int_{\gamma_1 \cup \gamma_2} \left| e^{-(\pm r + iy)^2} \right| |dz| \leqslant 2b e^{b^2 - r^2} \ ,$$

于是

$$0 = \lim_{r \to +\infty} \int_{\partial \Omega_r} e^{-z^2} \, dz = \int_{-\infty}^{+\infty} e^{-x^2} \, dx - e^{b^2} \int_{-\infty}^{+\infty} e^{-x^2} \cos 2bx \, dx \ ,$$

从而

$$\int_0^{+\infty} e^{-x^2} \cos 2bx \, dx = \frac{e^{-b^2}}{2} \int_{-\infty}^{+\infty} e^{-x^2} \, dx = \frac{\sqrt{\pi}}{2} e^{-b^2} \ .$$

Poisson 积分在概率论和微分方程中都有重要应用.

例 **3.51**　计算 Fresnel[1] 积分 $\displaystyle\int_0^{+\infty} \cos x^2 \, \mathrm{d}x$ 和 $\displaystyle\int_0^{+\infty} \sin x^2 \, \mathrm{d}x$.

解　考察积分 $\displaystyle\int_{\partial\Omega_r} \mathrm{e}^{\mathrm{i}z^2} \, \mathrm{d}z$，其中 $\Omega_r = \left\{ |z| \leqslant r : \arg z \in \left(0, \dfrac{\pi}{4}\right) \right\}$ 为如下扇形域.

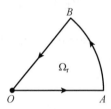

图 3.8

一方面，因 $\mathrm{e}^{\mathrm{i}z^2}$ 在 $\bar{\Omega}_r$ 上无奇点，故

$$\int_{\partial\Omega_r} \mathrm{e}^{\mathrm{i}z^2} \, \mathrm{d}z = 0 \, .$$

另一方面，

$$\int_{\partial\Omega_r} \mathrm{e}^{\mathrm{i}z^2} \, \mathrm{d}z = \int_0^r \mathrm{e}^{\mathrm{i}x^2} \, \mathrm{d}x - \int_0^r \mathrm{e}^{\mathrm{i}\left(\mathrm{e}^{\frac{\pi \mathrm{i}}{4}} x\right)^2} \mathrm{e}^{\frac{\pi \mathrm{i}}{4}} \, \mathrm{d}x + \int_{\gamma_1} \mathrm{e}^{\mathrm{i}z^2} \, \mathrm{d}z \, ,$$

其中，γ_1 为 $\partial\Omega_r$ 的圆弧部分 $\left\{ |z| = r : \arg z \in \left[0, \dfrac{\pi}{4}\right] \right\}$. 注意到

$$\int_0^r \mathrm{e}^{\mathrm{i}\left(\mathrm{e}^{\frac{\pi \mathrm{i}}{4}} x\right)^2} \mathrm{e}^{\frac{\pi \mathrm{i}}{4}} \, \mathrm{d}x = \mathrm{e}^{\frac{\pi \mathrm{i}}{4}} \int_0^r \mathrm{e}^{-x^2} \, \mathrm{d}x \, ,$$

$$\left| \int_{\gamma_1} \mathrm{e}^{\mathrm{i}z^2} \, \mathrm{d}z \right| \leqslant \int_0^{\frac{\pi}{4}} \mathrm{e}^{-r^2 \sin 2\theta} r \, \mathrm{d}\theta \, .$$

根据 Lebesgue 控制收敛定理，交换积分与极限的次序，得

$$\lim_{r \to +\infty} \int_0^{\frac{\pi}{4}} \mathrm{e}^{-r^2 \sin 2\theta} r \, \mathrm{d}\theta = \int_0^{\frac{\pi}{4}} \lim_{r \to +\infty} \mathrm{e}^{-r^2 \sin 2\theta} r \, \mathrm{d}\theta = 0 \, ,$$

于是

$$\lim_{r \to +\infty} \int_0^r \mathrm{e}^{\mathrm{i}\left(\mathrm{e}^{\frac{\pi \mathrm{i}}{4}} x\right)^2} \mathrm{e}^{\frac{\pi \mathrm{i}}{4}} \, \mathrm{d}x = \frac{\sqrt{\pi}}{2} \mathrm{e}^{\frac{\pi \mathrm{i}}{4}} \, , \qquad \lim_{r \to +\infty} \int_{\gamma_1} \mathrm{e}^{\mathrm{i}z^2} \, \mathrm{d}z = 0 \, .$$

[1] Augustin-Jean Fresnel (1788–1827)，菲涅尔，法国物理学家、工程师.

故

$$0 = \lim_{r \to +\infty} \int_{\partial \Omega_r} e^{iz^2} \, dz = \int_0^{+\infty} e^{ix^2} \, dx - \frac{\sqrt{\pi}}{2} e^{\frac{\pi i}{4}} ,$$

从而

$$\int_0^{+\infty} \cos x^2 \, dx = \operatorname{Re} \left(\int_0^{+\infty} e^{ix^2} \, dx \right) = \operatorname{Re} \left(\frac{\sqrt{\pi}}{2} e^{\frac{\pi i}{4}} \right) = \frac{\sqrt{2\pi}}{4} ,$$

$$\int_0^{+\infty} \sin x^2 \, dx = \operatorname{Im} \left(\int_0^{+\infty} e^{ix^2} \, dx \right) = \operatorname{Im} \left(\frac{\sqrt{\pi}}{2} e^{\frac{\pi i}{4}} \right) = \frac{\sqrt{2\pi}}{4} .$$

3.7 幅角原理与 **Rouché** 定理

留数定理的重要性不仅仅在于计算积分，利用留数定理，还可以进一步推进解析函数性质的研究，例如解析函数零点的分布，解析函数反函数的存在性等.

3.7.1 幅角原理

一个解析函数在某个区域内的零点和极点的个数是非常重要的问题，幅角原理给出了关于解析函数零点、极点个数的一个公式.

定理 3.35 (幅角原理) 设 C 为简单逐段光滑闭曲线，函数 $f(z)$ 在 C 的内部区域除有限个极点外处处解析，在 C 上解析且不为零，则

$$N - P = \frac{1}{2\pi i} \int_C \frac{f'(z)}{f(z)} \, dz , \tag{3.32}$$

其中 N 和 P 分别为 $f(z)$ 在 C 所围区域内的零点与极点的个数，m 重零点（或 n 级极点）算作 m 个零点（或 n 个极点）.

证明 设 $z_1, z_2, \cdots, z_n$ 是 $f(z)$ 在 D 内的一切零点和极点，由留数定理，有

$$\frac{1}{2\pi i} \int_C \frac{f'(z)}{f(z)} \, dz = \sum_{k=1}^n \operatorname{Res} \left(\frac{f'(z)}{f(z)}, z_k \right) . \tag{3.33}$$

根据例 3.35，若 z_k 分别为 $f(z)$ 的 m 重零点和 n 级极点时，$\operatorname{Res} \left(\dfrac{f'(z)}{f(z)}, z_k \right)$ 分别为 m 和 $-n$，代入式 (3.33) 即得结论. 证毕.

注 3.14 幅角原理 (3.32) 的右端有很好的几何意义. 设 Γ 为简单闭曲线 C 经

$w = f(z)$ 映射后的像曲线，则 Γ 是一条闭曲线（但不一定是简单曲线），形式地利用积分变量替换公式，式 (3.32) 右端积分可改写为

$$\frac{1}{2\pi i}\int_C \frac{f'(z)}{f(z)}\,\mathrm{d}z = \frac{1}{2\pi i}\int_\Gamma \frac{\mathrm{d}w}{w}\,,\tag{3.34}$$

该积分的值为 Γ 绕原点的圈数（这就是幅角原理名称的由来）. 事实上，根据 Cauchy 积分公式，当 Γ 为简单闭曲线时，若 Γ 绕原点，该积分值为 1，否则该积分值为 0. 当 Γ 为一般的闭曲线时，总能将 Γ 写为若干段简单闭曲线的并，因此该积分的值为 Γ 绕原点的圈数. 幅角原理指出，像曲线 Γ 绕原点的圈数由 C 内部区域内 f 的零点个数和极点个数决定，z-平面的闭曲线 C 绕过 N 个 f 的零点，则 w-平面上的像曲线 Γ 就正向绕原点 N 圈；C 绕过 P 个 f 的极点，则 Γ 就正向绕无穷远点 P 圈（正向绕无穷远点一圈应理解为顺时针绕无穷远点一圈，因为正向绕一点时，该点应在曲线方向的左侧），相当于反向绕原点 P 圈.

3.7.2 Rouché 定理及其应用

在很多问题中，需要估计解析函数在某个区域内的零点个数. 基于幅角原理得到的 Rouché[1]定理，是解决这一问题的重要工具.

定理 3.36 (Rouché) 设 C 为简单逐段光滑闭曲线，函数 $f(z)$ 和 $g(z)$ 在曲线 C 的内部区域及曲线 C 上均解析，且在曲线 C 上有 $|f(z)| > |g(z)|$，则函数 $f(z)$ 与 $f(z) + g(z)$ 在曲线 C 所围区域内的零点个数相同.

证明 因在曲线 C 上，$|f(z)| > |g(z)|$，从而在曲线 C 上 $|f(z) + g(z)| > 0$，即在曲线 C 上，$f(z) \neq 0$，$f(z) + g(z) \neq 0$. 又因为 $f(z)$ 和 $g(z)$ 都在曲线 C 以及曲线 C 的内部区域内解析，故 $f(z)$ 和 $f(z) + g(z)$ 在曲线 C 的内部区域内都没有极点. 由幅角原理，在曲线 C 的内部区域，$f(z)$ 和 $f(z) + g(z)$ 的零点个数之差为

$$\Delta = \frac{1}{2\pi i}\int_C \left(\frac{f'(z) + g'(z)}{f(z) + g(z)} - \frac{f'(z)}{f(z)}\right)\mathrm{d}z = \frac{1}{2\pi i}\int_C \frac{\left(\frac{g(z)}{f(z)}\right)'}{1 + \frac{g(z)}{f(z)}}\,\mathrm{d}z\,.$$

注意到在曲线 C 上 $\left|\dfrac{g(z)}{f(z)}\right| < 1$，由 $\dfrac{g(z)}{f(z)}$ 的连续性，$\left|\dfrac{g(z)}{f(z)}\right| < 1$ 必定在包含曲线 C 的

---

[1]全名为 Eugène Rouché (1832–1910)，儒歇，法国数学家.

某个开集 D 上成立，于是 $\ln\left(1 + \dfrac{g(z)}{f(z)}\right)$ 在 D 上解析，且在 D 上

$$\frac{\left(\dfrac{g(z)}{f(z)}\right)'}{1 + \dfrac{g(z)}{f(z)}} = \frac{\mathrm{d}}{\mathrm{d}z}\ln\left(1 + \frac{g(z)}{f(z)}\right),$$

因此，根据定理 2.28 得 $\Delta = 0$．证毕．

Rouché 定理指出，解析函数（即 $f(z)$）在简单闭曲线内部区域的零点个数在"小扰动"（即 $\pm g(z)$）下保持不变，"小"体现 $\pm g(z)$ 的模在曲线上可以被 $f(z)$ 的模逐点控制．在具体应用 Rouché 定理估计函数零点个数时，需要适当选取简单闭曲线，并将函数拆成两部分，一部分作为 $f(z)$，其在曲线内部的零点个数容易得到，剩余部分作为扰动项 $g(z)$，使其模可在曲线上被 $f(z)$ 控制．读者可通过以下例题及应用体会这一技巧．

应用 Rouché 定理，可以研究复系数多项式在复平面及其某些子区域上的零点个数．特别，对代数学基本定理，可给出一种新的证明方法．

定理 3.37 (代数学基本定理) n 次复系数多项式在复平面上恰有 n 个零点．

证明　考虑 $p(z) = a_0 z^n + a_1 z^{n-1} + \cdots + a_{n-1} z + a_n\ (a_0 \neq 0)$．令 $f(z) = a_0 z^n$，$g(z) = a_1 z^{n-1} + \cdots + a_{n-1} z + a_n$，显然 $f(z)$ 和 $g(z)$ 都在复平面上解析．因为 $\lim\limits_{z\to\infty} \dfrac{g(z)}{f(z)} = 0$，于是存在正数 M，使对一切 $|z| > M$，有 $\left|\dfrac{g(z)}{f(z)}\right| < 1$．取定 $R > M$，$|f(z)| > |g(z)|$ 在圆周 $|z| = R$ 上成立，由 Rouché 定理知，$f(z)$ 与 $f(z) + g(z)$ 在圆周 $|z| = R$ 的内部区域零点个数相同，而 $f(z) = a_0 z^n$ 只有一个 n 重零点 0，所以 $f(z) + g(z)$ 在圆域 $\{|z| < R\}$ 内恰有 n 个零点．再由 R 的任意性知，在复平面上 $p(z) = f(z) + g(z)$ 恰有 n 个零点．证毕．

例 3.52　求多项式 $z^7 - 5z^4 + z^2 - 2$ 在单位圆域 $\{|z| < 1\}$ 内的零点个数．

解　设 $f(z) = -5z^4$，$g(z) = z^7 + z^2 - 2$，在 $|z| = 1$ 上有

$$|g(z)| = |z^7 + z^2 - 2| \leqslant |z^7| + |z^2| + |-2| = 4 < 5 = |f(z)|.$$

由 Rouché 定理知，$f(z)$ 与 $f(z) + g(z)$ 在 $\{|z| < 1\}$ 内的零点个数相同．因为 $f(z) = -5z^4$ 在 $\{|z| < 1\}$ 内只有一个零点 0，其重数为 4，所以 $f(z) + g(z) = z^7 - 5z^4 + z^2 - 2$ 在 $\{|z| < 1\}$ 内有四个零点．

应用 Rouché 定理，还可得到解析函数的开映射定理和反函数存在定理．

定理 3.38　设函数 $f(z)$ 在点 z_0 解析，$w_0 = f(z_0)$，函数 $f(z) - w_0$ 以 z_0 为 m 重零点，则存在 $\sigma > 0$，使得对任何正数 $\varepsilon < \sigma$，存在 $\delta > 0$，使对一切满足 $0 < |w - w_0| < \delta$ 的复数 w，函数 $f(z) - w$ 在 $\{|z - z_0| < \varepsilon\}$ 内恰有 m 个互不相同的零点．

证明　因 z_0 为 $f(z) - w_0$ 的 m 重零点，从而可设 $f(z) - w_0$ 在点 z_0 邻域内的 Taylor 级数为

$$f(z) - w_0 = \sum_{n=m}^{\infty} a_n (z - z_0)^n = (z - z_0)^m \left(a_m + \sum_{n=1}^{\infty} a_{n+m}(z - z_0)^n \right).$$

这里 $a_m \neq 0$．记 $g(z) = \sum\limits_{n=1}^{\infty} a_{n+m}(z - z_0)^n$，则 $g(z)$ 在点 z_0 解析且 $g(z_0) = 0$，从而存在 $\sigma > 0$，使得 $g(z)$ 在 $\{|z - z_0| \leqslant \sigma\}$ 上，$|g(z)| < \dfrac{|a_m|}{2}$．

对任何正数 $\varepsilon < \sigma$，取 $\delta = \dfrac{|a_m|}{2} \varepsilon^m$，则对一切满足 $0 < |w - w_0| < \delta$ 的 w，在圆周 $|z - z_0| = \varepsilon$ 上，有

$$|(z - z_0)^m g(z) - (w - w_0)| \leqslant |z - z_0|^m |g(z)| + |w - w_0|$$
$$< \frac{|a_m|}{2} |z - z_0|^m + \delta = \frac{|a_m|}{2} |z - z_0|^m + \frac{|a_m|}{2} \varepsilon^m = |a_m(z - z_0)^m|.$$

由 Rouché 定理知，$a_m(z - z_0)^m$ 与 $a_m(z - z_0)^m + ((z - z_0)^m g(z) - (w - w_0)) = f(z) - w$ 在 $\{|z - z_0| < \varepsilon\}$ 内零点个数相同，即 $f(z) - w$ 在 $\{|z - z_0| < \varepsilon\}$ 内恰有 m 个零点．

为证 $f(z) - w$ 在 $\{|z - z_0| < \varepsilon\}$ 内的 m 个零点互不相同（不妨设 $m > 1$），只须证每一个零点都是单零点即可，等价地，只须证 $f(z) - w$ 在所有零点的导数非零．此时 $f'(z_0) = 0$，因 $f(z)$ 非常值函数，从而 $f'(z)$ 不恒为零，特别 z_0 作为 $f'(z)$ 的零点是孤立的，故在选取 σ 时可同时要求 $f'(z) = (f(z) - w)'$ 在 $\{0 < |z - z_0| < \sigma\}$ 上恒不为零，于是 $f(z) - w$ 的一切零点都是单零点．证毕．

由定理 3.38 可立即推出关于解析函数的开映射定理．

定理 3.39 (开映射定理)　设函数 $f(z)$ 在区域 D 内解析且非常值，则 $f(z)$ 的值域也为区域．

证明　首先由于连通集在连续函数下的映像必定是连通集（参考文献 [4]），故只须证明 $f(z)$ 的值域为开集即可．事实上，对任何 $f(z)$ 的值域中的点 $w_0 = f(z_0)$，由于 $f(z)$ 非常值函数，故可设 z_0 为 $f(z) - w_0$ 的 m 重零点（$m \geqslant 1$）．根据定理 3.38，存在 w_0 的 δ-邻域 $B_\delta(w_0)$，使对任何 $w \in B_\delta(w_0)$，$f(z) - w$ 至少有 1

个零点,特别,δ-邻域 $B_\delta(w_0)$ 包含于 $f(z)$ 的值域中,即 w_0 为值域的内点. 由 w_0 的任意性知 $f(z)$ 的值域为开集. 证毕.

定理 3.38 可直观解释为,解析函数在 m 重零点的局部是 m 对 1 的映射,即 f 将 m 个互不相同的值映射为 1 个值,由此立即得到解析函数的反函数存在定理.

定理 3.40 (反函数存在定理) 设函数 $f(z)$ 在区域 D 内解析,z_0 为 D 内一点,$w_0 = f(z_0)$,则 $f(z)$ 在点 z_0 局部单叶解析(即存在 z_0 的某个邻域,使得 $f(z)$ 在该邻域内单叶解析)的充分必要条件是 $f'(z_0) \neq 0$.

证明 首先证明充分性. 因 $f'(z_0) \neq 0$,则 z_0 为函数 $f(z) - w_0$ 的单零点,从而根据定理 3.38,取定 z_0 的某个充分小的 ε-邻域 $B_\varepsilon(z_0)$,存在 w_0 的 δ-邻域 $B_\delta(w_0)$,使对任何 $w \in B_\delta(w_0)$,$f(z) - w$ 恰有 1 个零点,即 $f(z)$ 是 $B_\varepsilon(z_0)$ 到 $B_\delta(w_0)$ 上的一一映射,故 $f(z)$ 在点 z_0 局部单叶解析.

再证明必要性. 由 $f(z)$ 在 z_0 局部单叶解析,则存在 z_0 的邻域 U,使得函数 $f(z) - w$ 在 U 内至多只有 1 个零点. 显然 $f(z)$ 非常值函数,若 $f'(z_0) \neq 0$ 不成立,则 z_0 为函数 $f(z) - w_0$ 的 2 重以上零点,则根据定理 3.38,在 z_0 的任何充分小的 ε-邻域 $B_\varepsilon(z_0)$ 内,存在 w_0 的 δ-邻域 $B_\delta(w_0)$,使对一切 $w \in B_\delta(w_0)$,$f(z) - w$ 都至少有 2 个互不相同的零点,矛盾. 证毕.

注 3.15 定理 3.40 再次揭示了复可导函数与实可导函数的差别. 例如函数 $f(z) = z^3$,如果将定义域限制在实数范围内,虽然该函数在原点导数为零,但依然存在反函数. 然而当定义域扩充到复平面后,在原点的任何一个邻域内都不能定义该函数的反函数. 事实上,在原点的任何一个去心邻域内,f 是 3 对 1 的映射,任意模相同,幅角相差 $\dfrac{2\pi}{3}$ 的两个复数,经 f 作用后对应到同一个值.

习题 3

1. 求下列幂级数的收敛圆域.

   (1) $\displaystyle\sum_{k=1}^{\infty} \frac{1}{k}(z-\mathrm{i})^k$,　(2) $\displaystyle\sum_{k=1}^{\infty} \frac{z^k}{k^2 2^k}$,　(3) $\displaystyle\sum_{k=1}^{\infty} \frac{z^k}{k^k}$,　(4) $\displaystyle\sum_{k=1}^{\infty} \frac{k!}{k^k} z^k$.

2. 写出下列函数在 $z_0 = 0$ 的 Taylor 级数的前三个非零项,并指出收敛半径.

   (1) $\tan z$,　　(2) $\sin \dfrac{1}{1-z}$,　　(3) $\mathrm{e}^{\frac{1}{1-z}}$.

3. 求下列函数在给定点的 Taylor 级数，并指出收敛半径.

(1) $\dfrac{z-1}{z+1}$，$z_0 = 1$；   (2) $\sin z^2$，$z_0 = 0$；   (3) $\ln z$，$z_0 = i$；

(4) $\sqrt{z+1}$，其中根号函数取主值，$z_0 = 0$.

4. 求下列函数在指定点的去心邻域内的 Laurent 级数，并指出最大收敛环域.

(1) $\dfrac{1}{(z-2)(z+1)}$，$z_0 = 2$ 与 -1；(2) $\dfrac{1}{z^2(z-i)}$，$z_0 = 0$ 与 i；(3) $e^{\frac{1}{1-z}}$，$z_0 = 1$.

5. 求下列函数在指定点为中心的一切解析环域内的 Laurent 级数.

(1) $\dfrac{z}{(z-1)(z-2)}$，$z_0 = 0$；(2) $\dfrac{1}{z(z+2)^3}$，$z_0 = -2$；(3) $\dfrac{1}{z^2(z-1)}$，$z_0 = 1$.

6. 求下列函数在复平面上的所有奇点，并判断每个奇点的类型.

(1) $\dfrac{z^2}{(z+1)^3}$，   (2) $\dfrac{1}{\sin z}$，   (3) $\dfrac{1-\cos z}{z^2}$，   (4) $\cos\dfrac{1}{z}$，
(5) $ze^{-\frac{1}{z}}$，   (6) $\dfrac{\cos z}{z^4 + 8z^2 + 16}$，   (7) $z^3 \sin\dfrac{1}{z}$，   (8) $\dfrac{1}{e^z - 1} - \dfrac{1}{z}$.

7. 证明定理 3.20.

8. 求下列函数在无穷远点邻域内的 Laurent 级数，并由此判别无穷远点作为孤立奇点的类型.

(1) $\dfrac{z^2+1}{z-6}$，   (2) $z^2\sin\dfrac{1}{z}$，   (3) $\dfrac{1}{(z-1)(z-2)}$，   (4) $\dfrac{1}{z^2}e^z$.

9. 判别无穷远点是否是下列函数的孤立奇点？若是，判别孤立奇点的类型.

(1) $\dfrac{1}{\sin z}$，   (2) $\dfrac{1}{e^z - 1} - \dfrac{1}{z}$，   (3) $\dfrac{1}{1+\cos z}$，   (4) $\dfrac{z^2+4}{z}$，
(5) $\dfrac{1}{(z-1)(z-2)}$，   (6) $z^2\sin\dfrac{1}{z}$，   (7) $\dfrac{1}{z^2}e^z$，   (8) $e^z\cos z$.

10. 求下列函数在复平面上所有奇点处的留数，其中 n 为正整数.

(1) $\dfrac{1-\cos z}{z^2}$,　　(2) $\dfrac{z-\sin z}{z^3}$,　(3) $\dfrac{2z+3}{z^2-4}$,　(4) $\dfrac{e^z}{z^2+4}$,

(5) $\dfrac{z^2}{(z-2)(z^2+1)}$,　(6) $\cot z$,　(7) $e^z \tan z$,　(8) $\dfrac{1}{1+z^n}$,

(9) $\dfrac{z-3}{z^3+5z^2}$,　　(10) $\dfrac{1}{z(z+2)^3}$,　(11) $\dfrac{z^{2n}}{(z+1)^n}$,　(12) $\dfrac{1}{e^z z^n}$,

(13) $\dfrac{1}{z^2 \sin z}$,　　(14) $ze^{\frac{1}{(z-1)^2}}$,　(15) $(z-1)^2 \sin \dfrac{1}{z}$,　(16) $z^2 \cos \dfrac{1}{z-1}$.

11. 求下列函数在无穷远点的留数，其中 n 为正整数.

(1) $\dfrac{1}{1+z^{2n}}$,　　(2) $e^{\frac{1}{z}} \dfrac{z^n}{1+z}$.

12. 当无穷远点为函数 $f(z)$ 的可去奇点时，是否有 $\mathrm{Res}\,(f(z),\infty)=0$？为什么？

13. 证明定理 3.30.

14. 利用留数定理计算下列积分.

(1) $\displaystyle\int_{|z|=3} \dfrac{\mathrm{d}z}{(z^2+1)(z^2-4)}$,　　(2) $\displaystyle\int_{|z|=1} \sin \dfrac{1}{z}\,\mathrm{d}z$,

(3) $\displaystyle\int_C \dfrac{\mathrm{d}z}{(z-1)^2(z^2+1)}$,　$C=\{(x,y)\,|\,x^2+y^2=2(x+y)\}$,

(4) $\displaystyle\int_C \dfrac{z^n e^{\frac{1}{z}}}{1+z}\,\mathrm{d}z$,　n 为正整数，$C=\{|z|=\rho<1\}$.

15. 利用留数定理计算下列积分.

(1) $\displaystyle\int_0^{2\pi} \dfrac{\mathrm{d}x}{\dfrac{5}{4}+\sin x}$,　　(2) $\displaystyle\int_0^{2\pi} \dfrac{\mathrm{d}\theta}{a+\cos\theta}$　$(a>1)$,

(3) $\displaystyle\int_0^{2\pi} \dfrac{\mathrm{d}\theta}{a^2+\cos^2\theta}$　$(a>0)$,　(4) $\displaystyle\int_0^{2\pi} \dfrac{\mathrm{d}\theta}{1+a\sin\theta}$　$(0<a<1)$.

16. 利用留数定理计算下列积分.

(1) $\displaystyle\int_{-\infty}^{+\infty} \dfrac{\mathrm{d}x}{x^2-x+2}$,　　(2) $\displaystyle\int_0^{+\infty} \dfrac{x}{2x^4+5x^2+2}\,\mathrm{d}x$,

(3) $\displaystyle\int_0^{+\infty} \dfrac{\mathrm{d}x}{x^6+a^6}$　$(a>0)$,　(4) $\displaystyle\int_0^{+\infty} \dfrac{\mathrm{d}x}{(x^2+1)(x^2+4)}$.

17. 利用留数定理计算下列积分.

$$(1) \int_0^{+\infty} \frac{x \sin 2x}{x^2 + 4} \, dx , \qquad (2) \int_0^{+\infty} \frac{\cos 2\pi x}{x^4 + 4} \, dx ,$$

$$(3) \int_0^{+\infty} \frac{x \sin \pi x}{(x^2 + 1)^2} \, dx , \qquad (4) \int_0^{+\infty} \frac{\cos mx}{(x^2 + a^2)(x^2 + b^2)} \, dx \ (m > 0 , a > b > 0) .$$

18. 求方程 $z^8 - 4z^5 + z^2 - 1 = 0$ 在 $\{|z| < 1\}$ 内根的个数.

19. 求方程 $z^7 - 5z^4 + z^2 - 2 = 0$ 在 $\{1 < |z| < 2\}$ 内根的个数.

20. 考虑 Fibonacci[1]数列, $a_0 = a_1 = 1$, $a_{n+2} = a_{n+1} + a_n$ （n 为非负整数）. 定义 以 Fibonacci 数列为系数的幂级数 $f(z) = \sum\limits_{n=0}^{\infty} a_n z^n$ （称为 Fibonacci 数列的**生成 函数**或**母函数**）.

(1) 证明 $(1 - z - z^2)f(z) = 1$.

(2) 求 Fibonacci 数列的通项公式.

(3) 将 Fibonacci 数列的递推式改为一般的递推式 $a_{n+2} = p a_{n+1} + q a_n$, 这里 p , q 为复常数, 试求数列的通项公式.

21. 考虑取值为整数的独立的离散型随机变量 ξ 和 η , 设其概率分布分别为 $p_n = P(\{\xi = n\})$, $q_n = P(\{\eta = n\})$, 定义 $F_\xi(z) = \sum\limits_{n=-\infty}^{+\infty} p_n z^n$, $F_\eta(z) = \sum\limits_{n=-\infty}^{+\infty} q_n z^n$ （分 别称为随机变量 ξ 和 η 的**生成函数**或**母函数**）. 证明随机变量和 $(\xi + \eta)$ 的生 成函数 $F_{\xi+\eta}(z) = F_\xi(z) F_\eta(z)$.

22. （**Schwarz**[2]**引理**）设 $f(z)$ 为定义在单位圆域内的解析函数, 且满足 $f(0) = 0$, $|f(z)| \leqslant 1$. 定义 $F(z) = \dfrac{f(z)}{z}$ （当 $z \neq 0$ 时）, $F(0) = f'(0)$.

(1) 证明 $F(z)$ 在单位圆域内解析.

(2) 证明 $|f(z)| \leqslant |z|$ 且 $|f'(0)| \leqslant 1$. 进一步若对某个 $z \neq 0$ 成立 $|f(z)| = |z|$ 或 $|f'(0)| = 1$, 则必有 $f(z) = e^{i\theta} z$, 这里 θ 为实常数.

---

[1]Fibonacci (1175–1250), 斐波那契, 意大利数学家.
[2]全名为 Karl Hermann Amandus Schwarz (1843–1921), 施瓦兹, 德国数学家.

23. 设 $\dfrac{P(x)}{Q(x)} = \dfrac{a_0 x^n + a_1 x^{n-1} + \cdots + a_n}{b_0 x^m + b_1 x^{m-1} + \cdots + b_m}$ 为有理函数，$Q(x)$ 无实零点. 利用 $\dfrac{P(x)}{Q(x)}$ 在

下半平面奇点的留数，表示形如 $\displaystyle\int_{-\infty}^{+\infty} \dfrac{P(x)}{Q(x)} \, \mathrm{d}x$ 和 $\displaystyle\int_{-\infty}^{+\infty} \dfrac{P(x)}{Q(x)} \mathrm{e}^{-iax} \, \mathrm{d}x \, (a > 0)$ 的

积分的值，这里的有理函数满足使得广义积分收敛的条件.

24. 利用解析函数的唯一性定理证明关于三角函数的恒等式.

25. 设 $f(z)$ 在区域 D 内解析，$\varGamma$ 为 D 内的一条简单光滑闭曲线，a 为一复数，使

得对一切 $z \in \varGamma$，都有 $f(z) \neq a$. 记 $n(a) = \dfrac{1}{2\pi i} \displaystyle\int_{\varGamma} \dfrac{f'(z)}{f(z) - a} \, \mathrm{d}z$，称为 $f(z)$ 关

于 a 的**环绕数**.

(1) 证明 $n(a)$ 为整数.

(2) 将 $n(a)$ 看作关于 a 的函数，证明存在 a 的邻域 U，使得 $n(a)$ 在 U 内为常

值函数.（提示：先证明 $n(a)$ 连续，再利用 (1) 即可.）

第 4 章 积分变换

积分变换不仅是解决某些数学问题的重要手段，也是物理学、信息学的重要工具. 本章将介绍两种最常用的积分变换，解析函数理论在这两种积分变换的计算中起了重要作用.

4.1 Fourier 变换

对定义在 $[-l, l]$ 上的（或定义在 $(-\infty, +\infty)$ 上以 $2l$ 为周期的）连续函数 $f(x)$，经典的 Fourier[1] 级数理论指出，$f(x)$ 可以展开成如下形式的三角级数

$$f(x) = a_0 + \sum_{n=1}^{\infty} \left(a_n \cos \frac{n\pi x}{l} + b_n \sin \frac{n\pi x}{l} \right), \tag{4.1}$$

其中

$$a_0 = \frac{1}{2l} \int_{-l}^{l} f(x) \, \mathrm{d}x,$$

$$a_n = \frac{1}{l} \int_{-l}^{l} f(x) \cos \frac{n\pi x}{l} \, \mathrm{d}x,$$

$$b_n = \frac{1}{l} \int_{-l}^{l} f(x) \sin \frac{n\pi x}{l} \, \mathrm{d}x.$$

根据 Euler 公式将级数 (4.1) 中的三角函数写为复指数函数，便可得到下述形式

$$f(x) = \sum_{n=-\infty}^{+\infty} c_n \mathrm{e}^{\mathrm{i} \frac{n\pi x}{l}},$$

---

[1]全名为 Jean-Baptiste Joseph Fourier (1768–1830)，傅里叶，法国数学家、物理学家.

其中

$$c_n = \frac{1}{2l} \int_{-l}^{l} f(x) e^{-i\frac{n\pi x}{l}} \, dx \, . \tag{4.2}$$

本节将这种思想用于定义在 $(-\infty, +\infty)$ 上的函数，得到 Fourier 变换的概念.

4.1.1 Fourier 变换的定义

定义 4.1 对定义在 $(-\infty, +\infty)$ 上的函数 $f(x)$，称关于实变量 ω 的函数

$$\hat{f}(\omega) = \int_{-\infty}^{+\infty} f(x) e^{-i\omega x} \, dx \tag{4.3}$$

为 $f(x)$ 的 **Fourier 变换**，$\hat{f}(\omega)$ 称为 $f(x)$ 的**像函数**，$f(x)$ 称为 $\hat{f}(\omega)$ 的**原像函数**. $\hat{f}(\omega)$ 也记作 $\mathscr{F}(f(x))$.

注 4.1 Fourier 变换将函数 $f(x)$ 变换为 $\hat{f}(\omega)$，因此 Fourier 变换可看作函数到函数的映射. 一般地，通过积分实现的函数到函数的映射

$$f(t) \mapsto \int_{-\infty}^{+\infty} f(t) K(s, t) \, dt \tag{4.4}$$

统称为**积分变换**，$K(s, t)$ 称为该积分变换的**核函数**. 在 Fourier 变换中，核函数

$$K(x, \omega) = e^{-i\omega} \, .$$

注 4.2 Fourier 变换的定义式是一个广义积分，如果 $f(x)$ 在 $(-\infty, +\infty)$ 上绝对可积，即

$$\int_{-\infty}^{+\infty} |f(x)| \, dx < \infty \, ,$$

由于 $\max\left\{|\mathrm{Re}\, f(x) e^{-i\omega x}|, \, |\mathrm{Im}\, f(x) e^{-i\omega x}|\right\} \leqslant |f(x)|$，从而由比较判别法，$f(x) e^{-i\omega x}$ 在 $(-\infty, +\infty)$ 上可积，即 $f(x)$ 的 Fourier 变换 $\hat{f}(\omega)$ 在 $(-\infty, +\infty)$ 上处处有定义. 对一般的 $f(x)$，式 (4.3) 中的积分可能不收敛，因此 Fourier 变换并非对一切定义在 $(-\infty, +\infty)$ 上的实值函数都有定义.

例 4.1 计算 $f(x) = e^{-|x|}$ 的 Fourier 变换.

解 易知 $f(x)$ 为偶函数且绝对可积，故 $f(x)$ 的 Fourier 变换

$$\hat{f}(\omega) = \int_{-\infty}^{+\infty} e^{-|x|} (\cos \omega x - i \sin \omega x) \, dx = 2 \int_{0}^{+\infty} e^{-x} \cos \omega x \, dx = \frac{2}{1 + \omega^2} \, .$$

例 4.2 计算函数 $f(x) = e^{-x^2}$ 的 Fourier 变换.

解 易见 $f(x)$ 绝对可积且为偶函数，故 $f(x)$ 的 Fourier 变换

$$\hat{f}(\omega) = \int_{-\infty}^{+\infty} e^{-x^2} (\cos \omega x - i \sin \omega x)\, dx = 2 \int_{0}^{+\infty} e^{-x^2} \cos \omega x\, dx.$$

根据 Poisson 积分（例 3.50）的结果得到 $\hat{f}(\omega) = \sqrt{\pi} e^{-\frac{\omega^2}{4}}$．

例 4.3 计算

$$f(x) = \begin{cases} 1, & |x| < 1, \\ 0, & |x| \geqslant 1, \end{cases}$$

的 Fourier 变换．

解 易知 $f(x)$ 为偶函数且绝对可积，故 $f(x)$ 的 Fourier 变换

$$\hat{f}(\omega) = \int_{-1}^{1} \cos \omega x\, dx = 2 \int_{0}^{1} \cos \omega x\, dx = \begin{cases} \dfrac{2 \sin \omega}{\omega}, & \omega \neq 0, \\ 2, & \omega = 0. \end{cases}$$

注 4.3 可以证明，如果 $f(x)$ 绝对可积，则 $\hat{f}(\omega)$ 一致连续且 $\lim\limits_{\omega \to \infty} \hat{f}(\omega) = 0$（参考文献 [1] 和 [5]）．根据这一结论，在本题中可以只计算 $\omega \neq 0$ 时 $\hat{f}(\omega)$ 的表达式，$\hat{f}(0)$ 可以通过对 $\hat{f}(\omega)$ 在 0 点求极限得到．

例 4.4 计算函数

$$f(x) = \begin{cases} 1 + x, & -1 < x < 0, \\ 1 - x, & 0 < x < 1, \\ 0, & |x| > 1, \end{cases}$$

的 Fourier 变换．

解 显然 $f(x)$ 绝对可积，根据 Fourier 变换的定义，当 $\omega \neq 0$ 时，有

$$\hat{f}(\omega) = \int_{-\infty}^{+\infty} f(x) e^{-i\omega x}\, dx = \int_{-1}^{0} (1 + x) e^{-i\omega x}\, dx + \int_{0}^{1} (1 - x) e^{-i\omega x}\, dx$$

$$= \int_{0}^{1} (1 - x) e^{i\omega x}\, dx + \int_{0}^{1} (1 - x) e^{-i\omega x}\, dx = 2 \int_{0}^{1} (1 - x) \cos \omega x\, dx$$

$$= \frac{2}{\omega} (1 - x) \sin \omega x \Big|_{0}^{1} + \frac{2}{\omega} \int_{0}^{1} \sin \omega x\, dx = -\frac{2}{\omega^2} \cos \omega x \Big|_{0}^{1} = \frac{2}{\omega^2} (1 - \cos \omega).$$

特别，$\hat{f}(0) = \lim\limits_{\omega \to 0} \hat{f}(\omega) = 1$．

例 4.5 计算 $f(x) = \dfrac{x}{1 + x^2}$ 的 Fourier 变换．

解 虽然 $f(x)$ 不是绝对可积的，但 $f(x)$ 的 Fourier 变换可利用留数定理计算，当 $\omega < 0$ 时，利用式 (3.28) 可得 $f(x)$ 的 Fourier 变换为

$$\hat{f}(\omega) = \int_{-\infty}^{+\infty} \frac{x}{1+x^2} e^{-i\omega x} \, dx = 2\pi i \operatorname{Res}\left(\frac{z}{1+z^2} e^{-i\omega z}, i\right) = i\pi e^{\omega} ;$$

当 $\omega > 0$ 时，根据式 (3.31) 有 $\hat{f}(\omega) = \overline{\hat{f}(-\omega)} = -i\pi e^{-\omega}$ ；当 $\omega = 0$ 时，相应的广义积分不收敛，从而 $\hat{f}(0)$ 无定义. 综合三种情形，对一切 $\omega \neq 0$ ，有

$$\hat{f}(\omega) = -i\pi e^{-|\omega|} \operatorname{sgn}(\omega) ,$$

这里 $\operatorname{sgn}(\omega)$ 称为符号函数，其定义为

$$\operatorname{sgn}(\omega) = \begin{cases} 1, & \omega > 0, \\ 0, & \omega = 0, \\ -1, & \omega < 0. \end{cases}$$

注 4.4 除了本书中的定义方式外，Fourier 变换还有其他形式的定义，例如

$$\mathscr{F}(f(x)) = \int_{-\infty}^{+\infty} f(x) e^{-i \cdot 2\pi \omega x} \, dx ,$$

或

$$\mathscr{F}(f(x)) = \frac{1}{\sqrt{2\pi}} \int_{-\infty}^{+\infty} f(x) e^{-i\omega x} \, dx ,$$

如此得到的 Fourier 变换与之前的定义相差一个常系数，后续的定理也因此有所差异，因此在参阅其他文献时，一定要先搞清 Fourier 变换的定义式.

多元函数也可以定义 Fourier 变换，形式与一元函数的 Fourier 变换类似.

定义 4.2 对定义在 $\mathbf{R}^n$ 上的实变量函数 $f(\boldsymbol{x})$ ，这里 $\boldsymbol{x} = (x_1, x_2, \cdots, x_n)$ ，称

$$\hat{f}(\boldsymbol{\omega}) = \int_{\mathbf{R}^n} f(\boldsymbol{x}) e^{-i\boldsymbol{\omega} \cdot \boldsymbol{x}} \, dx_1 \cdots dx_n \tag{4.5}$$

为 $f(\boldsymbol{x})$ 的 **Fourier 变换**，这里 $\boldsymbol{\omega} = (\omega_1, \omega_2, \cdots, \omega_n)$ ，$\boldsymbol{\omega} \cdot \boldsymbol{x} = \omega_1 x_1 + \omega_2 x_2 + \cdots + \omega_n x_n$ 为 $\boldsymbol{\omega}$ 与 $\boldsymbol{x}$ 的欧氏内积.

对多元函数，还可以只对部分变量做 Fourier 变换（也称为**偏 Fourier 变换**），在后续的应用中，有相应的例子.

4.1.2 Fourier 变换的性质

从前面的例子可以看出，计算函数 $f(x)$ 的 Fourier 变换通常需要计算广义积

分，这通常是不容易的，因此为了得到更多函数的 Fourier 变换，需要研究 Fourier
变换的运算性质.

为了叙述简洁，以下总假定函数的 Fourier 变换有定义.

命题 4.1 (线性性质) $\mathscr{F}(\alpha f_1(x) + \beta f_2(x)) = \alpha \mathscr{F}(f_1(x)) + \beta \mathscr{F}(f_2(x))$.

这是积分的线性性质的直接推论.

命题 4.2 (平移性质) $\mathscr{F}(f(x \pm x_0)) = \mathrm{e}^{\pm \mathrm{i} x_0 \omega} \mathscr{F}(f(x))$.

证明 由 Fourier 变换的定义以及积分的变量替换公式可得

$$\mathscr{F}(f(x \pm x_0)) = \int_{-\infty}^{+\infty} f(x \pm x_0) \mathrm{e}^{-\mathrm{i}\omega x} \,\mathrm{d}x \x:\xrightarrow{x \pm x_0 \to x} \int_{-\infty}^{+\infty} f(x) \mathrm{e}^{-\mathrm{i}\omega(x \mp x_0)} \,\mathrm{d}x$$

$$= \mathrm{e}^{\pm \mathrm{i} x_0 \omega} \int_{-\infty}^{+\infty} f(x) \mathrm{e}^{-\mathrm{i}\omega x} \,\mathrm{d}x = \mathrm{e}^{\pm \mathrm{i} x_0 \omega} \mathscr{F}(f(x)).$$

命题 4.3 (位移性质) $\mathscr{F}(\mathrm{e}^{\mathrm{i}\alpha x} f(x)) = \hat{f}(\omega - \alpha)$.

证明 由 Fourier 变换的定义，得

$$\mathscr{F}(\mathrm{e}^{\mathrm{i}\alpha x} f(x)) = \int_{-\infty}^{+\infty} \mathrm{e}^{\mathrm{i}\alpha x} f(x) \mathrm{e}^{-\mathrm{i}\omega x} \mathrm{d}x = \int_{-\infty}^{+\infty} f(x) \mathrm{e}^{-\mathrm{i}(\omega - \alpha)x} \mathrm{d}x = \hat{f}(\omega - \alpha).$$

命题 4.4 (相似性质) 设 $\hat{f}(\omega) = \mathscr{F}(f(x))$，则 $\mathscr{F}(f(kx)) = \dfrac{1}{|k|} \hat{f}\left(\dfrac{\omega}{k}\right)$，这里 k 为
非零实数.

证明 由 Fourier 变换的定义以及积分的变量替换公式可得

$$\mathscr{F}(f(kx)) = \int_{-\infty}^{+\infty} f(kx) \mathrm{e}^{-\mathrm{i}\omega x} \,\mathrm{d}x \xrightarrow{kx \to x} \frac{1}{|k|} \int_{-\infty}^{+\infty} f(x) \mathrm{e}^{-\mathrm{i}\omega \cdot \frac{x}{k}} \,\mathrm{d}x$$

$$= \frac{1}{|k|} \int_{-\infty}^{+\infty} f(x) \mathrm{e}^{-\mathrm{i}\frac{\omega}{k} x} \,\mathrm{d}x = \frac{1}{|k|} \hat{f}\left(\frac{\omega}{k}\right).$$

注意，当 $k < 0$ 时，变量替换后积分上下限会颠倒，因此需在 k 上加绝对值.

命题 4.5 (乘多项式) 设 $f(x)$ 和 $xf(x)$ 都绝对可积，则 $\mathscr{F}(xf(x)) = \mathrm{i}\hat{f}'(\omega)$.

证明 对 $\hat{f}(\omega)$ 的定义式两边关于 ω 求导并交换求导与积分的次序，得

$$\hat{f}'(\omega) = \frac{\mathrm{d}}{\mathrm{d}\omega} \int_{-\infty}^{+\infty} f(x) \mathrm{e}^{-\mathrm{i}\omega x} \,\mathrm{d}x = \int_{-\infty}^{+\infty} f(x) \frac{\mathrm{d}}{\mathrm{d}\omega} \mathrm{e}^{-\mathrm{i}\omega x} \,\mathrm{d}x$$

$$= \int_{-\infty}^{+\infty} f(x) \cdot (-\mathrm{i}x) \mathrm{e}^{-\mathrm{i}\omega x} \,\mathrm{d}x = -\mathrm{i} \int_{-\infty}^{+\infty} xf(x) \mathrm{e}^{-\mathrm{i}\omega x} \,\mathrm{d}x = -\mathrm{i}\mathscr{F}(xf(x)),$$

两边同乘 i 即得结论. 证毕.

例 4.6 计算 $f(x) = \dfrac{1}{x^2 + 2x + 2}$ 的 Fourier 变换.

解 记 $g(x) = \dfrac{1}{x^2 + 1}$，则 $f(x) = \dfrac{1}{(x+1)^2 + 1} = g(x+1)$. 根据 Laplace 积分的结果（例 3.47），当 $\omega < 0$ 时，

$$\hat{g}(\omega) = \int_{-\infty}^{+\infty} \frac{\mathrm{e}^{-\mathrm{i}\omega x}}{x^2 + 1} \, \mathrm{d}x = \pi \mathrm{e}^{\omega} \, ,$$

当 $\omega > 0$ 时，$\hat{g}(\omega) = \overline{\hat{g}(-\omega)} = \pi \mathrm{e}^{-\omega}$，于是有 $\hat{g}(\omega) = \pi \mathrm{e}^{-|\omega|}$. 从而根据平移性质，

$$\hat{f}(\omega) = \mathrm{e}^{\mathrm{i} \cdot 1 \cdot \omega} \hat{g}(\omega) = \pi \mathrm{e}^{-|\omega| + \mathrm{i}\omega} \, .$$

例 4.7 计算函数 $f(x) = \mathrm{e}^{-Ax^2}$ 的 Fourier 变换，这里 $A > 0$ 为常数.

解 记 $g(x) = \mathrm{e}^{-x^2}$，则 $f(x) = g(\sqrt{A}x)$，从而根据相似性质以及例 4.2 得

$$\hat{f}(\omega) = \frac{1}{\sqrt{A}} \hat{g}\left(\frac{\omega}{\sqrt{A}}\right) = \sqrt{\frac{\pi}{A}} \mathrm{e}^{-\frac{\omega^2}{4A}} \, .$$

命题 4.6 (导数性质) 设 $f(x)$ 和 $f'(x)$ 都绝对可积，则

$$\mathscr{F}(f'(x)) = \mathrm{i}\omega \mathscr{F}(f(x)) \, .$$

证明 由 $f(x)$ 及 $f'(x)$ 绝对可积，可以证明 $\lim\limits_{x\to\infty} f(x) = 0$. 由 Fourier 变换的定义以及分部积分公式可得

$$\mathscr{F}(f'(x)) = \int_{-\infty}^{+\infty} f'(x)\mathrm{e}^{-\mathrm{i}\omega x} \, \mathrm{d}x = f(x)\mathrm{e}^{-\mathrm{i}\omega x}\Big|_{-\infty}^{+\infty} + \mathrm{i}\omega \int_{-\infty}^{+\infty} f(x)\mathrm{e}^{-\mathrm{i}\omega x} \, \mathrm{d}x = \mathrm{i}\omega \mathscr{F}(f(x)) \, .$$

一个函数与其导数之间不存在统一的代数关系，而导数性质指出，函数的 Fourier 变换和其导数的 Fourier 变换之间存在非常简单的代数关系，于是导数性质对求解微分方程有重要应用.

命题 4.7 (积分性质) $\mathscr{F}\left(\displaystyle\int_{-\infty}^{x} f(y) \, \mathrm{d}y\right) = \dfrac{1}{\mathrm{i}\omega} \mathscr{F}(f(x))$.

证明 因为 $\dfrac{\mathrm{d}}{\mathrm{d}x}\left(\displaystyle\int_{-\infty}^{x} f(y) \, \mathrm{d}y\right) = f(x)$，于是根据导数性质

$$\mathscr{F}(f(x)) = \mathscr{F}\left(\frac{\mathrm{d}}{\mathrm{d}x}\left(\int_{-\infty}^{x} f(y) \, \mathrm{d}y\right)\right) = \mathrm{i}\omega \mathscr{F}\left(\int_{-\infty}^{x} f(y) \, \mathrm{d}y\right) \, ,$$

从而

$$\mathscr{F}\left(\int_{-\infty}^{x} f(y) \, \mathrm{d}y\right) = \frac{1}{\mathrm{i}\omega} \mathscr{F}(f(x)) \, .$$

定义 4.3 设 $f_1(x)$ 与 $f_2(x)$ 均绝对可积，则函数 $f_1 * f_2(x) = \displaystyle\int_{-\infty}^{+\infty} f_1(x-y)f_2(y)\,\mathrm{d}y$

称为 $f_1(x)$ 与 $f_2(x)$ 的**卷积**.

易证卷积运算满足交换律，即 $f_1 * f_2 = f_2 * f_1$.

Fourier 变换关于卷积运算有以下结论.

命题 4.8（**卷积性质**） 设 $f_1(x)$，$f_2(x)$ 均绝对可积，则 $f_1(x)$ 与 $f_2(x)$ 的卷积 $f_1 *$ $f_2(x)$ 也绝对可积，且

$$\mathscr{F}(f_1 * f_2) = \mathscr{F}(f_1)\mathscr{F}(f_2) .$$

即卷积的 Fourier 变换等于 Fourier 变换的乘积.

证明 根据定义并交换累次积分的次序，得

$$\int_{-\infty}^{+\infty} |f_1 * f_2(x)|\,\mathrm{d}x$$

$$= \int_{-\infty}^{+\infty} \left| \int_{-\infty}^{+\infty} f_1(x-y)f_2(y)\,\mathrm{d}y \right|\mathrm{d}x \leqslant \int_{-\infty}^{+\infty}\mathrm{d}x \int_{-\infty}^{+\infty} |f_1(x-y)f_2(y)|\,\mathrm{d}y$$

$$= \int_{-\infty}^{+\infty}\mathrm{d}y \int_{-\infty}^{+\infty} |f_1(x-y)f_2(y)|\,\mathrm{d}x = \int_{-\infty}^{+\infty}\mathrm{d}y \int_{-\infty}^{+\infty} |f_1(x)f_2(y)|\,\mathrm{d}x$$

$$= \int_{-\infty}^{+\infty} |f_2(y)|\,\mathrm{d}y \int_{-\infty}^{+\infty} |f_1(x)|\,\mathrm{d}x < +\infty ,$$

故卷积函数 $f_1 * f_2(x)$ 绝对可积. 再根据累次积分的积分次序可交换，得

$$\mathscr{F}(f_1 * f_2) = \int_{-\infty}^{+\infty} (f_1 * f_2)(x)\mathrm{e}^{-\mathrm{i}\omega x}\,\mathrm{d}x = \int_{-\infty}^{+\infty}\int_{-\infty}^{+\infty} f_1(x-y)f_2(y)\,\mathrm{e}^{-\mathrm{i}\omega x}\,\mathrm{d}y\,\mathrm{d}x$$

$$= \int_{-\infty}^{+\infty}\left(\int_{-\infty}^{+\infty} f_1(x-y)\,\mathrm{e}^{-\mathrm{i}\omega x}\,\mathrm{d}x \right)f_2(y)\,\mathrm{d}y = \int_{-\infty}^{+\infty} \mathscr{F}(f_1(x))\mathrm{e}^{-\mathrm{i}\omega y}f_2(y)\,\mathrm{d}y$$

$$= \mathscr{F}(f_1(x))\left(\int_{-\infty}^{+\infty} f_2(y)\,\mathrm{e}^{-\mathrm{i}\omega y}\,\mathrm{d}y \right) = \mathscr{F}(f_1(x))\mathscr{F}(f_2(x)) .$$

注 4.5 一般情形下，交换累次积分的次序需要条件. 可以证明，当被积函数非负或绝对可积时，累次积分次序可交换且等同于重积分，这一结论称为 Fu-bini[1]定理（参考文献 [8]）.

多元函数的 Fourier 变换的性质是类似的，读者可自行推导.

---

[1]全名为 Guido Fubini (1879–1943)，富比尼，意大利数学家.

4.1.3 Fourier 逆变换

当函数具有较好的连续可微性时，Fourier 变换是可逆的.

定义 4.4 对定义在 $(-\infty, +\infty)$ 上的函数 $f(\omega)$，定义

$$\check{f}(x) = \frac{1}{2\pi} \lim_{N \to +\infty} \int_{-N}^{N} f(\omega) \mathrm{e}^{\mathrm{i}\omega x} \, \mathrm{d}\omega \, ,$$

$\check{f}(x)$ 称为 $f(\omega)$ 的 **Fourier 逆变换**，$\check{f}(x)$ 也记为 $\mathscr{F}^{-1}(f(\omega))$.

注 4.6 Fourier 逆变换定义式右端的积分极限称为广义积分的 **Cauchy 主值**，简记作 $\mathrm{P.\,V.} \int_{-\infty}^{+\infty} f(\omega) \mathrm{e}^{\mathrm{i}\omega x} \, \mathrm{d}\omega$. Cauchy 主值与广义积分不完全等同，其差别是：对广义积分，上下限独立地趋于正负无穷大，而对 Cauchy 主值，上下限同步地趋于正负无穷大. 于是，当广义积分收敛时，广义积分等同于 Cauchy 主值，当广义积分发散时，Cauchy 主值有可能存在，例如广义积分 $\int_{-\infty}^{+\infty} \omega \, \mathrm{d}\omega$ 发散，但 Cauchy 主值为零.

Fourier 逆变换与 Fourier 变换的关系，可由下面的对称性质刻画.

命题 4.9 (对称性质) $\mathscr{F}^{-1}(f(\omega)) = \dfrac{1}{2\pi} \hat{f}(-x)$.

利用对称性之，可将 Fourier 变换的基本性质推广到 Fourier 逆变换，推导留作习题.

例 4.8 计算函数 $f(\omega) = \mathrm{e}^{-A\omega^2}$ 的 Fourier 逆变换，这里 $A > 0$.

解 根据对称性质以及例 4.7 得

$$\check{f}(x) = \frac{1}{2\pi} \hat{f}(-x) = \frac{1}{2\sqrt{\pi A}} \mathrm{e}^{-\frac{x^2}{4A}} \, .$$

关于 Fourier 变换与逆变换的关系，还有如下重要结论.

定理 4.10 (反演定理) 若函数 $f(x)$ 绝对可积且连续可导，则 $\mathscr{F}^{-1}(\mathscr{F}(f(x))) = f(x)$.

Fourier 变换的反演定理与 Fourier 级数的基本定理十分相似，事实上，Fourier 变换与 Fourier 级数存在密切的联系. 根据高等数学课程中有关 Fourier 级数的知识可知，当 $f(x)$ 连续可导时，

$$f(x) = \sum_{n=-\infty}^{+\infty} c_n \mathrm{e}^{\mathrm{i}\frac{n\pi x}{l}} \, , \tag{4.6}$$

其中

$$c_n = \frac{1}{2l} \int_{-l}^{l} f(t) \mathrm{e}^{-\mathrm{i}\frac{n\pi t}{l}} \, \mathrm{d}t \,.$$

对定义在 $(-\infty, +\infty)$ 上的 $f(x)$，当 $f(x)$ 绝对可积时，可认为 $f(x)$ 在 $[-l, l]$ 以外对积分的贡献很小，于是

$$c_n \approx \frac{1}{2l} \int_{-\infty}^{+\infty} f(t) \mathrm{e}^{-\mathrm{i}\frac{n\pi t}{l}} \, \mathrm{d}t = \frac{1}{2l} \hat{f}\left(\frac{n\pi}{l}\right) . \tag{4.7}$$

可以想象，l 越大，上述近似程度越高. 将式 (4.7) 代入式 (4.6)，得

$$f(x) \approx \sum_{n=-\infty}^{+\infty} \frac{1}{2l} \hat{f}\left(\frac{n\pi}{l}\right) \mathrm{e}^{\mathrm{i}\frac{n\pi x}{l}} = \frac{1}{2\pi} \sum_{n=-\infty}^{+\infty} \frac{\pi}{l} \hat{f}\left(\frac{n\pi}{l}\right) \mathrm{e}^{\mathrm{i}\frac{n\pi x}{l}} ,$$

该式右端相当于函数 $\hat{f}(\omega)\mathrm{e}^{\mathrm{i}\omega x}$ 关于将 $(-\infty, +\infty)$ 等分为无穷多个长度为 $\dfrac{\pi}{l}$ 的区间，对应的 Riemann 积分和，于是当 $l \to +\infty$ 时，右端的极限应为

$$\frac{1}{2\pi} \int_{-\infty}^{+\infty} \hat{f}(\omega) \mathrm{e}^{\mathrm{i}\omega x} \, \mathrm{d}\omega = \mathscr{F}^{-1}\left(\hat{f}(\omega)\right) = \mathscr{F}^{-1}\left(\mathscr{F}(f(x))\right) .$$

这恰好就是 Fourier 变换的反演定理. 上面的叙述虽然不够严格，但基本体现了证明的思想. 反演定理的严格证明可参考 [5].

注 4.7 反演定理刻画了 Fourier 变换的物理意义. 即任一波函数 $f(x)$ 可以分解为简谐波 $\mathrm{e}^{\mathrm{i}\omega x}$ 的叠加，$\hat{f}(\omega)$ 恰好是频率为 ω 的简谐波的复振幅，在物理学中，也将 $\hat{f}(\omega)$ 称为波函数 $f(x)$ 的**频谱**.

反演定理中，函数连续可导的要求的可以适当放宽.

例 4.9 求 $f(t) = \mathrm{e}^{-\beta|t|}$ $(\beta > 0)$ 的 Fourier 变换 $\hat{f}(\omega)$，并验证 $f(t) = \mathscr{F}^{-1}(\hat{f}(\omega))$，进而 $\displaystyle\int_{0}^{+\infty} \frac{\cos \omega t}{\beta^2 + \omega^2} \, \mathrm{d}\omega = \frac{\pi}{2\beta} \mathrm{e}^{-\beta|t|}$.

解 由定义知，

$$\hat{f}(\omega) = \int_{-\infty}^{+\infty} \mathrm{e}^{-\beta|t|} \mathrm{e}^{-\mathrm{i}\omega t} \, \mathrm{d}t = \int_{0}^{+\infty} \mathrm{e}^{-\beta t} \mathrm{e}^{-\mathrm{i}\omega t} \, \mathrm{d}t + \int_{-\infty}^{0} \mathrm{e}^{\beta t} \mathrm{e}^{-\mathrm{i}\omega t} \, \mathrm{d}t$$

$$= \int_{0}^{+\infty} \mathrm{e}^{-(\beta+\mathrm{i}\omega)t} \, \mathrm{d}t + \int_{0}^{+\infty} \mathrm{e}^{-(\beta-\mathrm{i}\omega)t} \, \mathrm{d}t = \frac{1}{\beta + \mathrm{i}\omega} + \frac{1}{\beta - \mathrm{i}\omega} = \frac{2\beta}{\beta^2 + \omega^2} \,.$$

利用留数定理直接计算，有

$$\mathscr{F}^{-1}(\hat{f}(\omega)) = \int_{-\infty}^{+\infty} \hat{f}(\omega) \mathrm{e}^{\mathrm{i}\omega t} \, \mathrm{d}\omega = \frac{1}{2\pi} \int_{-\infty}^{+\infty} \frac{2\beta}{\beta^2 + \omega^2} \mathrm{e}^{\mathrm{i}\omega t} \, \mathrm{d}\omega = \mathrm{e}^{-\beta|t|} \,.$$

另一方面,

$$\frac{1}{2\pi} \int_{-\infty}^{+\infty} \frac{2\beta}{\beta^2 + \omega^2} e^{i\omega t} \, d\omega = \frac{2\beta}{\pi} \int_{0}^{+\infty} \frac{\cos \omega t}{\beta^2 + \omega^2} \, d\omega \, .$$

从而

$$\int_{0}^{+\infty} \frac{\cos \omega t}{\beta^2 + \omega^2} \, d\omega = \frac{\pi}{2\beta} e^{-\beta|t|} \, .$$

本例中的函数在 0 点不可导,但反演定理的结果对本例依然成立但当反演定理中的函数不连续时,结论需要修正.

例 4.10 设 $\beta > 0$,求函数

$$f(t) = \begin{cases} 0, & t < 0, \\ e^{-\beta t}, & t \geqslant 0, \end{cases}$$

的 Fourier 变换 $\hat{f}(\omega)$,并计算 $\mathscr{F}^{-1}(\hat{f}(\omega))$,进而得到

$$\int_{0}^{+\infty} \frac{\beta \cos \omega t + \omega \sin \omega t}{\beta^2 + \omega^2} \, d\omega = \begin{cases} 0, & t < 0, \\ \dfrac{\pi}{2}, & t = 0, \\ \pi e^{-\beta t}, & t > 0. \end{cases}$$

解 根据 Fourier 变换的定义有

$$\hat{f}(\omega) = \int_{0}^{+\infty} e^{-\beta t} e^{-i\omega t} \, dt = \int_{0}^{+\infty} e^{-(\beta + i\omega)t} \, dt = \frac{1}{\beta + i\omega} = \frac{\beta - i\omega}{\beta^2 + \omega^2} \, .$$

根据 Fourier 逆变换的定义并注意到三角函数的奇偶性,可得

$$\mathscr{F}^{-1}(\hat{f}(\omega)) = \frac{1}{2\pi} \int_{-\infty}^{+\infty} \hat{f}(\omega) e^{i\omega t} \, d\omega = \frac{1}{2\pi} \int_{-\infty}^{+\infty} \frac{e^{i\omega t}}{\beta + i\omega} \, d\omega$$

$$= \frac{1}{2\pi} \int_{-\infty}^{+\infty} \frac{\beta \cos \omega t + \omega \sin \omega t}{\beta^2 + \omega^2} \, d\omega = \frac{1}{\pi} \int_{0}^{+\infty} \frac{\beta \cos \omega t + \omega \sin \omega t}{\beta^2 + \omega^2} \, d\omega \, .$$

直接计算,得

$$\frac{1}{2\pi} \int_{-\infty}^{+\infty} \frac{e^{i\omega t}}{\beta + i\omega} \, d\omega = \begin{cases} 0, & t < 0, \\ \dfrac{1}{2}, & t = 0, \\ e^{-\beta t}, & t > 0. \end{cases}$$

证毕.

本例中的函数在 0 点不连续,对该函数做 Fourier 变换,再做逆变换,0 点的取值变为了原函数在 0 点左右极限的平均值.

对多元函数的 Fourier 逆变换，定义是类似的.

定义 4.5　对定义在 $\mathbf{R}^n$ 上的实变量函数 $f(\boldsymbol{\omega})$，称

$$\check{f}(\boldsymbol{x}) = \left(\frac{1}{2\pi}\right)^n \lim_{N \to +\infty} \int_{-N}^{N} \cdots \int_{-N}^{N} f(\boldsymbol{\omega})\, \mathrm{e}^{\mathrm{i}\boldsymbol{\omega}\cdot\boldsymbol{x}}\, \mathrm{d}\omega_1 \cdots \mathrm{d}\omega_n \tag{4.8}$$

为 $f(\boldsymbol{\omega})$ 的 **Fourier 逆变换**.

多元函数 Fourier 逆变换的性质与一元情形类似，不再赘述.

4.2　Dirac-Delta 函数与广义函数

在物理学中，许多物理现象具有脉冲性质，研究此类问题就会涉及脉冲函数. 对脉冲函数的研究，直接推动了广义函数理论的发展，本节将介绍以 Dirac-Delta 函数为代表的广义函数.

4.2.1　Dirac-Delta 函数

考虑在电流为零的电路中，零时刻进入一瞬时单位电量的脉冲. 以 $q(t)$ 表示 t 时刻通过该电路的总电量，则

$$q(t) = \begin{cases} 0, & t \neq 0, \\ 1, & t = 0. \end{cases}$$

记 $j(t)$ 为电路上的电流强度函数，则 $j(t)$ 为 $q(t)$ 关于时间的变化率，即

$$j(t) = \frac{\mathrm{d}q(t)}{\mathrm{d}t} = \lim_{\Delta t \to 0} \frac{q(t + \Delta t) - q(t)}{\Delta t},$$

所以当 $t \neq 0$ 时，$j(t) = 0$；当 $t = 0$ 时，

$$j(0) = \lim_{\Delta t \to 0} \frac{q(0 + \Delta t) - q(0)}{\Delta t} = \lim_{\Delta t \to 0} \left(-\frac{1}{\Delta t}\right) = \infty.$$

物理学家 Dirac[1] 把上述 $j(t)$ 记为 $\delta(t)$，历史上将这个函数称为 **Dirac-Delta 函数**，简称 **δ-函数**，工程上，也将 δ-函数称为**单位脉冲函数**.

单位脉冲函数的另一种等价刻画方式是，假定在时间段 $[0, \varepsilon]$ 内，电路中有

---

[1] 全名为 Paul Adrien Maurice Dirac (1902–1984)，狄拉克，英国物理学家.

恒定电流通过，流经电路的总电量为 1，则电流强度函数就是

$$\delta_\varepsilon(t) = \begin{cases} 0, & t < 0 \,\text{或}\, t > \varepsilon, \\ \dfrac{1}{\varepsilon}, & 0 \leqslant t \leqslant \varepsilon, \end{cases}$$

于是瞬时单位电量的脉冲对应的电流强度即为 $\delta(t) = \lim\limits_{\varepsilon \to 0^+} \delta_\varepsilon(t)$.

现考虑电流函数对时间积分，该积分应为整个电路中通过的总电量，即

$$\int_{-\infty}^{+\infty} j(t)\,\mathrm{d}t = 1. \tag{4.9}$$

然而在数学上，根据 Lebesgue 积分的定义（参考文献 [8]），$j(t)$ 在整个实数轴上的积分应当为零（$j(0)$ 对积分没有贡献），因此，Dirac-Delta 函数的原始定义与数学理论存在矛盾。直到 1935–1940 年，Sobolev[1] 和 Schwartz[2] 分别独立地提出了一套理论，对 Dirac-Delta 函数给出了一个合理的解释后，以 Dirac-Delta 函数为代表的广义函数终于被数学家所接受。

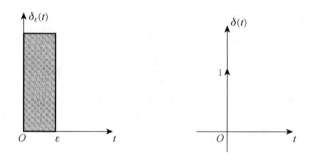

图 4.1

在上述理论体系中，δ-函数分别被称为一个**广义函数**或**分布**，与通常意义下的函数不同，广义函数不能理解为一种值对应关系，谈论广义函数在某一点的函数值没有意义，特别，δ-函数不是通常意义下的函数（虽然出于历史的原因，仍称它为"函数"，并且写作函数的形式），不能将 $\delta(t)$ 等同于 $j(t)$。工程类学科习惯将 δ-函数用一个长度等于 1 的有向线段来表示，这个线段的长度表示 δ-函数的积分，叫作 δ-函数的**强度**（图 4.1）。

---

[1] 全名为 Sergei Lvovich Sobolev (1908–1989)，索伯列夫，前苏联数学家.

[2] 全名为 Laurent-Moïse Schwartz (1915–2002)，施瓦尔茨，法国数学家.

4.2.2 试验函数与弱极限

为给出广义函数的严格定义, 需要重新解读 δ–函数的积分, 以及 $\delta_\varepsilon(t)$ 在 $\varepsilon \to 0^+$ 时, 极限的意义. 为此, 先引进试验函数的概念.

定义 4.6 定义在 $(-\infty, +\infty)$ 上的无穷阶可导函数 (也称为光滑函数) $\varphi(t)$, 全体光滑函数组成的集合构成线性空间, 记作 $\mathscr{E}$. 若进一步满足 $\{t : \varphi(t) \neq 0\}$ 为有界集, 则称 $\varphi(t)$ 具有**紧支集**. 全体具有紧支集的光滑函数组成的集合构成线性空间, 记作 $\mathscr{D}$. $\mathscr{E}$ 和 $\mathscr{D}$ 均称为**基本函数空间**, 其中的函数称为**试验函数**.

所谓 δ-函数的 "积分", 不是真正的积分, 其定义为

$$\int_{-\infty}^{+\infty} \delta(t)\varphi(t)\,\mathrm{d}t = \varphi(0)\,, \tag{4.10}$$

这里 $\varphi(t)$ 为试验函数[1]. 特别

$$\int_{-\infty}^{+\infty} \delta(t)\,\mathrm{d}t = 1\,.$$

可理解为令 $\varphi(t) = 1$ 时的特例[2].

δ-函数为 $\delta_\varepsilon(t)$ 在 $\varepsilon \to 0^+$ 时的极限, 是指对一切试验函数 $\varphi(t)$, 有

$$\int_{-\infty}^{+\infty} \delta(t)\varphi(t)\,\mathrm{d}t = \lim_{\varepsilon \to 0^+} \int_{-\infty}^{+\infty} \delta_\varepsilon(t)\varphi(t)\,\mathrm{d}t\,. \tag{4.11}$$

这种极限在数学上称为广义函数的**弱极限**. 事实上, 根据积分中值定理,

$$\int_{-\infty}^{+\infty} \delta_\varepsilon(t)\varphi(t)\,\mathrm{d}t = \frac{1}{\varepsilon} \int_0^\varepsilon \varphi(t)\,\mathrm{d}t = \varphi(\theta\varepsilon)\,,$$

这里 $0 < \theta < 1$, 从而当 $\varepsilon \to 0^+$ 时,

$$\lim_{\varepsilon \to 0^+} \varphi(\theta\varepsilon) = \varphi(0)\,.$$

这就证明了式 (4.11).

通过弱极限描述 δ-函数的方式不是唯一的.

例 4.11 证明: $\delta(t)$ 函数可看作 $f(\beta, t) = \dfrac{2}{\pi} \dfrac{\beta}{\beta^2 + t^2}$ 当 $\beta \to 0^+$ 时的弱极限.

证明 依照广义函数弱极限的定义, 须证明, 对一切试验函数 $\varphi(t)$, 有

$$\lim_{\beta \to 0^+} \int_{-\infty}^{+\infty} f(\beta, t)\varphi(t)\,\mathrm{d}t = \pi\varphi(0)\,. \tag{4.12}$$

---

[1] 此时基本函数空间取为 $\mathscr{E}$ 和 $\mathscr{D}$ 都可以.

[2] 常值函数只能看作 $\mathscr{E}$ 中的试验函数, 因为常值函数不具有紧支集.

事实上，利用分部积分得

$$\int_{-\infty}^{+\infty} \frac{\beta\varphi(t)}{\beta^2 + t^2} \, \mathrm{d}t = \varphi(t) \arctan \frac{t}{\beta} \Big|_{t=-\infty}^{t=+\infty} - \int_{-\infty}^{+\infty} \varphi'(t) \arctan \frac{t}{\beta} \, \mathrm{d}t$$

$$= - \int_{-\infty}^{+\infty} \varphi'(t) \arctan \frac{t}{\beta} \, \mathrm{d}t \,,$$

注意到 $\left| \varphi'(t) \arctan \dfrac{t}{\beta} \right| \leqslant \dfrac{\pi}{2} |\varphi'(t)|$，从而由控制收敛定理得

$$\lim_{\beta \to 0^+} \int_{-\infty}^{+\infty} \frac{\beta\varphi(t)}{\beta^2 + t^2} \, \mathrm{d}t = - \int_{-\infty}^{+\infty} \varphi'(t) \lim_{\beta \to 0^+} \arctan \frac{t}{\beta} \, \mathrm{d}t$$

$$= -\frac{\pi}{2} \int_0^{+\infty} \varphi'(t) \, \mathrm{d}t + \frac{\pi}{2} \int_{-\infty}^0 \varphi'(t) \, \mathrm{d}t = \pi\varphi(0) \,.$$

证毕.

注 4.8 在本题中，不能对式 (4.12) 交换极限与积分的次序，因为 $f(\beta, t)$ 在 $(0,0)$ 点不连续，不满足极限与积分交换次序的定理条件.

注 4.9 计算弱极限，不能简单按照函数值的极限来计算. 本题如按照函数值的极限简单计算，会得到 $f(\beta, t) \to \dfrac{2}{\pi t^2}$ 的错误结果.

由于 δ-函数的形式积分可表示为试验函数与 $\delta_\varepsilon(t)$ 乘积积分的极限，故经典积分中的积分换元公式对关于 δ-函数的形式积分仍然适用.

例 4.12 证明 $\delta * f = \displaystyle\int_{-\infty}^{+\infty} \delta(x - t) f(t) \, \mathrm{d}t = f(x)$，其中 $f(t)$ 为连续函数.

证明 根据积分变量替换公式，并利用式 (4.10) 得

$$\int_{-\infty}^{+\infty} \delta(x - t) f(t) \, \mathrm{d}t \xrightarrow{x - t \to t} \int_{-\infty}^{+\infty} \delta(t) f(x - t) \, \mathrm{d}t = f(x - t)|_{t=0} = f(x) \,.$$

一般地，试验函数空间到复数域的连续线性映射称为一个**广义函数**. 物理学家习惯上将这一映射表示为形式积分

$$f(t) : \varphi(t) \mapsto \int_{-\infty}^{+\infty} f(t)\varphi(t) \, \mathrm{d}t. \tag{4.13}$$

该形式积分应满足线性性质，即对任意的 $\varphi_1, \varphi_2 \in \mathscr{D}$，以及 $k_1, k_2 \in \mathbf{R}$，有

$$\int_{-\infty}^{+\infty} f(t)(k_1\varphi_1(t) + k_2\varphi_2(t)) \, \mathrm{d}t = k_1 \int_{-\infty}^{+\infty} f(t)\varphi_1(t) \, \mathrm{d}t + k_2 \int_{-\infty}^{+\infty} f(t)\varphi_2(t) \, \mathrm{d}t, \tag{4.14}$$

此外还应满足连续性条件，因涉及到试验函数空间的拓扑，这里不做展开，有兴

趣的读者可参考文献 [1] 和 [5].

定义一个广义函数 $f(t)$，只需要给出对一切试验函数 $\varphi(t)$，(4.13) 中形式积分的值就可以了. 对形式积分是否满足线性和连续性条件，读者可以这样粗略地判断：如果形式积分是像 δ-函数那样通过弱极限定义的，或者通过关于其他已知的广义函数与试验函数乘积的形式积分定义的，那么这个定义就满足线性和连续性条件，相应的 $f(t)$ 就可以视为广义函数.

下面的定理指出，相当多的通常意义下的函数，可按映射 (4.13) 的方式视为广义函数.

定理 4.11　定义在 $(-\infty, +\infty)$ 上的函数 $f(t)$，若对任何有限区间 $[a, b]$，都有
$$\int_a^b |f(t)|\,\mathrm{d}t < +\infty,$$
则 $f(t)$ 可按照式 (4.13) 的方式视为广义函数，这样的 $f(t)$ 称为**局部可积函数**.

证明　任取试验函数 $\varphi(t)$，因 $\{t : \varphi(t) \neq 0\}$ 为有界集，故存在有限区间 $[a, b]$，使得 $\{t : \varphi(t) \neq 0\} \subset [a, b]$，从而 $\varphi(t)$ 在 $[a, b]$ 上有界，故可设 $|\varphi(t)| < M$. 从而由比较判别法知，
$$\int_{-\infty}^{+\infty} |f(t)\varphi(t)|\,\mathrm{d}t \leqslant \int_{-\infty}^{+\infty} M|f(t)|\,\mathrm{d}t < +\infty,$$
于是积分 (4.13) 绝对收敛，即 $f(t)$ 可按式 (4.13) 视为广义函数.

对连续函数或只有第一类间断点的分段连续函数，显然局部可积条件满足. 下面的例子指出，即便函数有第二类间断点，也有可能满足局部可积条件.

例 4.13　$\ln|t|$ 可按式 (4.13) 视为广义函数.

证明　只须证明 $\ln|t|$ 是局部可积函数. 当区间 $[a, b]$ 不包含原点时，结论显然. 当区间 $[a, b]$ 包含原点时，只需注意到广义积分 $\int_0^1 \ln|t|\,\mathrm{d}t$ 收敛，于是 $\ln|t|$ 局部可积. 证毕.

某些不满足局部可积条件的函数，也可以按 Cauchy 主值的方式，视为广义函数.

例 4.14　$\dfrac{1}{t}$ 不是局部可积函数（因积分 $\int_0^1 \dfrac{\mathrm{d}t}{t}$ 不收敛），但可按以下方式
$$\lim_{\delta \to 0^+} \left(\int_{-\infty}^{-\delta} + \int_\delta^{+\infty} \right) \frac{\varphi(t)}{t}\,\mathrm{d}t \tag{4.15}$$

视为广义函数, 该广义函数记为 P. V. $\dfrac{1}{t}$, 称为 $\dfrac{1}{t}$ 的 Cauchy 主值.

证明 只须证明极限 (4.15) 的存在性. 对任何试验函数 $\varphi(t)$, 由分部积分得

$$\int_{-\infty}^{-\delta} \frac{\varphi(t)}{t}\, \mathrm{d}t = \varphi(-\delta)\ln\delta - \int_{-\infty}^{-\delta} \varphi'(t)\ln|t|\,\mathrm{d}t\,,$$

$$\int_{\delta}^{+\infty} \frac{\varphi(t)}{t}\, \mathrm{d}t = -\varphi(\delta)\ln\delta - \int_{\delta}^{+\infty} \varphi'(t)\ln|t|\,\mathrm{d}t\,,$$

由 l'Hôpital[1] 法则可以证明,

$$\lim_{\delta\to 0^+}(\varphi(-\delta)-\varphi(\delta))\ln\delta = 0\,, \tag{4.16}$$

结合 $\ln|t|$ 的局部可积性得, 极限 (4.15) 存在. 证毕.

由于广义函数是试验函数空间到数集的映射, 因此如果两个广义函数对每一个试验函数的映射结果都相同, 那么这两个广义函数应视为等同, 这就是下面的定义.

定义 4.7 对广义函数 $f(t)$ 和 $g(t)$, 如果对一切试验函数 $\varphi(t)$, 有

$$\int_{-\infty}^{+\infty} f(t)\varphi(t)\,\mathrm{d}t = \int_{-\infty}^{+\infty} g(t)\varphi(t)\,\mathrm{d}t\,. \tag{4.17}$$

则称广义函数 $f(t)$ 和 $g(t)$ **相等**, 记作 $f(t) = g(t)$.

有些形式上不同的通常函数, 可能对应相等的广义函数, 例如下面的命题.

命题 4.12 设定义在 $(-\infty, +\infty)$ 上的函数 $f(t)$ 和 $g(t)$, 除有限个点 $t_1 < t_2 < \cdots < t_n$ 外, 函数值均相等, 则作为广义函数, $f(t) = g(t)$.

证明 对一切试验函数 $\varphi(t)$, 因

$$\int_{-\infty}^{+\infty} f(t)\varphi(t)\,\mathrm{d}t = \left(\int_{-\infty}^{t_1} + \int_{t_1}^{t_2} + \cdots + \int_{t_n}^{+\infty}\right) f(t)\varphi(t)\,\mathrm{d}t$$

$$= \left(\int_{-\infty}^{t_1} + \int_{t_1}^{t_2} + \cdots + \int_{t_n}^{+\infty}\right) g(t)\varphi(t)\,\mathrm{d}t = \int_{-\infty}^{+\infty} g(t)\varphi(t)\,\mathrm{d}t\,,$$

故作为广义函数, $f(t) = g(t)$. 证毕.

注 4.10 该命题中, 有限个点的条件可放宽到序列 $t_1 < t_2 < \cdots < t_n < \cdots$, 甚至零测度集 (参考文献 [8]), 这样的两个函数称为**几乎处处相等**的. 这一命题从另一个角度说明, 对广义函数, 谈论其某一点的函数值, 没有意义. 这是因为, 即便对一个视为广义函数的通常函数, 任意改变有限个点处的函数值, 对应的广

---

[1] 全名为 Guillaume François Antoine de l'Hôpital (1661-1704), 洛必达, 法国数学家.

义函数没有改变.

虽然谈论广义函数单独一点的函数值没有意义，但可以定义两个广义函数在某个开集上相等.

定义 4.8　两个广义函数 $f(t)$ 和 $g(t)$ 称为在开区间 (a, b) 上相等，如果对一切满足 $\overline{\{t : \varphi(t) \neq 0\}} \subset (a, b)$ 的试验函数 $\varphi(t)$，有

$$\int_{-\infty}^{+\infty} f(t)\varphi(t)\,\mathrm{d}t = \int_{-\infty}^{+\infty} g(t)\varphi(t)\,\mathrm{d}t . \tag{4.18}$$

例 4.15　证明在 $\mathbf{R} \setminus \{0\}$ 上，$\delta(t) = 0$.

证明　注意到 $\mathbf{R} \setminus \{0\} = (-\infty, 0) \cup (0, +\infty)$，考虑满足 $\overline{\{t : \varphi(t) \neq 0\}} \subset (0, +\infty)$ 的试验函数 $\varphi(t)$，此时 $\varphi(0) = 0$，从而

$$\int_{-\infty}^{+\infty} \delta(t)\varphi(t)\,\mathrm{d}t = \varphi(0) = 0 = \int_{-\infty}^{+\infty} 0 \cdot \varphi(t)\,\mathrm{d}t , \tag{4.19}$$

从而在开区间 $(0, +\infty)$ 上，$\delta(t) = 0$. 同理在开区间 $(-\infty, 0)$ 上，$\delta(t) = 0$. 证毕.

4.2.3　广义函数的平移、反射和乘子

广义函数也可以定义平移和反射运算.

定义 4.9　对广义函数 $f(t)$ 和固定的实数 t_0，其**平移** $f(t - t_0)$ 和**反射** $f(-t)$ 均为广义函数，对任意试验函数 $\varphi(t)$ 的作用分别规定为

$$\int_{-\infty}^{+\infty} f(t - t_0)\varphi(t)\,\mathrm{d}t = \int_{-\infty}^{+\infty} f(t)\varphi(t + t_0)\,\mathrm{d}t , \tag{4.20}$$

$$\int_{-\infty}^{+\infty} f(-t)\varphi(t)\,\mathrm{d}t = \int_{-\infty}^{+\infty} f(t)\varphi(-t)\,\mathrm{d}t . \tag{4.21}$$

由这一定义不难发现，广义函数的平移和反射的定义，实际上是借助了积分换元公式，一般地，在形式积分的计算中，一般形式的积分换元公式也是成立的.

例 4.16　证明 $\delta(-t) = \delta(t)$.

证明　任取试验函数 $\varphi(t)$，因

$$\int_{-\infty}^{+\infty} \delta(-t)\varphi(t)\,\mathrm{d}t = \int_{-\infty}^{+\infty} \delta(t)\varphi(-t)\,\mathrm{d}t = \varphi(0) = \int_{-\infty}^{+\infty} \delta(t)\varphi(t)\,\mathrm{d}t ,$$

故 $\delta(-t) = \delta(t)$.

对一个光滑函数（即无穷次连续可导的函数），可以定义广义函数的乘子.

定义 4.10 对广义函数 $f(t)$ 和光滑函数 $\psi(t)$，$\psi(t)f(t)$ 为广义函数，对任意试验函数 $\varphi(t)$ 的作用规定为

$$\int_{-\infty}^{+\infty} (\psi(t)f(t))\varphi(t)\,\mathrm{d}t = \int_{-\infty}^{+\infty} f(t)(\psi(t)\varphi(t))\,\mathrm{d}t\,. \tag{4.22}$$

注 4.11 $\psi(t)$ 无穷次连续可导的条件是必要的，此时式 (4.22) 右端的 $\psi(t)\varphi(t)$ 无穷次连续可导且满足试验函数的条件，因此式 (4.22) 右端可看作广义函数 $f(t)$ 对试验函数 $\psi(t)\varphi(t)$ 的作用．若 $\psi(t)$ 为广义函数，$\psi(t)f(t)$ 没有一般的定义．

例 4.17 若 $\psi(t)$ 无穷次连续可导，证明 $\psi(t)\delta(t) = \psi(0)\delta(t)$，特别当 $\psi(0) = 0$ 时，$\psi(t)\delta(t) = 0$．

证明 对任何试验函数 $\varphi(t)$，

$$\begin{aligned}
\int_{-\infty}^{+\infty} (\psi(t)\delta(t))\varphi(t)\,\mathrm{d}t &= \int_{-\infty}^{+\infty} \delta(t)(\psi(t)\varphi(t))\,\mathrm{d}t = \psi(0)\varphi(0) \\
&= \int_{-\infty}^{+\infty} \delta(t)(\psi(0)\varphi(t))\,\mathrm{d}t = \int_{-\infty}^{+\infty} (\psi(0)\delta(t))\varphi(t)\,\mathrm{d}t\,,
\end{aligned} \tag{4.23}$$

从而 $\psi(t)\delta(t) = \psi(0)\delta(t)$．特别当 $\psi(0) = 0$ 时，上述等式变为

$$\int_{-\infty}^{+\infty} (\psi(t)\delta(t))\varphi(t)\,\mathrm{d}t = \psi(0)\varphi(0) = 0 = \int_{-\infty}^{+\infty} 0 \cdot \varphi(t)\,\mathrm{d}t\,, \tag{4.24}$$

即 $\psi(t)\delta(t) = 0$．证毕．

4.2.4 广义函数的导数和 Fourier 变换

引进以 δ-函数为代表的广义函数后，许多在经典意义下无法进行的运算，例如求导数、求 Fourier 变换等，在广义函数意义下，就可以给出定义．

定义 4.11 (广义函数的导数) 设 $f(t)$ 为广义函数，则 $f(t)$ 的广义导数定义为，对一切试验函数 $\varphi(x)$，

$$\int_{-\infty}^{+\infty} f'(t)\varphi(t)\,\mathrm{d}t = -\int_{-\infty}^{+\infty} f(t)\varphi'(t)\,\mathrm{d}t\,. \tag{4.25}$$

注 4.12 定义式 (4.25) 右边是广义函数和试验函数乘积的形式积分，因此 $f'(t)$ 与一切试验函数乘积的形式积分，通过已知广义函数与试验函数乘积的形式积分给出了定义，从而 $f'(t)$ 可以视为广义函数．

广义导数的定义，借助了分部积分公式，并利用了试验函数可无穷次求导，且在自变量充分大时函数值为零的特点，因此对一切广义函数，都可以定义其

广义导数，并且当广义函数为通常函数时，广义导数的定义和通常导数的定义一致.

例 4.18　给出 $\delta^{(n)}(t)$ 在试验函数 $\varphi(t)$ 上的作用.

解　根据广义函数导数的定义，有

$$\int_{-\infty}^{+\infty} \delta'(t)\varphi(t)\,\mathrm{d}t = -\int_{-\infty}^{+\infty} \delta(t)\varphi'(t)\,\mathrm{d}t = -\varphi'(0)\,,$$

从而由归纳法易得

$$\int_{-\infty}^{+\infty} \delta^{(n)}(t)\varphi(t)\,\mathrm{d}t = (-1)^n \varphi^{(n)}(0)\,.$$

下面的例子十分重要.

例 4.19　求 **Heaviside** 函数（工程上也称为**单位阶跃函数**）[1]

$$u(t) = \begin{cases} 1, & t \geqslant 0\,, \\ 0, & t < 0 \end{cases}$$

的广义导数.

解　任取试验函数 $\varphi(t)$，由定义得

$$\int_{-\infty}^{+\infty} u'(t)\varphi(t)\,\mathrm{d}t = -\int_{-\infty}^{+\infty} u(t)\varphi'(t)\,\mathrm{d}t = -\int_{0}^{+\infty} \varphi'(t)\,\mathrm{d}t$$

$$= -\varphi(t)\big|_{0}^{+\infty} = \varphi(0) = \int_{-\infty}^{+\infty} \delta(t)\varphi(t)\,\mathrm{d}t\,,$$

从而 $u'(t) = \delta(t)$.

定义 4.12（**广义函数的 Fourier 变换**）　对广义函数 $f(t)$，其 Fourier 变换 $\hat{f}(t)$ 与 Fourier 逆变换 $\check{f}(t)$ 均为广义函数，与一切试验函数[2] $\varphi(t)$ 乘积的形式积分定义分别为

$$\int_{-\infty}^{+\infty} \hat{f}(t)\varphi(t)\,\mathrm{d}t = \int_{-\infty}^{+\infty} f(\omega)\hat{\varphi}(\omega)\,\mathrm{d}\omega\,, \tag{4.26}$$

$$\int_{-\infty}^{+\infty} \check{f}(t)\varphi(t)\,\mathrm{d}t = \int_{-\infty}^{+\infty} f(\omega)\check{\varphi}(\omega)\,\mathrm{d}\omega\,. \tag{4.27}$$

该定义的本质是利用累次积分的换序. 注意到试验函数 $\varphi(t)$ 绝对可积，从而

---

[1]全名为 Oliver Heaviside (1850–1925)，海维赛德，英国数学家、工程师. 单位阶跃函数是无线电技术中常见的一个函数，由 Heaviside 首先引入，用于工程计算.

[2]这里的试验函数空间应取为速降函数空间 $\mathscr{S}$（该空间与本节前文介绍的两种基本函数空间的关系是 $\mathscr{D} \subset \mathscr{S} \subset \mathscr{E}$，参考文献 [1]），这类函数及其各阶导数在无穷远处的极限均为零，且均可作经典意义下的 Fourier 变换，其像函数仍为速降函数.

定义式 (4.26) 和 (4.27) 右侧的 $\hat{\varphi}(\omega)$ 与 $\check{\varphi}(\omega)$ 均有意义，且进一步可以证明右侧的积分必定收敛，从而该定义式有意义.

综合广义函数的导数和 Fourier 变换的定义，可以发现，这两个定义的基本思想，都是借助积分的性质，将对广义函数求导与 Fourier 变换转移到性质很好的试验函数上.

例 4.20　计算 δ-函数的 Fourier 变换.

解　根据广义函数 Fourier 变换的定义，得

$$\int_{-\infty}^{+\infty} \hat{\delta}(t)\varphi(t)\,\mathrm{d}t = \int_{-\infty}^{+\infty} \delta(\omega)\hat{\varphi}(\omega)\,\mathrm{d}\omega = \hat{\varphi}(0) = \int_{-\infty}^{+\infty} \mathrm{e}^{-\mathrm{i}\cdot 0\cdot t}\varphi(t)\,\mathrm{d}t = \int_{-\infty}^{+\infty} 1\cdot\varphi(t)\,\mathrm{d}t ,$$

从而 $\hat{\delta}(t) = 1$.

本题也可以根据对通常函数的 Fourier 变换的定义式形式计算得到，即

$$\hat{\delta}(t) = \int_{-\infty}^{+\infty} \delta(t)\mathrm{e}^{-\mathrm{i}\omega t}\,\mathrm{d}t = \mathrm{e}^{-\mathrm{i}\omega t}\big|_{t=0} = 1 .$$

Fourier 变换的性质对广义函数的 Fourier 变换仍然适用，证明留作习题.

例 4.21　计算常值函数 1 的 Fourier 变换.

解　根据广义函数 Fourier 变换的定义以及 Fourier 变换的反演公式，得

$$\int_{-\infty}^{+\infty} \hat{1}\varphi(t)\,\mathrm{d}t = \int_{-\infty}^{+\infty} \hat{\varphi}(\omega)\,\mathrm{d}\omega = \int_{-\infty}^{+\infty} \mathrm{e}^{\mathrm{i}\cdot 0\cdot\omega}\hat{\varphi}(\omega)\,\mathrm{d}\omega = 2\pi\varphi(0) = 2\pi\int_{-\infty}^{+\infty} \delta(t)\varphi(t)\,\mathrm{d}t ,$$

从而 $\hat{1} = 2\pi\delta(t)$.

本题也可以借助例 4.16、例 4.20 和 Fourier 逆变换的对称性质得到，即

$$\hat{1} = 2\pi\check{1}(-t) = 2\pi\delta(t) .$$

例 4.22　计算 $\mathrm{e}^{\mathrm{i}\alpha x}$ 的 Fourier 变换.

解　因 $\mathscr{F}(\mathrm{e}^{\mathrm{i}\alpha x}) = \mathscr{F}(\mathrm{e}^{\mathrm{i}\alpha x}\cdot 1)$ ，故由位移性质及例 4.21 得，

$$\mathscr{F}(\mathrm{e}^{\mathrm{i}\alpha x}) = 2\pi\delta(\omega - \alpha) .$$

注 4.13　按照 Fourier 变换的形式定义，

$$\mathscr{F}(\mathrm{e}^{\mathrm{i}\alpha x}) = \int_{-\infty}^{+\infty} \mathrm{e}^{\mathrm{i}\alpha x}\mathrm{e}^{-\mathrm{i}\omega x}\,\mathrm{d}x ,$$

而对两个定义在 $(-\infty, +\infty)$ 上的复值函数 f 和 g ，

$$(f, g) = \int_{-\infty}^{+\infty} f(x)\overline{g(x)}\,\mathrm{d}x$$

称为 f 和 g 的**内积**，从而例 4.22 的结论还可以表述为 $(\mathrm{e}^{\mathrm{i}\alpha x}, \mathrm{e}^{\mathrm{i}\beta x}) = 2\pi\delta(\alpha - \beta)$.

例 4.23　计算幂函数 t^n 的 Fourier 变换，这里 n 为正整数.

解   利用 Fourier 变换的乘多项式性质，得

$$\mathscr{F}(t^n) = \mathrm{i}^n \hat{1}^{(n)} = 2\pi \mathrm{i}^n \delta^{(n)}(t) .$$

广义函数的 Fourier 变换，关于弱极限是连续的，即有下面的定理.

定理 4.13   设广义函数序列 $f_n(t)$ 当 $n \to \infty$ 时以 $f(t)$ 为弱极限，则相应的像函数序列 $\hat{f}_n(t)$ 以 $\hat{f}(t)$ 为弱极限.

证明   对任何试验函数 $\varphi(t)$，有

$$\lim_{n\to\infty}\int_{-\infty}^{+\infty}\hat{f}_n(t)\varphi(t)\,\mathrm{d}t = \lim_{n\to\infty}\int_{-\infty}^{+\infty}f_n(t)\hat{\varphi}(t)\,\mathrm{d}t = \int_{-\infty}^{+\infty}f(t)\hat{\varphi}(t)\,\mathrm{d}t = \int_{-\infty}^{+\infty}\hat{f}(t)\varphi(t)\,\mathrm{d}t ,$$

从而 $f_n(t)$ 以 $f(t)$ 为弱极限，证毕.

下面的例子是该定理的应用，该例的计算相对艰深，结果与计算中需要注意的问题，对读者更为重要.

例 4.24   求 Heaviside 函数 $u(t)$ 的 Fourier 变换.

解法一   首先容易证明函数序列 $u_\beta(t) = \mathrm{e}^{-\beta t}u(t)$，当 $\beta \to 0^+$ 时以 $u(t)$ 为弱极限，而由例 4.10 知，

$$\hat{u}_\beta(t) = \frac{\beta - \mathrm{i}t}{\beta^2 + t^2} ,$$

为求 $u(t)$ 的 Fourier 变换，只须计算当 $\beta \to 0^+$ 时，$u_\beta(t)$ 的弱极限即可. 由例 4.11 知，有弱极限

$$\lim_{\beta\to0^+}\frac{\beta}{\beta^2 + t^2} = \pi\delta(t) ,$$

从而只须计算弱极限 $\displaystyle\lim_{\beta\to0^+}\frac{\mathrm{i}t}{\beta^2 + t^2}$ 即可. 任取试验函数 $\varphi(t)$ 以及 $\delta > 0$，有

$$\int_{-\infty}^{+\infty}\frac{t}{\beta^2 + t^2}\varphi(t)\,\mathrm{d}t = \left(\int_{-\infty}^{-\delta} + \int_{-\delta}^{\delta} + \int_{\delta}^{+\infty}\right)\frac{t}{\beta^2 + t^2}\varphi(t)\,\mathrm{d}t .$$

当 $|t| > \delta$ 时，

$$\left|\frac{t}{\beta^2 + t^2}\right| < \left|\frac{t}{t^2}\right| < \frac{1}{\delta} ,$$

从而当 $\beta \to 0^+$ 时，由控制收敛定理，交换积分与极限的次序得

$$\lim_{\beta\to0^+}\left(\int_{-\infty}^{-\delta} + \int_{\delta}^{+\infty}\right)\frac{t}{\beta^2 + t^2}\varphi(t)\,\mathrm{d}t = \left(\int_{-\infty}^{-\delta} + \int_{\delta}^{+\infty}\right)\lim_{\beta\to0^+}\frac{t}{\beta^2 + t^2}\varphi(t)\,\mathrm{d}t$$

$$= \left(\int_{-\infty}^{-\delta} + \int_{\delta}^{+\infty}\right)\frac{\varphi(t)}{t}\,\mathrm{d}t .$$

再由分部积分得

$$\int_{-\delta}^{\delta} \frac{t}{\beta^2 + t^2} \varphi(t)\,\mathrm{d}t = \frac{1}{2}(\varphi(\delta) - \varphi(-\delta))\ln(\beta^2 + \delta^2) - \frac{1}{2}\int_{-\delta}^{\delta} \varphi'(t)\ln(\beta^2 + t^2)\,\mathrm{d}t .$$

令 $\beta \to 0^+$ ，对右端第一项，由 Taylor 展开，得

$$\lim_{\beta \to 0^+} \frac{1}{2}(\varphi(\delta) - \varphi(-\delta))\ln(\beta^2 + \delta^2) = (\varphi(\delta) - \varphi(-\delta))\ln\delta = (2\varphi'(0)\delta + o(\delta))\ln\delta ,$$

对右端第二项，取充分小的 δ 和 β ，有 $|\varphi'(t)\ln(\beta^2 + t^2)| < |\varphi'(t)\ln t^2|$ ，后者可积，于是由控制收敛定理，交换极限与积分的次序得

$$\lim_{\beta \to 0^+} \frac{1}{2}\int_{-\delta}^{\delta} \varphi'(t)\ln(\beta^2 + t^2)\,\mathrm{d}t = \frac{1}{2}\int_{-\delta}^{\delta} \varphi'(t)\lim_{\beta \to 0^+}\ln(\beta^2 + t^2)\,\mathrm{d}t = \int_{-\delta}^{\delta} \varphi'(t)\ln t\,\mathrm{d}t .$$

综上，得

$$\lim_{\beta \to 0^+} \int_{-\infty}^{+\infty} \frac{t}{\beta^2 + t^2}\varphi(t)\,\mathrm{d}t$$

$$= \left(\int_{-\infty}^{-\delta} + \int_{\delta}^{+\infty}\right)\frac{\varphi(t)}{t}\,\mathrm{d}t + \int_{-\delta}^{\delta}\varphi'(t)\ln t\,\mathrm{d}t + (2\varphi'(0)\delta + o(\delta))\ln\delta ,$$

再令 $\delta \to 0^+$ ，得

$$\lim_{\beta \to 0^+} \int_{-\infty}^{+\infty} \frac{-\mathrm{i}t}{\beta^2 + t^2}\varphi(t)\,\mathrm{d}t = \mathrm{P.\,V.} \int_{-\infty}^{+\infty} \frac{\varphi(t)}{\mathrm{i}t}\,\mathrm{d}t ,$$

从而 $\hat{u}(t) = \mathrm{P.\,V.}\dfrac{1}{\mathrm{i}t} + \pi\delta(t) .$

本题也可以使用广义函数 Fourier 变换的定义计算.

解法二 由广义函数的 Fourier 变换的定义，对一切试验函数 $\varphi(t)$ ，

$$\int_{-\infty}^{+\infty} \hat{u}(t)\varphi(t)\,\mathrm{d}t = \int_{-\infty}^{+\infty} u(t)\hat{\varphi}(t)\,\mathrm{d}t = \int_{0}^{+\infty}\mathrm{d}t \int_{-\infty}^{+\infty}\varphi(\omega)\mathrm{e}^{-\mathrm{i}\omega t}\,\mathrm{d}\omega .$$

任取正数 N 与 δ ，由交换积分次序，得

$$\int_{0}^{N}\mathrm{d}t\left(\int_{-\infty}^{-\delta} + \int_{\delta}^{+\infty}\right)\varphi(\omega)\mathrm{e}^{-\mathrm{i}\omega t}\,\mathrm{d}\omega$$

$$= \left(\int_{-\infty}^{-\delta} + \int_{\delta}^{+\infty}\right)\mathrm{d}\omega \int_{0}^{N}\varphi(\omega)\mathrm{e}^{-\mathrm{i}\omega t}\,\mathrm{d}t$$

$$= \left(\int_{-\infty}^{-\delta} + \int_{\delta}^{+\infty}\right)\varphi(\omega)\left.\frac{\mathrm{e}^{-\mathrm{i}\omega t}}{-\mathrm{i}\omega}\right|_{t=0}^{t=N}\,\mathrm{d}\omega = \left(\int_{-\infty}^{-\delta} + \int_{\delta}^{+\infty}\right)\varphi(\omega)\left(\frac{1}{\mathrm{i}\omega} - \frac{\mathrm{e}^{-\mathrm{i}N\omega}}{\mathrm{i}\omega}\right)\,\mathrm{d}\omega .$$

令 $\delta \to 0^+$，有

$$\lim_{\delta \to 0^+} \left(\int_{-\infty}^{-\delta} + \int_{\delta}^{+\infty} \right) \frac{\varphi(\omega)}{\mathrm{i}\omega} \, \mathrm{d}\omega = \text{P. V.} \int_{-\infty}^{+\infty} \frac{\varphi(\omega)}{\mathrm{i}\omega} \, \mathrm{d}\omega \, .$$

而对积分

$$\left(\int_{-\infty}^{-\delta} + \int_{\delta}^{+\infty} \right) \varphi(\omega) \frac{\mathrm{e}^{-\mathrm{i}N\omega}}{\mathrm{i}\omega} \, \mathrm{d}\omega = \left(\int_{-\infty}^{-\delta} + \int_{\delta}^{+\infty} \right) ((\varphi(\omega) - \varphi(0)) + \varphi(0)) \frac{\mathrm{e}^{-\mathrm{i}N\omega}}{\mathrm{i}\omega} \, \mathrm{d}\omega \, ,$$

利用 Dirichlet 积分（例 3.49），当 $\delta \to 0^+$ 时，有

$$\left(\int_{-\infty}^{-\delta} + \int_{\delta}^{+\infty} \right) \varphi(0) \frac{\mathrm{e}^{-\mathrm{i}N\omega}}{\mathrm{i}\omega} \, \mathrm{d}\omega = \left(\int_{-\infty}^{-N\delta} + \int_{N\delta}^{+\infty} \right) \varphi(0) \frac{\mathrm{e}^{-\mathrm{i}\omega}}{\mathrm{i}\omega} \, \mathrm{d}\omega \to -\pi\varphi(0) \, ,$$

从而

$$\lim_{\delta \to 0^+} \left(\int_{-\infty}^{-\delta} + \int_{\delta}^{+\infty} \right) \varphi(0) \frac{\mathrm{e}^{-\mathrm{i}N\omega}}{\mathrm{i}\omega} \, \mathrm{d}\omega = -\pi \int_{-\infty}^{+\infty} \delta(\omega)\varphi(\omega) \, \mathrm{d}\omega \, .$$

注意到 0 为 $\dfrac{\varphi(\omega) - \varphi(0)}{\mathrm{i}\omega}$ 的可去奇点，从而 $\dfrac{\varphi(\omega) - \varphi(0)}{\mathrm{i}\omega}$ 绝对可积且

$$\int_{-\infty}^{+\infty} \frac{\varphi(\omega) - \varphi(0)}{\mathrm{i}\omega} \, \mathrm{d}\omega = \lim_{\delta \to 0^+} \left(\int_{-\infty}^{-\delta} + \int_{\delta}^{+\infty} \right) \frac{\varphi(\omega) - \varphi(0)}{\mathrm{i}\omega} \, \mathrm{d}\omega \, ,$$

再根据微积分中的 Riemann-Lebesgue 引理（参考文献 [8]），得

$$\lim_{N \to +\infty} \int_{-\infty}^{+\infty} \frac{\varphi(\omega) - \varphi(0)}{\mathrm{i}\omega} \mathrm{e}^{-\mathrm{i}N\omega} \, \mathrm{d}\omega = 0 \, .$$

综上，得

$$\int_{-\infty}^{+\infty} \hat{u}(t)\varphi(t) \, \mathrm{d}t = \lim_{N \to +\infty} \lim_{\delta \to 0^+} \int_{0}^{N} \mathrm{d}t \left(\int_{-\infty}^{-\delta} + \int_{\delta}^{+\infty} \right) \varphi(\omega) \mathrm{e}^{-\mathrm{i}\omega t} \, \mathrm{d}\omega$$

$$= \text{P. V.} \int_{-\infty}^{+\infty} \frac{\varphi(\omega)}{\mathrm{i}\omega} \, \mathrm{d}\omega + \pi \int_{-\infty}^{+\infty} \delta(\omega)\varphi(\omega) \, \mathrm{d}\omega \, ,$$

即 $\hat{u}(\omega) = \text{P. V.} \dfrac{1}{\mathrm{i}\omega} + \pi\delta(\omega) \, .$

多元广义函数及其相关概念的定义与一元情形类似，本书不再展开，读者可参考文献 [1] 和 [5] .

4.3 Laplace 变换

依赖于时间变量的函数，通常定义在某个初始时刻之后（或认为初始时刻前

的函数值恒为零），针对这类函数，将 Fourier 变换的积分核加以改进，得到的 Laplace 变换，在很多问题中更为有效.

4.3.1 Laplace 变换的定义与性质

定义 4.13 对定义在 $(0, +\infty)$ 上的实变量函数 $f(t)$（或认为当 $t < 0$ 时 $f(t) \equiv 0$），称关于变量 s 的函数

$$F(s) = \int_0^{+\infty} f(t)\mathrm{e}^{-st}\,\mathrm{d}t \tag{4.28}$$

为 $f(t)$ 的 **Laplace 变换**，称 $F(s)$ 为 $f(t)$ 的**像函数**，$f(t)$ 为 $F(s)$ 的**原像函数**. $F(s)$ 也记作 $\mathscr{L}(f(t))$.

Laplace 变换与 Fourier 变换有如下简单关系.

命题 4.14 将定义在 $(0, +\infty)$ 上的函数 $f(t)$ 作零延拓（即当 $t < 0$ 时，$f(t) \equiv 0$），若 $f(t)$ 绝对可积，记其 Fourier 变换为 $\hat{f}(\omega)$ ，则 $\mathscr{L}(f(t)) = \hat{f}(-\mathrm{i}s)$.

证明 根据定义，

$$\hat{f}(\omega) = \int_0^{+\infty} f(t)\mathrm{e}^{-\mathrm{i}\omega t}\,\mathrm{d}t \,,$$

令 $\omega = -\mathrm{i}s$ ，即得结论.

注 4.14 Laplace 变换是积分变换，核函数

$$K(s, t) = \begin{cases} \mathrm{e}^{-st}, & t \geqslant 0 \,, \\ 0, & t < 0 \,. \end{cases}$$

注 4.15 由于核函数 $K(s, t)$ 具有很强的衰减性，能作 Laplace 变换的函数不必满足绝对可积条件. 事实上，若存在实常数 M 和 A ，使得 $|f(t)| \leqslant M\mathrm{e}^{At}$ ，则对一切 $\operatorname{Re} s > A$ ，定义式 (4.28) 中广义积分收敛，从而可定义像函数 $F(s)$. 进一步还可以证明，$F(s)$ 在区域 $\{\operatorname{Re} s > A\}$ 内解析.

例 4.25 求常值函数 1 的 Laplace 变换.

解 根据 Laplace 变换的定义，有

$$\mathscr{L}(1) = \int_0^{+\infty} \mathrm{e}^{-st}\,\mathrm{d}t \,,$$

这个积分在 $\operatorname{Re} s > 0$ 时收敛，而且有

$$\int_0^{+\infty} \mathrm{e}^{-st}\,\mathrm{d}t = -\frac{1}{s}\mathrm{e}^{-st}\Big|_{t=0}^{t=+\infty} = \frac{1}{s} \,,$$

所以 $\mathscr{L}(1) = \dfrac{1}{s}$.

注 4.16　本节出现的函数表达式均为自变量在 $(0, +\infty)$ 上的取值，当 $t < 0$ 时，函数值默认为零.

注 4.17　在许多问题中，像函数定义式 (4.28) 中广义积分收敛的区域并不重要，在表述中经常略去 s 的范围. 例如本例的结论可表述为常值函数 1 的 Laplace 变换为 $\dfrac{1}{s}$, 而略去使广义积分收敛的范围 $s > 0$.

例 4.26　求指数函数 e^{kt} 的 Laplace 变换（k 为复常数）.

解　根据定义

$$\mathscr{L}(e^{kt}) = \int_0^{+\infty} e^{kt} e^{-st}\, \mathrm{d}t = \int_0^{+\infty} e^{-(s-k)t}\, \mathrm{d}t ,$$

注意到 $e^{-(s-k)t}$ 关于 t 在整个复平面解析，且原函数是 $-\dfrac{1}{s-k} e^{-(s-k)t}$, 故对 $e^{-(s-k)t}$ 的复积分与路径无关且 Newton-Leibniz 公式有效，于是上述积分在 $\operatorname{Re} s > \operatorname{Re} k$ 时收敛，且有

$$\int_0^{+\infty} e^{-(s-k)t}\, \mathrm{d}t = -\frac{1}{s-k} e^{-(s-k)t} \Big|_{t=0}^{t=+\infty} = \frac{1}{s-k} ,$$

所以 $\mathscr{L}(e^{kt}) = \dfrac{1}{s-k}$.

例 4.27　求幂函数 t^m（其中 m 为正整数）的 Laplace 变换.

解　根据定义，当 $\operatorname{Re} s > 0$ 时，广义积分

$$\mathscr{L}(t^m) = \int_0^{+\infty} t^m e^{-st}\, \mathrm{d}t$$

收敛. 当 $m = 1$ 时，利用分部积分，得

$$\mathscr{L}(t) = \int_0^{+\infty} t e^{-st}\, \mathrm{d}t = -\frac{1}{s} t e^{-st} \Big|_{t=0}^{t=+\infty} + \frac{1}{s} \int_0^{+\infty} e^{-st}\, \mathrm{d}t = \frac{1}{s} \mathscr{L}(1) = \frac{1}{s^2} .$$

当 $m \geqslant 2$ 时，同样利用分部积分，得

$$\mathscr{L}(t^m) = \int_0^{+\infty} t^m e^{-st}\, \mathrm{d}t = -\frac{1}{s} t^m e^{-st} \Big|_{t=0}^{t=+\infty} + \frac{m}{s} \int_0^{+\infty} t^{m-1} e^{-st}\, \mathrm{d}t = \frac{1}{s} \mathscr{L}(t^{m-1}) ,$$

由归纳法易得，

$$\mathscr{L}(t^m) = \frac{m!}{s^{m+1}} .$$

注 4.18 对一般的幂函数 t^m，不难证明，当 $m > -1$ 时，广义积分

$$\mathscr{L}(t^m) = \int_0^{+\infty} t^m e^{-st} \, dt$$

在 $\operatorname{Re} s > 0$ 时收敛. 做变量替换，令 $st = u$，则 $dt = \dfrac{1}{s} \, du$，从而

$$\mathscr{L}(t^m) = \int_0^{+\infty} \frac{u^m}{s^m} e^{-u} \frac{1}{s} \, du = \frac{\Gamma(m+1)}{s^{m+1}} \, ,$$

这里

$$\Gamma(m+1) = \int_0^{+\infty} e^{-t} t^m \, dt \, ,$$

称为 **Gamma 函数**. 易见，当 m 为正整数时，$\Gamma(m+1) = m!$.

与 Fourier 变换类似，Laplace 变换也有相应的运算性质，这些性质在 Laplace 变换的计算与应用中都很重要. 为了叙述方便，以下总假定所涉及 Laplace 变换有定义.

命题 4.15 (线性性质) $\mathscr{L}(\alpha f_1(t) + \beta f_2(t)) = \alpha \mathscr{L}(f_1(t)) + \beta \mathscr{L}(f_2(t))$，其中 α，β 为常数.

例 4.28 对实数 β，求三角函数 $\sin \beta t$ 和 $\cos \beta t$ 的 Laplace 变换.

解 由

$$\sin \beta t = \frac{e^{i\beta t} - e^{-i\beta t}}{2i} \, , \qquad \cos \beta t = \frac{e^{i\beta t} + e^{-i\beta t}}{2} \, ,$$

根据线性性质得

$$\mathscr{L}(\cos \beta t) = \frac{1}{2} \left(\mathscr{L}(e^{i\beta t}) + \mathscr{L}(e^{-i\beta t}) \right) = \frac{1}{2} \left(\frac{1}{s - i\beta} + \frac{1}{s + i\beta} \right) = \frac{s}{s^2 + \beta^2} \, ,$$

$$\mathscr{L}(\sin \beta t) = \frac{1}{2i} \left(\mathscr{L}(e^{i\beta t}) - \mathscr{L}(e^{-i\beta t}) \right) = \frac{1}{2i} \left(\frac{1}{s - i\beta} - \frac{1}{s + i\beta} \right) = \frac{\beta}{s^2 + \beta^2} \, .$$

本例也可以根据定义直接计算，相比之下，使用线性性质计算更简便.

命题 4.16 (位移性质) 若 $\mathscr{L}(f(t)) = F(s)$，则有 $\mathscr{L}(e^{at} f(t)) = F(s - a)$，其中 $a \in \mathbf{C}$.

证明 直接计算，得

$$\mathscr{L}(e^{at} f(t)) = \int_0^{+\infty} e^{at} f(t) e^{-st} \, dt = \int_0^{+\infty} f(t) e^{-(s-a)t} \, dt = F(s - a) \, .$$

例 4.29 求 $\mathscr{L}(e^{at} t^m)$.

解 根据 $\mathscr{L}(t^m) = \dfrac{\Gamma(m+1)}{s^{m+1}}$ 并利用位移性质, 得到 $\mathscr{L}[e^{at}t^m] = \dfrac{\Gamma(m+1)}{(s-a)^{m+1}}$. 特别, 当 m 为非负整数时, 有 $\mathscr{L}(e^{at}t^m) = \dfrac{m!}{(s-a)^{m+1}}$.

例 4.30 求 $\mathscr{L}[e^{-at}\sin\beta t]$.

解 根据 $\mathscr{L}(\sin\beta t) = \dfrac{\beta}{s^2+\beta^2}$, 由位移性质, 立即得到

$$\mathscr{L}(e^{-at}\sin\beta t) = \frac{\beta}{(s+a)^2+\beta^2}.$$

命题 4.17 (延迟性质) 对任意 $\tau > 0$, 有 $\mathscr{L}(f(t-\tau)) = e^{-\tau s}F(s)$ (图 4.2).

证明 因为

$$\mathscr{L}(f(t-\tau)) = \int_0^{+\infty} f(t-\tau)e^{-st}\,\mathrm{d}t = \int_0^{\tau} f(t-\tau)e^{-st}\,\mathrm{d}t + \int_{\tau}^{+\infty} f(t-\tau)e^{-st}\,\mathrm{d}t,$$

由 $t < \tau$ 时, $f(t-\tau) \equiv 0$ 得, 上式右边第一个积分为 0. 对第二个积分, 作积分变量替换 $t - \tau \to t$, 则有

$$\mathscr{L}(f(t-\tau)) = \int_0^{+\infty} f(t)e^{-s(t+\tau)}\,\mathrm{d}t = e^{-\tau s}\int_0^{+\infty} f(t)e^{-st}\,\mathrm{d}t = e^{-\tau s}F(s).$$

证毕.

例 4.31 求函数 $u(t-\tau)$ 的 Laplace 变换.

解 根据 $\mathscr{L}(u(t)) = \dfrac{1}{s}$ 以及延迟性质, 立即得到

$$\mathscr{L}(u(t-\tau)) = \frac{e^{-\tau s}}{s}.$$

例 4.32 设 $f(t)$ 为以 $2b$ 为周期的函数 (图 4.3), 在 $[0, 2b]$ 上,

$$f(t) = \begin{cases} t, & 0 \leqslant t < b, \\ 2b - t, & b \leqslant t < 2b. \end{cases}$$

求 $f(t)$ 的 Laplace 变换.

解 不妨设当 $t < 0$ 时, $f(t) = 0$, 并记

$$g(t) = \begin{cases} t, & 0 \leqslant t < b, \\ 2b - t, & b \leqslant t \leqslant 2b, \\ 0, & t > 2b \text{ 或 } t < 0, \end{cases}$$

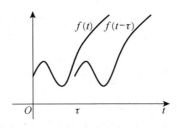

图 4.2

则 $f(t) = \displaystyle\sum_{k=0}^{\infty} g(t - 2kb)$ ，从而根据 Laplace 变换的线性性质和延迟性质有

$$\mathscr{L}(f(t)) = \sum_{k=0}^{\infty} \mathscr{L}(g(t - 2kb)) = \sum_{k=0}^{+\infty} e^{-2kbs} \mathscr{L}(g(t)) = \mathscr{L}(g(t)) \sum_{k=0}^{+\infty} e^{-2kbs} .$$

注意到当 $s > 0$ 时，$|e^{-2sb}| < 1$ ，从而

$$\sum_{k=0}^{+\infty} e^{-2sbk} = \frac{1}{1 - e^{-2sb}} .$$

又因为

$$\mathscr{L}(g(t)) = \int_0^b t e^{-st} \, dt + \int_b^{2b} (2b - t) e^{-st} \, dt = \frac{1}{s^2}(1 - e^{-bs})^2 ,$$

所以

$$\mathscr{L}(f(t)) = \frac{1}{s^2} \frac{\left(1 - e^{-bs}\right)^2}{1 - e^{-2sb}} = \frac{1}{s^2} \frac{\left(1 - e^{-bs}\right)^2}{\left(1 - e^{-sb}\right)\left(1 + e^{-sb}\right)} = \frac{1}{s^2} \frac{1 - e^{-bs}}{1 + e^{-sb}} = \frac{1}{s^2} \tanh \frac{bs}{2} .$$

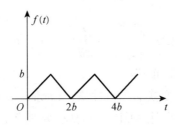

图 4.3

对一般的情形，当 $f(t + T) = f(t)$ $(t > 0)$，且 $f(t)$ 在一个周期上分段连续时，有

$$\mathscr{L}(f(t)) = \frac{1}{1 - e^{-sT}} \int_0^T f(t) e^{-st} \, dt, \tag{4.29}$$

这就是**周期函数的 Laplace 变换公式**.

命题 4.18（**卷积性质**）　若 $\mathscr{L}(f_1(t)) = F_1(s)$，$\mathscr{L}(f_2(t)) = F_2(s)$，则 $\mathscr{L}(f_1 * f_2) = F_1(s)F_2(s)$.

注 4.19　由于 $f_1(t)$ 和 $f_2(t)$ 在 $(-\infty, 0)$ 内恒为零，故当 $t > 0$ 时，

$$f_1 * f_2 = \int_0^t f_1(t - \tau) f_2(\tau) \, d\tau.$$

证明　根据 Laplace 变换与 Fourier 变换的关系，以及 Fourier 变换的卷积性质，有

$$\mathscr{L}(f_1 * f_2) = \mathscr{F}(f_1 * f_2)(-\mathrm{i}s) = \mathscr{F}(f_1)(-\mathrm{i}s) \cdot \mathscr{F}(f_2)(-\mathrm{i}s) = F_1(s)F_2(s).$$

类似 Fourier 变换，卷积性质在求逆变换时有应用.

命题 4.19（**乘多项式**）　设 $\mathscr{L}(f(t)) = F(s)$，则 $\mathscr{L}(tf(t)) = -F'(s)$.

证明　对 $F(s)$ 关于 s 求导数，并交换求导与积分的次序，得

$$F'(s) = \frac{\mathrm{d}}{\mathrm{d}s} \int_0^{+\infty} f(t) e^{-st} \, ds = \int_0^{+\infty} f(t) \frac{\mathrm{d}}{\mathrm{d}s} e^{-st} \, ds = -\int_0^{+\infty} t f(t) e^{-st} \, ds = -\mathscr{L}(tf(t)).$$

证毕.

命题 4.20（**导数性质**）　若 $f(t)$ 在 $[0, +\infty)$ 上连续可导，且 $\mathscr{L}(f(t)) = F(s)$，则 $\mathscr{L}(f'(t)) = sF(s) - f(0)$.

证明　根据 Laplace 变换的定义，有

$$\mathscr{L}(f'(t)) = \int_0^{+\infty} f'(t) e^{-st} \, dt,$$

对上式右边分部积分一次，得

$$\int_0^{+\infty} f'(t) e^{-st} \, dt = f(t) e^{-st} \Big|_{t=0}^{t=+\infty} + s \int_0^{+\infty} f(t) e^{-st} \, dt = s\mathscr{L}(f(t)) - f(0),$$

即 $\mathscr{L}(f'(t)) = sF(s) - f(0)$. 证毕.

注 4.20　相比 Fourier 变换的导数性质，Laplace 变换的导数性质与函数在原点的取值有关，造成这一差别的原因是两种积分变换定义式中的积分区域不同.

利用导数性质并结合归纳法，可以得到高阶导数的 Laplace 变换公式.

推论 4.21 若 $f(t)$ 在 $[0, +\infty)$ 上 n 阶连续可导，且 $\mathscr{L}(f(t)) = F(s)$，则有

$$\mathscr{L}(f^{(n)}(t)) = s^n F(s) - s^{n-1} f(0) - s^{n-2} f'(0) - \cdots - f^{(n-1)}(0) \,.$$

反向使用导数性质，可得到积分性质.

命题 4.22 (积分性质) 若 $\mathscr{L}(f(t)) = F(s)$，则有

$$\mathscr{L}\left(\int_0^t f(\tau) \, \mathrm{d}\tau\right) = \frac{F(s)}{s} \,.$$

证明 设 $h(t) = \int_0^t f(\tau) \, \mathrm{d}\tau$，则有 $h'(t) = f(t)$ 且 $h(0) = 0$，由上述导数性质，有 $\mathscr{L}(h'(t)) = s\mathscr{L}(h(t)) - h(0) = s\mathscr{L}(h(t))$，即

$$\mathscr{L}\left(\int_0^t f(\tau) \, \mathrm{d}\tau\right) = \frac{1}{s} \mathscr{L}(f(t)) = \frac{F(s)}{s} \,.$$

例 4.33 利用导数性质求函数 $f(t) = \cos\beta t$ 的 Laplace 变换.

解 由于 $f(0) = 1$，$f'(0) = 0$，$f''(t) = -\beta^2 \cos\beta t$，则由导数性质

$$\mathscr{L}(f''(t)) = s^2 \mathscr{L}(f(t)) - s f(0) - f'(0) \,,$$

得

$$-\beta^2 \mathscr{L}(\cos\beta t) = s^2 \mathscr{L}(\cos\beta t) - s \,,$$

移项化简得

$$\mathscr{L}(\cos\beta t) = \frac{s}{s^2 + \beta^2} \,.$$

对某些广义函数，也可以定义 Laplace 变换.

例 4.34 $\mathscr{L}(\delta(t)) = 1$.

这一结果可以如下的方式解释. 根据定义，

$$\mathscr{L}(\delta(t)) = \int_0^{+\infty} \delta(t) \mathrm{e}^{-st} \mathrm{d}t \,,$$

而根据例 4.15，$\delta(t)$ 在区间 $(-\infty, 0)$ 上与 0 相等，从而可以认为

$$\int_{-\infty}^{+\infty} \delta(t) \mathrm{e}^{-st} \mathrm{d}t = \int_{-\infty}^0 \delta(t) \mathrm{e}^{-st} \mathrm{d}t + \int_0^{+\infty} \delta(t) \mathrm{e}^{-st} \mathrm{d}t = \int_0^{+\infty} \delta(t) \mathrm{e}^{-st} \mathrm{d}t \,,$$

而上式左端值为 1，于是 $\mathscr{L}(\delta(t)) = 1$.

4.3.2 Laplace 逆变换

对定义在 $[0, +\infty)$ 上的连续可导并绝对可积的函数 $f(t)$，将其零延拓到 $(-\infty, +\infty)$ 上，记 $F(s) = \mathscr{L}(f(t))$ 以及 $\hat{f}(\omega) = \mathscr{F}(f(t))$，由命题 4.14，$\hat{f}(\omega) = F(\mathrm{i}\omega)$. 于是根

据反演定理（定理 4.10）以及积分变量替换公式，当 $t > 0$ 时，有

$$f(t) = \frac{1}{2\pi} \int_{-\infty}^{+\infty} F(\mathrm{i}\omega) \mathrm{e}^{\mathrm{i}\omega t} \, \mathrm{d}\omega = \frac{1}{2\pi \mathrm{i}} \int_{-\mathrm{i}\infty}^{+\mathrm{i}\infty} F(s) \mathrm{e}^{st} \, \mathrm{d}s \,, \tag{4.30}$$

最后一个积分的上下限的写法，表示积分沿虚轴自下而上.

若 $f(t)$ 不满足绝对可积条件，则考虑 $f(t)\mathrm{e}^{-\beta t}$，这里 β 为正实数. 当 $f(t)$ 可定义通常意义下的 Laplace 变换时，必存在充分大的正数 β，使得 $f(t)\mathrm{e}^{-\beta t}$ 绝对可积，于是可以定义其 Fourier 变换

$$\mathscr{F}\left(f(t)\mathrm{e}^{-\beta t}\right) = \int_{-\infty}^{+\infty} f(t)\mathrm{e}^{-\beta t}\mathrm{e}^{-\mathrm{i}\omega t} \, \mathrm{d}t = \int_{0}^{+\infty} f(t)\mathrm{e}^{-(\beta+\mathrm{i}\omega)t} \, \mathrm{d}t = F(\beta + \mathrm{i}\omega) \,.$$

根据反演定理，当 $t > 0$ 时，有

$$f(t)\mathrm{e}^{-\beta t} = \frac{1}{2\pi} \int_{-\infty}^{+\infty} F(\beta + \mathrm{i}\omega)\mathrm{e}^{\mathrm{i}\omega t} \, \mathrm{d}\omega \,.$$

上式两边同乘 $\mathrm{e}^{\beta t}$，有

$$f(t) = \frac{1}{2\pi} \int_{-\infty}^{+\infty} F(\beta + \mathrm{i}\omega)\, \mathrm{e}^{(\beta+\mathrm{i}\omega)t} \, \mathrm{d}\omega \,, \tag{4.31}$$

令 $\beta + \mathrm{i}\omega = s$，得

$$f(t) = \frac{1}{2\pi \mathrm{i}} \int_{\beta-\mathrm{i}\infty}^{\beta+\mathrm{i}\infty} F(s)\mathrm{e}^{st} \, \mathrm{d}s \,, \tag{4.32}$$

这就是 Laplace 变换的**反演公式**. 此时称 $f(t)$ 为 $F(s)$ 的 **Laplace 逆变换**，记为 $\mathscr{L}^{-1}(F(s))$. 特别，对连续可导函数 $f(t)$，若其 Laplace 变换存在，则

$$\mathscr{L}^{-1}\left(\mathscr{L}(f(t))\right) = f(t) \,, \tag{4.33}$$

即 **Laplace 变换在连续可导的函数类中是可逆的**.

式 (4.31) 或式 (4.32) 是一个复变函数的积分，当 $F(s)$ 满足一定条件时，该积分可以用留数定理来计算.

例 4.35 计算 $F(s) = \dfrac{1}{s}$ 的 Laplace 逆变换 $f(t)$.

解 取 $\beta > 0$，由式 (4.31) 得

$$f(t) = \frac{1}{2\pi} \int_{-\infty}^{+\infty} \frac{\mathrm{e}^{(\beta+\mathrm{i}\omega)t}}{\beta + \mathrm{i}\omega} \, \mathrm{d}\omega = \frac{\mathrm{e}^{\beta t}}{2\pi \mathrm{i}} \int_{-\infty}^{+\infty} \frac{\mathrm{e}^{\mathrm{i}\omega t}}{\omega - \mathrm{i}\beta} \, \mathrm{d}\omega \,, \tag{4.34}$$

当 $t > 0$ 时，由式 (3.28) 得

$$f(t) = \mathrm{e}^{\beta t}\mathrm{Res}\left(\frac{\mathrm{e}^{\mathrm{i}\omega t}}{\omega - \mathrm{i}\beta}, i\beta\right) = 1 \,.$$

注 4.21 当 $t = 0$ 时，由式 (4.34) 可得

$$f(0) = \frac{1}{2\pi i} \int_{-\infty}^{+\infty} \frac{1}{\omega - i\beta} \, d\omega = \frac{1}{2\pi i} \ln(\omega - i\beta) \Big|_{-\infty}^{+\infty} = \frac{1}{2},$$

一般地，当 $f(t)$ 逐段连续可导时，$\mathscr{L}^{-1}\left(\mathscr{L}(f(t))\right)$ 在 $f(t)$ 的间断点，等于 $f(t)$ 在该点左右极限的平均值，这一点与 Fourier 变换反演公式的结论类似. 在具体问题中，当原像函数 $f(t)$ 逐段连续可导时，$f(t)$ 在间断点的取值通常不是关注的重点，故仍记 $\mathscr{L}^{-1}\left(\mathscr{L}(f(t))\right) = f(t)$，这是在广义函数意义下的相等.

例 4.35 的做法可推广为如下定理.

定理 4.23 (Heaviside) 设 $\lim\limits_{s\to\infty} F(s) = 0$，$s_1, s_2, \cdots, s_n$ 为 $F(s)$ 的奇点全体，则

$$f(t) = \frac{1}{2\pi i} \int_{\beta - i\infty}^{\beta + i\infty} F(s) e^{st} \, ds = \sum_{k=1}^{n} \operatorname{Res}\left(F(s) e^{st}, \ s_k\right), \tag{4.35}$$

这里 $\beta > \max\{\operatorname{Re} s_1, \cdots, \operatorname{Re} s_n\}$.

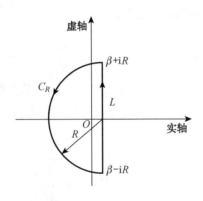

图 4.4

证明 取闭曲线 $C = L \cup C_R$，这里 C_R 为区域 $\{\operatorname{Re} s < \beta\}$ 中半径为 R 的半圆弧（图 4.4）. 对充分大的 R，可设 $F(s)$ 的所有奇点均包含在闭曲线 C 围成的区域内，因 e^{st} 为整函数，所以 $F(s) e^{st}$ 的奇点集与 $F(s)$ 的奇点集相同. 根据留数定理可得

$$\int_C F(s) e^{st} \, ds = 2\pi i \sum_{k=1}^{n} \operatorname{Res}\left(F(s) e^{st}, \ s_k\right),$$

即

$$\frac{1}{2\pi\mathrm{i}}\left(\int_{\beta-\mathrm{i}R}^{\beta+\mathrm{i}R} F(s)\mathrm{e}^{st}\,\mathrm{d}s + \int_{C_R} F(s)\mathrm{e}^{st}\,\mathrm{d}s\right) = \sum_{k=1}^{n}\mathrm{Res}\left(F(s)\mathrm{e}^{st},\ s_k\right).$$

在上式左边，令 $R \to +\infty$，当 $t > 0$ 时，有

$$\lim_{R\to+\infty}\int_{C_R} F(s)\mathrm{e}^{st}\,\mathrm{d}s = 0,$$

从而

$$\frac{1}{2\pi\mathrm{i}}\int_{\beta-\mathrm{i}\infty}^{\beta+\mathrm{i}\infty} F(s)\mathrm{e}^{st}\,\mathrm{d}s = \sum_{k=1}^{n}\mathrm{Res}\left(F(s)\mathrm{e}^{st},\ s_k\right).$$

证毕.

Laplace 逆变换同样也是一种积分变换，可仿照前文的积分变换推导相关的性质，这里不再赘述.

4.3.3 有理函数的 Laplace 逆变换

当实施 Laplace 逆变换的函数 $F(s)$ 形如 $\dfrac{P(s)}{Q(s)}$ 时（这里 $P(s)$ 和 $Q(s)$ 均为多项式，且 $P(s)$ 的次数小于 $Q(s)$ 的次数），定理 4.23 中的条件满足，其 Laplace 逆变换可以通过公式 (4.35) 计算. 这种情形在具体问题中很常见，此时，只需要计算有理函数的部分分式分解就可以了.

首先根据代数学基本定理，设 $Q(s) = (s - s_1)^{m_1}(s - s_2)^{m_2}\cdots(s - s_n)^{m_n}$，其中 $s_1, s_2, \cdots, s_n$ 为 $Q(s)$ 所有互不相同的复零点，则 $\dfrac{P(s)}{Q(s)}$ 可分解为如下形式

$$\frac{P(s)}{Q(s)} = \sum_{j=1}^{n}\sum_{k=1}^{m_j}\frac{C_{jk}}{(s - s_j)^k}, \tag{4.36}$$

其中 C_{jk} 为复常数. 根据 Laplace 变换的可逆性以及例 4.29，得

$$\mathscr{L}^{-1}\left(\frac{1}{(s - s_j)^k}\right) = \frac{1}{(k-1)!}t^{k-1}\mathrm{e}^{s_jt},$$

再由 Laplace 逆变换的线性性质，得到

$$\mathscr{L}^{-1}\left(\frac{P(s)}{Q(s)}\right) = \sum_{j=1}^{n}\sum_{k=1}^{m_j}\frac{C_{jk}}{(k-1)!}t^{k-1}\mathrm{e}^{s_jt}.$$

因此，只要求出所有的 C_{jk}，就可以得到 $\dfrac{P(s)}{Q(s)}$ 的 Laplace 逆变换.

系数 C_{jk} 可以借助解析函数的 Laurent 展开得到. 对式 (4.36) 两边在点 s_j 的去心邻域内求 Laurent 级数，根据 Laurent 级数的唯一性，两个 Laurent 级数应相等，特别，主要部分相等. 注意到式 (4.36) 右端除分母含有因子 $(s - s_j)$ 的项外，其他项都在点 s_j 解析，这些项对在点 s_j 的 Laurent 级数的主要部分没有贡献，而分母含有因子 $(s - s_j)$ 的项在点 s_j 的 Laurent 级数恰为其本身，故 C_{jk} 恰为 $\dfrac{P(s)}{Q(s)}$ 在点 s_j 的 Laurent 级数中 $(s - s_j)^{-k}$ 的系数，从而

$$C_{jk} = \frac{1}{(m_j - k)!} \lim_{s \to s_j} \frac{\mathrm{d}^{m_j-k}}{\mathrm{d}s^{m_j-k}} \left(\frac{P(s)}{Q(s)} (s - s_j)^{m_j} \right). \tag{4.37}$$

不难验证，上式与 Heaviside 公式等价.

例 4.36 求 $F(s) = \dfrac{s}{s^2 - 1}$ 的 Laplace 逆变换.

解 因 $s^2 - 1 = (s - 1)(s + 1)$，故可设 $F(s) = \dfrac{C_1}{s - 1} + \dfrac{C_2}{s + 1}$，由式 (4.37) 得

$$C_1 = \lim_{s \to 1}(s - 1)F(s) = \left. \frac{s}{s + 1} \right|_{s=1} = \frac{1}{2}, \quad C_2 = \lim_{s \to -1}(s + 1)F(s) = \left. \frac{s}{s - 1} \right|_{s=-1} = \frac{1}{2},$$

从而

$$\mathscr{L}^{-1}(F(s)) = \frac{1}{2}\left(\mathscr{L}^{-1}\left(\frac{1}{s - 1} \right) + \mathscr{L}^{-1}\left(\frac{1}{s + 1} \right) \right) = \frac{\mathrm{e}^t + \mathrm{e}^{-t}}{2} = \cosh t.$$

本题中 C_1 与 C_2 也可以通过对 $F(s)$ 在点 ± 1 求留数得到.

例 4.37 求 $F(s) = \dfrac{s}{s^2 + 1}$ 的 Laplace 逆变换.

利用三角函数的 Laplace 变换公式，可以直接得到本例的结果为 $\cos t$，以下过程说明由前面的方法也将得到相同的结果.

解 因 $s^2 + 1 = (s + \mathrm{i})(s - \mathrm{i})$，故可设 $F(s) = \dfrac{C_1}{s - \mathrm{i}} + \dfrac{C_2}{s + \mathrm{i}}$，由式 (4.37) 得

$$C_1 = \lim_{s \to \mathrm{i}}(s - \mathrm{i})F(s) = \left. \frac{s}{s + \mathrm{i}} \right|_{s=\mathrm{i}} = \frac{1}{2}, \quad C_2 = \lim_{s \to -\mathrm{i}}(s + \mathrm{i})F(s) = \left. \frac{s}{s - \mathrm{i}} \right|_{s=-\mathrm{i}} = \frac{1}{2},$$

从而

$$\mathscr{L}^{-1}(F(s)) = \frac{1}{2}\left(\mathscr{L}^{-1}\left(\frac{1}{s - \mathrm{i}} \right) + \mathscr{L}^{-1}\left(\frac{1}{s + \mathrm{i}} \right) \right) = \frac{\mathrm{e}^{\mathrm{i}t} + \mathrm{e}^{-\mathrm{i}t}}{2} = \cos t.$$

例 4.38 求 $F(s) = \dfrac{1}{s(s-1)^2}$ 的 Laplace 逆变换.

解 设 $F(s) = \dfrac{C_1}{s} + \dfrac{C_2}{s-1} + \dfrac{C_3}{(s-1)^2}$, 由式 (4.37) 得

$$C_1 = \lim_{s \to 0} sF(s) = \left.\frac{1}{(s-1)^2}\right|_{s=0} = 1 ,$$

$$C_2 = \lim_{s \to 1}((s-1)^2 F(s))' = \left.\left(\frac{1}{s}\right)'\right|_{s=1} = -1 ,$$

$$C_3 = \lim_{s \to 1}(s-1)^2 F(s) = \left.\frac{1}{s}\right|_{s=1} = 1 ,$$

从而

$$\mathscr{L}^{-1}(F(s)) = 1 - \mathrm{e}^t + t\mathrm{e}^t .$$

在实际计算中，还可以结合 Laplace 变换的性质，进一步简化计算过程.

例 4.39 求 $F(s) = \dfrac{1}{(s^2+1)^2}$ 的 Laplace 逆变换.

解 因 $\mathscr{L}^{-1}\left(\dfrac{1}{s^2+1}\right) = \sin t$ ，根据卷积性质，$\mathscr{L}^{-1}(F(s)) = (u(t)\sin t)*(u(t)\sin t)$.

当 $t > 0$ 时，

$$(u(t)\sin t) * (u(t)\sin t) = \int_0^t \sin\tau \sin(t-\tau)\,\mathrm{d}\tau = -\frac{1}{2}\int_0^t [\cos t - \cos(2\tau - t)]\,\mathrm{d}\tau$$

$$= -\frac{1}{2}\tau\cos t\Big|_{\tau=0}^{\tau=t} + \frac{1}{4}\sin(2\tau - t)\Big|_{\tau=0}^{\tau=t} = -\frac{1}{2}t\cos t + \frac{1}{2}\sin t .$$

本题如果利用部分分式分解，需要计算 4 个系数，而且其中 2 个系数还要通过计算导数得到，而利用卷积性质，只需要计算一次积分，相对简单一些.

注 4.22 对实值函数的 Laplace 逆变换，习惯上要将结果化为实值函数形式. 对实系数有理函数而言，由于实系数多项式的虚根是成对的，因此总可以把部分分式中互为共轭的两个部分分式结合起来得到形如 $\dfrac{As+B}{(s^2+\alpha^2)^k}$ 的部分分式，再根据三角函数的 Laplace 变换公式以及卷积性质，可得到实值函数形式的逆变换.

结合 Laplace 变换的延迟性质，还可以得到更多结果.

例 4.40 求 $F(s) = \dfrac{\mathrm{e}^{-s}}{s}$ 的 Laplace 逆变换.

解 根据延迟性质，$\mathscr{L}(u(t-1)) = \dfrac{\mathrm{e}^{-s}}{s}$，且 $u(t-1)$ 是逐段连续可导的，从而

$$\mathscr{L}^{-1}\left(\frac{\mathrm{e}^{-s}}{s}\right) = u(t-1),$$

其中 $u(t)$ 为 Heaviside 函数.

4.4 积分变换在求解线性微分方程中的应用

由于一个函数及其导数的积分变换之间存在简单的代数关系，可以利用积分变换求解线性微分方程是一个很有效的方法.

4.4.1 利用 Laplace 变换求解线性常微分方程

考虑 n 阶常系数线性常微分方程

$$y^{(n)}(t) + a_1 y^{(n-1)}(t) + \cdots + a_{n-1} y'(t) + a_n y(t) = f(t), \tag{4.38}$$

以及初始条件

$$y(0) = c_0, \ y'(0) = c_1, \ \cdots, \ y^{(n-1)}(0) = c_{n-1}, \tag{4.39}$$

这里 $a_1, \cdots, a_n$ 为实常数. 在微分方程理论中，这类问题称为常微分方程的**初值问题**或 **Cauchy 问题**. 求常微分方程 (4.38) 的初值问题的解，可以通过先求出方程 (4.38) 的通解，再代入初始条件求出待定系数得到. 通过积分变换，可以大大简化这一过程.

例 4.41 求解常微分方程 $y''(t) - 3y'(t) + 2y(t) = \mathrm{e}^{3t}$ 满足初值条件 $y(0) = y'(0) = 0$ 的解.

解 对方程两边作 Laplace 变换，并设 $Y(s) = \mathscr{L}(y(t))$，得

$$s^2 Y(s) - 3sY(s) + 2Y(s) = \frac{1}{s-3},$$

于是

$$Y(s) = \frac{1}{(s-1)(s-2)(s-3)} = \frac{C_1}{s-1} + \frac{C_2}{s-2} + \frac{C_3}{s-3},$$

这里

$$C_1 = \mathrm{Res}\left(Y(s), \ 1\right) = \frac{1}{2}, \quad C_2 = \mathrm{Res}\left(Y(s), \ 2\right) = -1, \quad C_3 = \mathrm{Res}\left(Y(s), \ 3\right) = \frac{1}{2}.$$

从而

$$y(t) = \mathscr{L}^{-1}(Y(s)) = \frac{1}{2}\mathrm{e}^t - \mathrm{e}^{2t} + \frac{1}{2}\mathrm{e}^{3t}.$$

经检验，上述 $y(t)$ 确为所求问题的解.

高等数学课程中，求解常系数齐次线性常微分方程，通常采用先求出对应特征方程的根，再直接写出通解的方法；求解非齐次常系数线性常微分方程，则先通过方程的非齐次项，通过待定系数法求出特解，进而得到通解（参考文献 [2]）. 通过此例，读者可发现特征方程以及特解与非齐次项的关系的来源依据.

例 4.42　求解常微分方程组

$$\begin{cases} x'(t) = -x(t) + y(t) + \mathrm{e}^t, \\ y'(t) = -3x(t) + 2y(t) + 2\mathrm{e}^t, \end{cases}$$

满足初值条件 $x(0) = y(0) = 1$ 的解.

解　对方程两边作 Laplace 变换，并设 $X(s) = \mathscr{L}(x(t))$，$Y(s) = \mathscr{L}(y(t))$，得

$$\begin{cases} (s+1)X(s) - Y(s) = \dfrac{s}{s-1}, \\ 3X(s) + (s-2)Y(s) = \dfrac{s+1}{s-1}, \end{cases}$$

解得 $X(s) = Y(s) = \dfrac{1}{s-1}$，从而 $x(t) = y(t) = \mathscr{L}^{-1}\left(\dfrac{1}{s-1}\right) = \mathrm{e}^t$. 经检验，上述 $x(t)$，$y(t)$ 确为所求问题的解.

根据矩阵函数的理论，常系数线性常微分方程组的解，与一个矩阵的 Jordan 标准型有关（参考文献 [2]）. 通过本例，可以发现其中的内在联系.

下面的两个例子有很明显的物理意义.

例 4.43　求解常微分方程的初值问题

$$\begin{cases} x''(t) + x(t) = u(t-a) - u(t-b), \\ x(0) = x'(0) = 0, \end{cases}$$

这里 $u(t)$ 为 Heaviside 函数，$0 < a < b$.

解　对方程两边作 Laplace 变换，并设 $X(s) = \mathscr{L}(x(t))$，得

$$s^2 X(s) + X(s) = \frac{1}{s}\left(\mathrm{e}^{-as} - \mathrm{e}^{-bs}\right),$$

于是

$$X(s) = \frac{1}{s(s^2+1)}\left(\mathrm{e}^{-s} - \mathrm{e}^{-2s}\right) = \left(\frac{1}{s} - \frac{s}{s^2+1}\right)\left(\mathrm{e}^{-as} - \mathrm{e}^{-bs}\right),$$

从而根据延迟性质,

$$x(t) = \begin{cases} 0, & 0 \leqslant t < a, \\ 1 - \cos(t-a), & a \leqslant t < b, \\ \cos(t-b) - \cos(t-a), & t \geqslant b. \end{cases}$$

注 4.23 本例得到的解函数, 在 a 和 b 两个点并不可导, 因此在经典的导数意义下, $x(t)$ 并不是原方程的解. 事实上, 根据微积分中关于导数的 Darboux[1] 定理 (参考文献 [4]), 如果一个函数在某个区间上可导, 则该函数的导数在该区间上不存在第一类间断点, 因此本例在经典的导数意义下无解. 但若将本例看作广义函数意义下的微分方程, 则 $x(t)$ 就可以看作原方程的解, 读者可根据广义函数导数的定义验证这一结论.

例 4.44 求解常微分方程组的初值问题

$$\begin{cases} y''(t) + y(t) = \delta(t-a), \\ y(0) = y'(0) = 0, \end{cases}$$

这里 $a > 0$.

本例显然也应看作广义函数意义下的微分方程.

解 对方程两边作 Laplace 变换, 并设 $Y(s) = \mathscr{L}(y(t))$, 得

$$s^2 Y(s) + Y(s) = \mathrm{e}^{-as},$$

于是

$$Y(s) = \frac{\mathrm{e}^{-s}}{(s^2+1)},$$

从而根据延迟性质,

$$y(t) = \begin{cases} 0, & 0 \leqslant t < a, \\ \sin(t-a), & t \geqslant a. \end{cases}$$

在上面两个例子中, 方程的左边形式完全相同, 对应的物理模型为弹簧振子, 该方程的右边对应了该振子所受的外力. 在例 4.43 中, 外力在 $[a,b]$ 上为常值, 易见在方程右边除以 $(b-a)$, 此时外力产生的冲量为 1, $\dfrac{x(t)}{b-a}$ 为新方程的解. 令 $(b-a) \to 0^+$, 不难发现

$$y(t) = \lim_{(b-a) \to 0^+} \frac{x(t)}{b-a}.$$

---

[1]全名为 Jean Gaston Darboux (1842–1917), 达布, 法国数学家.

而根据

$$\delta(t) = \lim_{(b-a) \to 0^+} \frac{u(t-a) - u(t-b)}{b-a},$$

即例 4.44 中的外力 $\delta(t)$ 可看作例 4.43 中外力的弱极限，于是例 4.44 的结果在物理上是自然的.

通过本节的例子不难看出，利用 Laplace 变换求解常微分方程，其基本思想是先利用 Laplace 变换消去方程中的导数运算，求解相对简单的方程后，再通过逆变换得到原方程的解. 如将初始条件改为任意常数，利用 Laplace 变换，亦可用此法求出方程的通解.

4.4.2 利用 Fourier 变换求解微分方程

Fourier 变换同样在求解线性微分方程中有重要应用. 运用 Fourier 变换求解线性微分方程的基本思想与利用 Laplace 变换求解常微分方程类似：先利用 Fourier 变换将方程消去导数运算，然后求解相对简单的方程，最后再对求得的解作 Fourier 逆变换，得到原方程的解. 这三步中，最后一步的化简需要灵活使用 Fourier 变换的基本性质.

例 4.45 求解热传导方程 Cauchy 问题

$$\begin{cases} u_t - a^2 u_{xx} = 0, & t > 0, \ x \in \mathbf{R}, \\ u(0, x) = \varphi(x), \end{cases}$$

其中，$a > 0$ 为常数，$u(t, x)$ 为 t 时刻一维导热体在 x 点的温度，$\varphi(x)$ 为该导热体在 x 点的初始温度.

解 对方程和初始条件两端关于 x 作 Fourier 变换，并记 $\mathscr{F}(u(t, x)) = \hat{u}(t, \omega)$，则原问题变为

$$\begin{cases} \hat{u}_t + a^2 \omega^2 \hat{u} = 0, & t > 0, \\ \hat{u}(0, \omega) = \hat{\varphi}(\omega). \end{cases}$$

根据常微分方程的知识，解得 $\hat{u}(t, \omega) = \hat{\varphi}(\omega) \mathrm{e}^{-a^2 \omega^2 t}$.

为求 $u(t, x)$，需对 $\hat{u}(t, \omega)$ 关于 ω 作 Fourier 逆变换. 根据例 4.8 有

$$\mathscr{F}^{-1}(\mathrm{e}^{-a^2 \omega^2 t}) = \frac{1}{2a\sqrt{\pi t}} \mathrm{e}^{-\frac{x^2}{4a^2 t}},$$

于是由卷积性质得到

$$\hat{u}(t, \omega) = \mathscr{F}(\varphi(x)) \mathscr{F}\left(\frac{1}{2a\sqrt{\pi t}} \mathrm{e}^{-\frac{x^2}{4a^2 t}}\right) = \mathscr{F}\left(\frac{1}{2a\sqrt{\pi t}} \mathrm{e}^{-\frac{x^2}{4a^2 t}} * \varphi(x)\right),$$

故

$$u(t, x) = \frac{1}{2a\sqrt{\pi t}} \mathrm{e}^{-\frac{x^2}{4a^2 t}} * \varphi(x) = \frac{1}{2a\sqrt{\pi t}} \int_{-\infty}^{+\infty} \mathrm{e}^{-\frac{(x-y)^2}{4a^2 t}} \varphi(y) \, \mathrm{d}y.$$

经检验上述 $u(t, x)$ 确为原问题的解.

除了求解微分方程, 积分变换在其他方面还有很多应用, 限于篇幅, 不再一一列举.

习题 4

1. 求下述矩形脉冲函数的 Fourier 变换.

$$f(x) = \begin{cases} M, & 0 \leqslant x \leqslant A, \\ 0, & x \text{ 为其他值}. \end{cases}$$

2. 求下列函数的 Fourier 变换.

$$(1) \ f(x) = \begin{cases} 1 - x^2, & |x| \leqslant 1, \\ 0, & |x| > 1, \end{cases} \qquad (2) \ f(x) = \begin{cases} \operatorname{sgn} x, & |x| \leqslant 1, \\ 0, & |x| > 1. \end{cases}$$

3. 设 $f(x)$ 为实值偶函数, 且在 $(-\infty, +\infty)$ 上绝对可积, 证明对一切 $\omega \in \mathbf{R}$,

$$\hat{f}(\omega) = \int_{-\infty}^{+\infty} f(x) \cos |\omega| x \, \mathrm{d}x,$$

特别, $\hat{f}(\omega)$ 为偶函数.

4. 求 1 的 Fourier 逆变换.

5. 求 $\cos \alpha x$ 和 $\sin \alpha x$ 的 Fourier 变换.

6. 求 $\hat{f}(\omega) = \dfrac{\sin k\omega}{\omega}$ 的 Fourier 逆变换, 这里 $k > 0$.

7. 将 Fourier 变换的性质推广到 Fourier 逆变换.

8. 求下列函数的 Laplace 变换.

(1) $f(t) = \sin \dfrac{t}{2}$,　(2) $f(t) = \sinh kt$,　　　(3) $f(t) = \cosh kt$,

(4) $f(t) = \mathrm{e}^{t+1}$,　　(5) $f(t) = \cos(t - 1)$,　(6) $f(t) = \cos(t - 1)u(t - 1)$.

9. 设 $f(t)$ 是以 2π 为周期的函数，且在一个周期内的表达式为

$$f(t) = \begin{cases} \sin t, & 0 < t \leqslant \pi, \\ 0, & \pi < t < 2\pi. \end{cases}$$

求 $f(t)$ 的 Laplace 变换.

10. 求下列函数的 Laplace 逆变换（本题中所有参数均为实数，且互不相等）.

(1) $F(s) = \dfrac{2s + 3}{s^2 + 9}$,　(2) $F(s) = \dfrac{1}{(s + 1)^4}$,　　　(3) $F(s) = \dfrac{s + 3}{(s + 1)(s - 3)}$,

(4) $F(s) = \dfrac{1}{s^4 - a^4}$,　(5) $F(s) = \dfrac{s + c}{(s + a)(s + b)^2}$,　(6) $F(s) = \dfrac{1}{(s^2 + a^2)\, s^3}$.

11. 利用 Laplace 变换求解下列常微分方程初值问题.

(1) $\begin{cases} y''(t) + 4y'(t) + 4y(t) = \mathrm{e}^t, \\ y(0) = y'(0) = 0, \end{cases}$　(2) $\begin{cases} y''(t) + 2y'(t) - 3y(t) = t - 1, \\ y(0) = 1, \ y'(0) = 1, \end{cases}$

(3) $\begin{cases} x'(t) = x(t) + 2y(t), \\ y'(t) = 2x(t) + y(t), \\ x(0) = 0, \ y(0) = 1, \end{cases}$　(4) $\begin{cases} y''(t) + 2y'(t) - 3y(t) = (t - 1)u(t - 1), \\ y(0) = 1, \ y'(0) = 1. \end{cases}$

12. 利用 Laplace 变换推导 **Duhamel**[1] 齐次化原理：设 $\varphi(t)$ 为常系数齐次常微分方程初值问题

$$\begin{cases} y^{(n)}(t) + a_1 y^{(n-1)}(t) + \cdots + a_n y(t) = 0, \\ y(0) = y'(0) = \cdots = y^{(n-2)}(0) = 0, \ y^{(n-1)} = 1 \end{cases}$$

的解，则常系数非齐次常微分方程初值问题

$$\begin{cases} y^{(n)}(t) + a_1 y^{(n-1)}(t) + \cdots + a_n y(t) = f(t), \\ y(0) = y'(0) = \cdots = y^{(n-1)}(0) = 0 \end{cases}$$

的解为

$$y(t) = \int_0^t \varphi(t - \tau) f(\tau) \, \mathrm{d}\tau.$$

---

[1] 全名为 Jean-Marie Constant Duhamel (1797–1872)，杜阿梅尔，法国数学家、物理学家.

13. 考虑取值为实数的独立的连续型随机变量 ξ 和 η，设其概率密度函数分别为 $p(x)$ 和 $q(x)$，分别称 $p(x)$ 和 $q(x)$ 的 Fourier 变换 $\hat{p}(\omega)$ 和 $\hat{q}(\omega)$ 为随机变量 ξ 和 η 的**特征函数**. 证明随机变量 $(\xi + \eta)$ 的特征函数为 $\hat{p}(\omega)\hat{q}(\omega)$.

14. 利用 Fourier 变换求解一阶线性偏微分方程 Cauchy 问题

$$\begin{cases} u_t + au_x = f(x,t), & x,t \in \mathbf{R}, \\ u(x,0) = \varphi(x), & x \in \mathbf{R}. \end{cases}$$

其中 $u = u(x,t)$，a 为实常数，$f(x,t)$，$\varphi(x)$ 为已知的光滑函数.

15. 利用 Fourier 变换推导一维波动方程 Cauchy 问题

$$\begin{cases} u_{tt} - a^2 u_{xx} = 0, & x,\ t \in \mathbf{R}, \\ u(x,0) = \varphi(x),\ u_t(x,0) = \psi(x), & x \in \mathbf{R} \end{cases}$$

解的 **d'Alembert**[1]**公式**

$$u(x,t) = \frac{1}{2}(\varphi(x+at) + \varphi(x-at)) + \frac{1}{2a}\int_{x-at}^{x+at} \psi(\tau)\,\mathrm{d}\tau,$$

其中 a 为实常数，$\varphi(x)$，$\psi(x)$ 为已知的光滑函数.

16. 设 $E(x,t) = \dfrac{1}{2a\sqrt{\pi t}}\mathrm{e}^{-\frac{x^2}{4a^2 t}}$，其中 $x \in \mathbf{R}$，$t > 0$，a 为正常数.

(1) 证明 $\displaystyle\int_{-\infty}^{+\infty} E(x,t)\,\mathrm{d}x = 1$.

(2) 证明 $\displaystyle\int_{-\infty}^{+\infty} E(x_1 - y, t_1)E(y - x_2, t_2)\,\mathrm{d}y = E(x_1 - x_2, t_1 + t_2)$.

(3) 证明对任何 $x \neq 0$，$\displaystyle\lim_{t \to 0^+} E(x,t) = 0$，而 $\displaystyle\lim_{t \to 0^+} E(0,t) = +\infty$.

(4) 证明 $\delta(x)$ 为 $E(x,t)$ 当 $t \to 0^+$ 时的弱极限.

17. $\dfrac{1}{t^2}$ 是否为局部可积函数? 是否可仿照 (4.15) 视为广义函数?

18. (1) 计算 $|x|$ 的广义导数，并将该导数用 Heaviside 函数表示.

(2) 计算 $(|x|)''$.

---

[1] 全名为 Jean-Baptiste le Rond d'Alembertd'Alembert (1717–1783)，达朗贝尔，法国数学家.

(3) 计算阶梯函数

$$f(x) = \begin{cases} y_1 , & x < x_1 , \\ y_k , & x_{k-1} \leqslant x < x_k\ (k = 2 , 3 , \cdots , n) , \\ y_{n+1} , & x \geqslant x_n , \end{cases}$$

的广义导数，这里 $x_1 < x_2 < \cdots < x_n$ ，$y_1 , \cdots , y_{n+1}$ 为实数.

19. 对广义函数，证明 Fourier 变换的性质.

20. (1) 计算 $\mathrm{e}^{\mathrm{i}\alpha x}$ 的 Fourier 变换，这里 α 为实数.

(2) 计算 $\cos \alpha x$ 和 $\sin \alpha x$ 的 Fourier 变换，这里 α 为实数.

21. (1) 对 N 点序列 $\{x[n]\}_{0 \leqslant n < N}$ ，定义

$$\hat{x}[k] = \sum_{n=0}^{N-1} \mathrm{e}^{-\mathrm{i}\frac{2\pi}{N}nk} x[n] ,$$

称为序列 $\{x[n]\}$ 的**离散 Fourier 变换**. 证明

$$x[n] = \frac{1}{N} \sum_{k=0}^{N-1} \mathrm{e}^{\mathrm{i}\frac{2\pi}{N}nk} \hat{x}[k] ,$$

该变换称为序列 $\{\hat{x}[n]\}$ 的**离散 Fourier 逆变换**.

(2) 对定义在 $[-l, l]$ 上的连续函数 $f(x)$ ，定义 N 点序列为

$$f_N[n] = f\left(-l + \frac{2ln}{N}\right) ,$$

证明由式 (4.2) 定义的 $f(x)$ 的 Fourier 系数 $c_n = \lim_{N \to \infty} \dfrac{\hat{f}_N[n]}{N}$.

22. 对无穷序列 $\{x[n]\}$ （n 为整数），定义

$$X(\mathrm{e}^{\mathrm{i}\omega}) = \sum_{n=-\infty}^{+\infty} x[n]\mathrm{e}^{-\mathrm{i}\omega n} ,$$

称为序列 $\{x[n]\}$ 的 **Fourier 变换**，这是一个复数项级数.

(1) 证明若以 $\{x[n]\}$ 为通项的级数绝对收敛，则 $X(\mathrm{e}^{\mathrm{i}\omega})$ 有意义.

(2) 证明 $x[n] = \dfrac{1}{2\pi} \displaystyle\int_0^{2\pi} X(\mathrm{e}^{\mathrm{i}\omega})\mathrm{e}^{\mathrm{i}\omega n}\, \mathrm{d}\omega$.

23. 对无穷序列 $\{x[n]\}$（n 为整数），定义

$$X(z) = \sum_{n=-\infty}^{+\infty} x[n]z^{-n} \, ,$$

称为序列 $\{x[n]\}$ 的 **z-变换**，这是一个以原点为中心的 Laurent 级数.

(1) 证明若 $X(z)$ 在环域 $D = \{r < |z| < R\}$ 上收敛，则

$$x[n] = \frac{1}{2\pi i} \int_C X(z)z^{n-1} \, \mathrm{d}z \, ,$$

这里 C 是 D 内绕原点的任何一条正向简单闭曲线.

(2) 证明若 $X(z)$ 在包含单位圆周的环域上收敛，则令 $z = e^{i\omega}$，$X(e^{i\omega})$ 恰为上题定义的无穷序列 $\{x[n]\}$ 的 Fourier 变换.

第 5 章　共形映照

解析函数作为平面点集之间的映射，有区别于一般映射的重要性质——共形性，基于此，解析函数在几何学中有重要的应用.

5.1　导数的几何意义与共形性

解析函数的反函数存在定理（定理 3.40）指出，当解析函数在一点的导数不为零时，该函数作为映射，在局部是可逆的. 本节将看到，这样的映射还有更好的几何性质.

5.1.1　曲线间的夹角和映射的伸缩率

设 C 为复平面上的一条简单光滑的有向曲线，其参数方程为 $z = z(t)\,(\alpha \leqslant t \leqslant \beta)$，且其方向与参数增加的方向一致. 进一步假设，对一切 $t \in [\alpha, \beta]$，曲线 C 在 $z = z(t)$ 点的切向量 $z'(t) = x'(t) + \mathrm{i}y'(t)$ 非零（在端点 α 与 β 处，$z'(\alpha)$ 与 $z'(\beta)$ 取为单侧导数），这样的参数方程称为曲线的**正则参数方程**.

注 5.1　同一条有向曲线，其参数方程不唯一. 例如以下两个参数方程

$$\begin{cases} x = \cos\theta \\ y = \sin\theta \end{cases} (0 \leqslant \theta \leqslant 2\pi), \quad \begin{cases} x = \cos 2\theta \\ y = \sin 2\theta \end{cases} (0 \leqslant \theta \leqslant \pi), \tag{5.1}$$

都表示以 1 为起点和终点的正向单位圆周. 在有向曲线上的一点，依照不同的参数方程定义的切向量一般不相同（式 (5.1) 中的两个参数方程得到的切向量刚好差了一个因子 2），但其方向是相同的. 这一事实的物理意义是，参数方程可看作质点的运动轨迹，一点的切向量为质点运行到该点时的速度，沿同一条有向曲

线，质点的运动方式有无穷多种，按照不同的运动方式，质点在一点的速度的大小可能不同，但方向总是沿着曲线的切线指向质点行进方向.

注 5.2　任何一条简单光滑参数曲线的正则参数必定存在. 事实上，只需要规定质点沿曲线行进时，任何时刻的速率都不为零即可，甚至还可以要求质点保持恒定速率 1 行进，此时对应的参数就是在几何中运用广泛的**弧长参数**. 严格证明参考文献 [7].

对两条相交的有向光滑曲线，可以利用它们在交点的切向量的夹角来刻画曲线的夹角.

定义 5.1　设 $z_1(t)$，$z_2(t)$ $(\alpha \leqslant t \leqslant \beta)$ 分别为两条相交于 z_0 的简单光滑曲线 C_1 与 C_2 的正则参数方程，曲线的方向取为参数增加的方向，并不失一般性地假设 $z_0 = z_1(\alpha) = z_2(\alpha)$，则在交点 z_0 处曲线 C_1 到 C_2 的**转动角**规定为曲线在交点 z_0 点的切向量 $z_1'(\alpha)$ 到 $z_2'(\alpha)$ 的转动角 $\mathrm{Arg}\, z_2'(\alpha) - \mathrm{Arg}\, z_1'(\alpha)$.

注 5.3　两条有向曲线间的转动角应当是客观的，不应依赖于参数的选取，虽然定义 5.1 表面上依赖于参数，但根据注 5.1，对不同的正则参数，切向量的方向不改变，因此上述定义与曲线的参数选取无关.

注 5.4　如若不考虑转动的方向，便得到曲线间的**夹角**. 若进一步忽略曲线的方向，则两条曲线夹角可取为区间 $[0，\pi]$ 中的值.

注 5.5　一般地，对两条相交曲线，只有当这两条曲线在交点处同时具备切向量时，才可以定义曲线间的夹角.

对两条都延伸到无穷远点的曲线，可以认为它们相交于无穷远点，对这样的两条曲线，在一定条件下，也可以定义它们在无穷远点的转动角. 首先，设 $z = z(t)$ $(\alpha \leqslant t < \beta)$ 是简单光滑曲线 C 的一个参数方程，且满足 $\lim\limits_{t \to \beta^-} z(t) = \infty$，若规定 C 的方向取为参数增加的方向，则 C 为一条延伸到无穷远点的曲线. 不妨设 C 不过原点，于是可对曲线 C 作变换 $w = z^{-1}$，易见其像也是一条简单曲线. 选取像曲线的起点为 C 的起点的像（即点 $\dfrac{1}{z(\alpha)}$），因 $\lim\limits_{t \to \beta^-} \dfrac{1}{z(t)} = 0$，故该像曲线延伸向原点. 补充定义 $\dfrac{1}{z(\beta)} = 0$，则像曲线的终点可视为原点，且对一切 $t \in [\alpha, \beta]$，$w(t)$ 连续可导. 如果像曲线在原点亦可微（此时可能需要重新选择像曲线的参数方程），则称曲线 C **在无穷远点可微**.

定义 5.2　设 C_1 与 C_2 分别为两条延伸向无穷远点的简单光滑的有向曲线，且两条曲线都在无穷远点可微，则曲线 C_1 到 C_2 在**无穷远点的转动角**定义为经变换 $w = z^{-1}$ 后，在原点，曲线 C_1 的像曲线到 C_2 的像曲线的转动角.

注 5.6　两条延伸向无穷远点的曲线 C_1 与 C_2 在无穷远点相交，直观上可以这样理解：考虑两条曲线在球极投影下的像曲线 $P(C_1)$ 与 $P(C_2)$，这两条像曲线必定在北极点相交．于是定义两条延伸向无穷远点，并在无穷远点可微的曲线的转动角是很自然的．而 C_1 与 C_2 经变换 $w = z^{-1}$ 后的像曲线（记为 C_1' 与 C_2'），再进一步做球极投影，得到 $P(C_1')$ 与 $P(C_2')$，这两条曲线恰好经过南极，且其夹角与 $P(C_1)$ 和 $P(C_2)$ 的夹角相同，因此以 C_1' 与 C_2' 在原点的夹角作为 C_1 与 C_2 在无穷远点夹角的定义是合理的．

下面的定理，给出了特殊情形下，两条曲线在无穷远点的夹角计算公式.

定理 5.1　设 $z_1(t)$，$z_2(t)$ $(\alpha \leqslant t < \beta)$ 分别为两条延伸向无穷远点的简单光滑的有向曲线 C_1 与 C_2 的正则参数方程，$z_1(\beta) = z_2(\beta) = \infty$．进一步设两条曲线都在无穷远点可微，且 $\dfrac{1}{z_1(t)}$，$\dfrac{1}{z_2(t)}$ $(\alpha \leqslant t \leqslant \beta)$ 也是正则参数方程，则在无穷远点曲线 C_1 到 C_2 的转动角为

$$\lim_{t \to \beta^-} \left(\operatorname{Arg} \left(\frac{1}{z_2(t)} \right)' - \operatorname{Arg} \left(\frac{1}{z_1(t)} \right)' \right).$$

例 5.1　设直线 $C_1 : z_1(t) = z_0 + te^{i\alpha}$，$C_2 : z_2(t) = z_0 + te^{i\beta}$，分别计算在 z_0 点和无穷远点 C_1 到 C_2 的转动角，这里 $t \in \mathbf{R}$，α 和 β 为实常数.

解　易见 $z_1'(t) = e^{i\alpha}$，$z_2'(t) = e^{i\beta}$，从而在 z_0 点 C_1 到 C_2 的转动角为 $\operatorname{Arg} z_2'(t) - \operatorname{Arg} z_1'(t) = (\beta - \alpha) + 2k\pi$，在无穷远点 C_1 到 C_2 的转动角为

$$\lim_{t \to \infty} \left(\operatorname{Arg} \left(\frac{1}{z_2(t)} \right)' - \operatorname{Arg} \left(\frac{1}{z_1(t)} \right)' \right) = \lim_{t \to \infty} \left(\operatorname{Arg} \left(-\frac{z_2'(t)}{(z_2(t))^2} \right) - \operatorname{Arg} \left(-\frac{z_1'(t)}{(z_1(t))^2} \right) \right)$$

$$= \lim_{t \to \infty} \left(\operatorname{Arg} \left(\frac{z_2'(t)\,(z_1(t))^2}{z_1'(t)\,(z_2(t))^2} \right) \right) = (\alpha - \beta) + 2k\pi,$$

此处第二个等号利用了商的幅角等于幅角的差，第三个等号利用了幅角的连续性（注意不是幅角主值）.

例 5.1 直观上可以这样理解：考虑 C_1 和 C_2 在球极投影 P 下的像（分别记为 $P(C_1)$ 和 $P(C_2)$），容易看出若在点 $P(z_0)$，$P(C_2)$ 位于 $P(C_1)$ 的逆时针方向 θ 处，则在北极点，$P(C_2)$ 必位于 $P(C_1)$ 的顺时针方向 θ 处，从而两条相交直线在无穷远点的转动角与在有限点的转动角相差一个负号.

例 5.2 计算两条平行直线在无穷远点的夹角.

解 设两条平行直线的参数方程分别为 C_1：$z_1(t) = \alpha + t\mathrm{e}^{\mathrm{i}\theta}$，$C_2$：$z_2(t) = \beta + t\mathrm{e}^{\mathrm{i}\theta}$，这里 $t \in \mathbf{R}$，α，β 为复常数，θ 为实常数. 从而 $z_1'(t) = z_2'(t) = \mathrm{e}^{\mathrm{i}\theta}$，在无穷远点 C_1 到 C_2 的转动角为

$$\lim_{t \to \infty} \left(\mathrm{Arg} \left(\frac{1}{z_2(t)} \right)' - \mathrm{Arg} \left(\frac{1}{z_1(t)} \right)' \right) = \lim_{t \to \infty} \left(\mathrm{Arg} \left(-\frac{z_2'(t)}{(z_2(t))^2} \right) - \mathrm{Arg} \left(-\frac{z_1'(t)}{(z_1(t))^2} \right) \right)$$

$$= \lim_{t \to \infty} \left(\mathrm{Arg} \left(\frac{z_2'(t)}{z_1'(t)} \frac{(z_1(t))^2}{(z_2(t))^2} \right) \right) = 2k\pi .$$

从而两条平行直线在无穷远点的夹角为零.

本例的结论与直观一致. 事实上，两条在北极点夹角非零的圆必在 Riemann 球面上交于其他点，而两条平行直线在球极投影下的像曲线只有唯一的公共点——北极点，从而像曲线必定在北极点相切，于是夹角为零.

借助切向量还可以刻画映射在一点的形变程度. 设光滑曲线 C 的参数方程为 $z = z(t)$ $(\alpha \leqslant t \leqslant \beta)$，该曲线的长度为

$$\mathrm{Length}\,(C) = \int_\alpha^\beta \mathrm{d}s = \int_\alpha^\beta |z'(t)|\,\mathrm{d}t ,$$

其中，$\mathrm{d}s = |z'(t)|\,\mathrm{d}t$ 为 C 的弧长微分，$|z'(t)|$ 为切向量 $z'(t)$ 的长度. 考虑从 z-平面区域 U 到 w-平面区域 V 的连续可导的一一映射 $w = f(z)$，设曲线 C 被映射为曲线 $\varGamma$，则 $w = w(t) = f(z(t))$ 为 $\varGamma$ 的一个参数方程（称为由映射 $f(z)$ **诱导的参数方程**），$\varGamma$ 的长度为

$$\mathrm{Length}(\varGamma) = \int_\alpha^\beta \mathrm{d}\tilde{s} = \int_\alpha^\beta |w'(t)|\,\mathrm{d}t ,$$

这里 $\mathrm{d}\tilde{s} = |w'(t)|\,\mathrm{d}t$ 为 $\varGamma$ 的弧长微分. 这两条曲线的长度通常不会相同，这反映了映射的形变，特别同一个参数对应点的弧长微分之比 $\dfrac{|w'(t)|}{|z'(t)|}$ 反映了映射局部的形变，称为曲线 C 在点 $z(t)$ 处经过 $w = f(z)$ 映射后的**伸缩率**，可以证明这一比值与参数的选取无关，但通常与曲线在这一点的切向量方向有关（见本章习题）.

注 5.7 在曲线关于映射的伸缩率的定义中，像曲线的参数方程必须选择由映射诱导的参数方程，否则将无法体现像曲线与原像曲线的关系.

例 5.3 证明任何一条简单光滑曲线经 $w = kz$（k 为复常数）映射后，在每一点的伸缩率均为 $|k|$.

证明　任取光滑曲线 C，设其参数方程为 $z = z(t)\ (\alpha \leqslant t \leqslant \beta)$，则

$$w'(t) = \frac{\mathrm{d}}{\mathrm{d}t}(kz(t)) = kz'(t),$$

从而在每一点的伸缩率为 $\dfrac{|w'(t)|}{|z'(t)|} = \dfrac{|kz'(t)|}{|z'(t)|} = |k|$.

考虑两种特殊情形——k 为非零实数或单位复数 $\mathrm{e}^{\mathrm{i}\theta}$. 当 k 为非零实数时，映射 $w = kz$ 为平面相似变换，相似比为 $|k|$，即任何图形经变换后被放大 $|k|$ 倍. 当 k 为单位复数时，映射 $w = \mathrm{e}^{\mathrm{i}\theta}z$ 为平面上的旋转变换，任何曲线经其映射后都不会发生形变. 因此，伸缩率的确反应了形变的程度.

5.1.2　解析函数导数的几何意义

将解析函数 $w = f(z)$ 视为 z-平面上的区域到 w-平面上的区域的映射，其导数有重要的几何意义.

设函数 $w = f(z)$ 在区域 D 内解析，z_0 为 D 内的一点，且 $f'(z_0) \neq 0$. 又设 C 为 z-平面内通过点 z_0 的一条简单光滑的有向曲线，其正则参数方程为 $z = z(t)\,(\alpha \leqslant t \leqslant \beta)$，其中 $z_0 = z(\alpha)$. 根据开映射定理（定理 3.39）和反函数存在定理（定理 3.40），映射 $w = f(z)$ 将 z-平面中 z_0 的局部邻域 U 一一映射为 w-平面上的区域 $f(U)$，于是 $w = f(z)$ 将 z-平面中的曲线 C 映射为 w-平面中经过点 $w_0 = f(z_0)$ 的曲线 Γ（图 5.1），诱导的参数方程为 $w = f(z(t))\ (\alpha \leqslant t \leqslant \beta)$. 根据复合函数求导法则，有

$$w'(\alpha) = f'(z(\alpha))z'(\alpha) = f'(z_0)z'(\alpha) \neq 0. \tag{5.2}$$

因为

$$\mathrm{Arg}\, w'(\alpha) - \mathrm{Arg}\, z'(\alpha) = \mathrm{Arg}\, f'(z_0), \tag{5.3}$$

其中 $\mathrm{Arg}\, z'(\alpha)$ 为曲线 C 在 z_0 点的切向量与 x 轴正向之间的夹角，而 $\mathrm{Arg}\, w'(\alpha)$ 为曲线 Γ 在 w_0 点的切向量与 u 轴正向之间的夹角. 如果置 x 轴与 u 轴、y 轴与 v 轴的正向相同，从而式 (5.3) 左端可视为向量 $z'(\alpha)$ 到向量 $w'(\alpha)$ 的转动角，规定曲线 C 经过 $w = f(z)$ 映射后在 z_0 点的转动角为曲线在 z_0 点的切向量到映射后的像曲线在 w_0 点的切向量的转动角，则根据式 (5.3) 得导数 $f'(z_0)$ 的幅角 $\mathrm{Arg}\, f'(z_0)$ 恰为曲线 C 经过 $w = f(z)$ 映射后在 z_0 点的转动角，该转动角只与 z_0 有关，与曲线 C 的形状和方向无关，所以这种映射**保持转动角不变**.

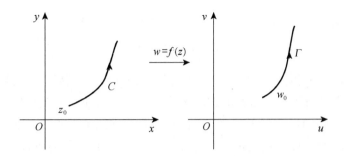

图 5.1

任取相交于 z_0 的两条曲线 C_1 与 C_2，设它们的正则参数方程分别为 $z = z_1(t)$ 与 $z = z_2(t)$ $(\alpha \leqslant t \leqslant \beta)$，且满足 $z_0 = z_1(\alpha) = z_2(\alpha)$，考虑 C_1 与 C_2 在映射 $w = f(z)$ 下的像曲线. 设 $w_0 = f(z_0)$ 为像曲线 Γ_1 及 Γ_2 的交点，像曲线的参数方程分别为 $w = w_1(t) = f(z_1(t))$ 与 $w = w_2(t) = f(z_2(t))$ $(\alpha \leqslant t \leqslant \beta)$. 根据式 (5.3) 有

$$\operatorname{Arg} w_1'(\alpha) - \operatorname{Arg} z_1'(\alpha) = \operatorname{Arg} w_2'(\alpha) - \operatorname{Arg} z_2'(\alpha)\,,$$

从而

$$\operatorname{Arg} w_2'(\alpha) - \operatorname{Arg} w_1'(\alpha) = \operatorname{Arg} z_2'(\alpha) - \operatorname{Arg} z_1'(\alpha)\,. \tag{5.4}$$

这表明在 z_0 点 C_1 到 C_2 的转动角，等于在 w_0 点像曲线 Γ_1 到 Γ_2 的转动角（图5.2）. 这种保持两曲线间转动角不变的性质称为**保角性**.

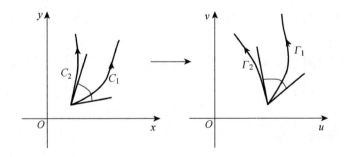

图 5.2

下面讨论函数 $f(z)$ 在 z_0 处导数的模 $|f'(z_0)|$ 的几何意义. 由式 (5.2) 知 $|w'(t_0)| = $

$|f'(z_0)| \cdot |z'(t_0)|$，即

$$\frac{|w'(t_0)|}{|z'(t_0)|} = |f'(z_0)| . \tag{5.5}$$

这表明曲线 C 在 z_0 点经映射 $w = f(z)$ 的伸缩率为 $|f'(z_0)|$，特别，该伸缩率只与 z_0 和映射 $f(z)$ 本身有关，与参数的选取无关，与曲线 C 在 z_0 点的切向量方向无关．因此，当 $f'(z_0) \neq 0$ 时，映射 $w = f(z)$ 在 z_0 处具有**伸缩率不变性**．

伸缩率的不变性直观上可以这样理解：该映射在 z_0 点的所有方向上，放大（或缩小）的比率相同（图 5.3）．对一般的平面间的映射，即便在同一点，不同方向上，放大或缩小倍数通常也不相同．

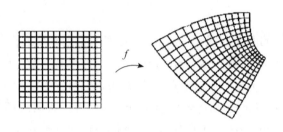

图 5.3

综上所述，有以下定理．

定理 5.2 设函数 $f(z)$ 在区域 D 内解析，z_0 为 D 内的一点，使得 $f'(z_0) \neq 0$，那么映射 $w = f(z)$ 在 z_0 处具有两个性质：

(1) 保角性，即通过 z_0 的两条曲线间的转动角等于经过映射后所得两条像曲线间的转动角；

(2) 伸缩率不变性，即通过 z_0 的任何一条光滑曲线在 z_0 点经映射 $f(z)$ 的伸缩率均为 $|f'(z_0)|$．

5.1.3 共形映照

定义 5.3 设函数 $f(z)$ 在 z_0 的邻域内有定义，且在 z_0 具有保角性和伸缩率不变性，那么称映射 $w = f(z)$ 在 z_0 是**共形映照**（或**保形映照**）．如果映射 $w = f(z)$ 在区域 D 内的每一点都是共形的，则称 $f(z)$ 是区域 D 内的共形映照．进一步，若 $w = f(z)$ 还是区域 D 到区域 Ω 的可逆映射，且其逆映射 f^{-1} 也是 Ω 内的共形映照，

则称 $w = f(z)$ 是区域 D 到区域 Ω 的**共形等价**（或**共形变换**）.

根据定理 5.2，有以下结论.

定理 5.3 若函数 $w = f(z)$ 在 z_0 处解析且 $f'(z_0) \neq 0$，则映射 $w = f(z)$ 在 z_0 处共形，$\mathrm{Arg}\, f'(z_0)$ 与 $|f'(z_0)|$ 分别为映射 $w = f(z)$ 在 z_0 点的转动角与伸缩率.

如果解析函数 $w = f(z)$ 在区域 D 内处处有 $f'(z) \neq 0$，那么映射 $w = f(z)$ 是 D 内的共形映照. 结合定理 3.40，有如下结论.

定理 5.4 若函数 $f(z)$ 在区域 D 内单叶解析，则映射 $w = f(z)$ 在区域 D 内是共形的.

对过无穷远点的可微曲线，由于可通过变换 $w = z^{-1}$ 将其变为过原点的光滑曲线，因此也可以借助变换 $w = z^{-1}$ 定义映射关于无穷远点的共形性.

定义 5.4 设 $f(z)$ 为定义在无穷远点的某个去心邻域内的函数，且 $\lim\limits_{z \to \infty} f(z) = w_0$. 若

$$g(w) = \begin{cases} f(w^{-1}), & w \neq 0, \\ w_0, & w = 0, \end{cases}$$

在原点共形，则称 $f(z)$ **在无穷远点共形**.

定义 5.5 设 $f(z)$ 为定义在 z_0（可以是无穷远点）的某个去心邻域内的函数，且 $\lim\limits_{z \to z_0} f(z) = \infty$. 若

$$g(z) = \begin{cases} \dfrac{1}{f(z)}, & z \neq z_0, \\ 0, & z = z_0, \end{cases}$$

在点 z_0 共形，则称 $f(z)$ 在 z_0 处共形.

结合孤立奇点的理论，有以下结论成立.

定理 5.5 设函数 $f(z)$ 以无穷远点为可去奇点，若

$$g(w) = \begin{cases} f(w^{-1}), & w \neq 0, \\ \lim\limits_{z \to \infty} f(z), & w = 0, \end{cases}$$

满足 $g'(0) \neq 0$，则 $f(z)$ 在无穷远点共形.

定理 5.6 设函数 $f(z)$ 以 z_0（可以是无穷远点）为极点，则

$$g(z) = \begin{cases} \dfrac{1}{f(z)}, & z \neq z_0, \\ 0, & z = z_0, \end{cases}$$

在 z_0 处解析，$f(z)$ 在 z_0 处共形当且仅当 $g(z)$ 在 z_0 处共形.

例 5.4 证明函数 $f_1(z) = z^{-1}$ 在原点和无穷远点都共形，但 $f_2(z) = z^{-2}$ 在原点和无穷远点都不共形.

证明 首先研究 $f_1(z)$ 与 $f_2(z)$ 在原点的共形性. 因为原点是 $f_1(z)$ 与 $f_2(z)$ 的极点，故由定理 5.6，归结为研究 $g_k(z) = \dfrac{1}{f_k(z)}$ $(k = 1，2)$ 在原点的共形性. 因 $g_1(z) = z$，$g_2(z) = z^2$，于是 $g_1'(0) = 1$，$g_2'(0) = 0$，从而 $g_1(z)$ 在原点共形，$g_2(z)$ 在原点不共形，因此 $f_1(z)$ 在原点共形，$f_2(z)$ 在原点不共形.

再研究 $f_1(z)$ 与 $f_2(z)$ 在无穷远点的共形性. 因为无穷远点是 $f_1(z)$ 与 $f_2(z)$ 的可去奇点，故由定理 5.5，归结为研究 $h_k(w) = f_k(w^{-1})$ $(k = 1，2)$ 在原点的共形性. 因 $h_1(w) = w$，$h_2(w) = w^2$，于是 $h_1'(0) = 1$，$h_2'(0) = 0$，从而 $h_1(w)$ 在原点共形，$h_2(w)$ 在原点不共形，因此 $f_1(z)$ 在无穷远点共形，$f_2(z)$ 在无穷远点不共形.

例 5.5 研究函数 $f_1(z) = z$ 和 $f_2(z) = z^2$ 在无穷远点的共形性.

解 因为无穷远点是 $f_1(z)$ 与 $f_2(z)$ 的极点，故由定理 5.6，归结为研究 $g_k(z) = \dfrac{1}{f_k(z)}$ $(k = 1, 2)$ 在原点的共形性. 而 $g_1(z) = z^{-1}$，$g_2(z) = z^{-2}$，根据例 5.4 可知，$g_1(z)$ 在原点共形，$g_2(z) = z^{-2}$ 在原点不共形，从而 $f_1(z)$ 在无穷远点共形，$f_2(z) = z^2$ 在无穷远点不共形.

对一般的情形，有以下结论，证明留作习题.

定理 5.7 设函数 $f(z)$ 以 z_0（可以是无穷远点）为极点，则 $f(z)$ 在 z_0 处共形当且仅当 z_0 为 $f(z)$ 的单极点.

根据共形映照的定义，以下结论是显然的.

定理 5.8 若 $\zeta = f(z)$ 在 z_0 处共形，而 $w = g(\zeta)$ 在 $\zeta_0 = f(z_0)$ 共形，则复合映射 $w = g(f(z))$ 在 z_0 处共形.

注 5.8 若 z_0 为函数 $w = f(z)$ 的本性奇点，因函数在本性奇点的极限不存在，因此也就无法定义函数在本性奇点的保角性或共形性.

5.2 分式线性变换

在众多共形映照中，分式线性变换是最简单、最基本的一类. 本节将着重介绍这一类共形映照.

5.2.1 扩充复平面上的圆

在平面几何学中，直线和圆是两种最基本的曲线. 通过复坐标，可以将这两种曲线的方程表示为一种简单、统一的形式.

考虑以 z_0 为中心，R 为半径的圆周方程 $|z - z_0| = R$，由模的性质可得

$$(z - z_0)(\bar{z} - \bar{z}_0) = R^2,$$

即 $z\bar{z} - \bar{z}_0 z - z_0 \bar{z} + (z_0 \bar{z}_0 - R^2) = 0$. 而对直线方程 $ax + by + c = 0$，将 x 和 y 分别用 $x = \dfrac{z + \bar{z}}{2}$ 和 $y = \dfrac{z - \bar{z}}{2i}$ 替换，有

$$a\left(\frac{z + \bar{z}}{2}\right) + b\left(\frac{z - \bar{z}}{2i}\right) + c = 0,$$

化简得到 $(a - bi)z + (a + bi)\bar{z} + 2c = 0$. 结合上面两种情况，复平面上的圆周和直线的方程都可以写成如下形式

$$Az\bar{z} + \bar{B}z + B\bar{z} + C = 0,\tag{5.6}$$

这里 A，$C \in \mathbf{R}$，且 $|B|^2 - AC > 0$.

反之，任意形如式 (5.6) 的方程，对应的曲线必定为复平面上的圆周或直线. 事实上，当 $A = 0$ 时，将 $z = x + iy$ 代入式 (5.6)，立即得到

$$\left(B + \bar{B}\right)x + i\left(\bar{B} - B\right)y + C = 0,$$

注意到 $B + \bar{B}$，$i\left(\bar{B} - B\right)$ 均为实数，故此时方程 $\bar{B}z + B\bar{z} + C = 0$ 的图形为直线. 当 $A \neq 0$ 时，记 $R = \dfrac{\sqrt{|B|^2 - AC}}{|A|}$，则式 (5.6) 等价于

$$\left(z + \frac{B}{A}\right)\left(\bar{z} + \frac{\bar{B}}{A}\right) = R^2,$$

即 $\left|z + \dfrac{B}{A}\right| = R$，对应的图形为圆周.

考虑直线和圆周在球极投影下的像，不难发现，圆周在球极投影下的像是单位球面上的圆. 直线在球极投影下的像是单位球面上挖去北极的圆，若将无穷远点看作直线的端点，则直线在球极投影下的像也是单位球面上的圆. 反过来，单位球面上的任何一个圆，也必定是复平面上的直线或圆周在球极投影下的像.

复平面上的直线和圆周统称为**扩充复平面上的圆**. 历史上，数学家曾将直线与圆周用统一的观点来研究，这便是射影几何学.

5.2.2 分式线性变换及其共形性

定义 5.6 **分式线性函数**是指形如

$$w = f(z) = \frac{az + b}{cz + d} \tag{5.7}$$

的函数，这里 a，b，c 及 d 为复常数，且满足

$$\begin{vmatrix} a & b \\ c & d \end{vmatrix} = ad - bc \neq 0 \,. \tag{5.8}$$

注 5.9 条件 (5.8) 保证式 (5.7) 定义的函数不是常值函数，以后提到分式线性函数都默认其满足条件 (5.8).

由定义知，当 $c = 0$ 时，

$$w = \frac{az + b}{d} = \frac{a}{d}\left(z + \frac{b}{a}\right), \tag{5.9}$$

此时分式线性函数的定义域和值域都是全体复数 $\mathbf{C}$，无穷远点为 $f(z)$ 的极点，补充定义 $f(\infty) = \infty$，则此时 $f(z)$ 的定义域和值域都为扩充复平面.

当 $c \neq 0$ 时，

$$w = f(z) = \frac{az + b}{cz + d} = \frac{a}{c} + \frac{bc - ad}{c^2\left(z + \dfrac{d}{c}\right)}, \tag{5.10}$$

此时分式线性函数的定义域为 $\mathbf{C} \setminus \left\{-\dfrac{d}{c}\right\}$，值域为 $\mathbf{C} \setminus \left\{\dfrac{a}{c}\right\}$，$-\dfrac{d}{c}$ 为 $f(z)$ 的极点，无穷远点为 $f(z)$ 的可去奇点，补充定义 $f\left(-\dfrac{d}{c}\right) = \infty$，$f(\infty) = \dfrac{a}{c}$，则此时 $f(z)$ 的定义域和值域也都为扩充复平面.

由式 (5.9) 和式 (5.10) 可直接得到以下结论.

定理 5.9 任何分式线性函数可由下列四种简单的分式线性函数经有限次复合而得到.

(1) 平移：$w = z + a$，a 为复数；

(2) 旋转：$w = \mathrm{e}^{\mathrm{i}\theta}z$，$\theta$ 为实数；

(3) 相似：$w = rz$，r 为正实数；

(4) 倒置换：$w = z^{-1}$.

这四个分式线性函数的几何意义十分明显，特别，倒置换是反演与共轭的复

合. 根据定理 5.9, 分式线性函数可视为扩充复平面到其自身的一个变换, 而且是一对一的, 因此也称分式线性函数为**分式线性变换**或 **Möbius**[1]**变换**. 进一步, 还有以下结论.

定理 5.10 任意两个分式线性变换的复合仍是分式线性变换.

证明 设 $f_1(z) = \dfrac{a_1 z + b_1}{c_1 z + d_1}$, $f_2(z) = \dfrac{a_2 z + b_2}{c_2 z + d_2}$, 则直接验证可得

$$f_2(f_1(z)) = \frac{(a_2 a_1 + b_2 c_1) z + (a_2 b_1 + b_2 d_1)}{(c_2 a_1 + d_2 c_1) z + (c_2 b_1 + d_2 d_1)},$$

而

$$\begin{vmatrix} a_2 a_1 + b_2 c_1 & a_2 b_1 + b_2 d_1 \\ c_2 a_1 + d_2 c_1 & c_2 b_1 + d_2 d_1 \end{vmatrix} = \begin{vmatrix} a_2 & b_2 \\ c_2 & d_2 \end{vmatrix} \cdot \begin{vmatrix} a_1 & b_1 \\ c_1 & d_1 \end{vmatrix} \neq 0,$$

从而 $f_2(f_1(z))$ 为分式线性变换. 证毕.

定理 5.11 分式线性变换是可逆的, 且其逆映射仍为分式线性变换.

证明 设 $w = f(z) = \dfrac{az + b}{cz + d}$, 则直接验证可得对每个值域中的 w, 有

$$z = f^{-1}(w) = \frac{dw - b}{-cw + a},$$

又因

$$\begin{vmatrix} d & -b \\ -c & a \end{vmatrix} = \begin{vmatrix} a & b \\ c & d \end{vmatrix} \neq 0,$$

从而 $f^{-1}(w)$ 是分式线性函数. 证毕.

不仅如此, 分式线性变换还是扩充复平面上的共形映照.

定理 5.12 任何分式线性变换 $w = f(z) = \dfrac{az + b}{cz + d}$ 是扩充 z-平面到扩充 w-平面的共形映照.

证明 首先, 由条件 (5.8) 可知, 当 z 不是 $f(z)$ 的奇点时, 有

$$f'(z) = \frac{ad - bc}{(cz + d)^2} \neq 0. \tag{5.11}$$

故由定理 5.3 可知, 分式线性变换在除去奇点外的区域内共形, 因此只须证明它在极点和无穷远点也共形. 其次, 由定理 5.8 可知共形映照的复合仍然是共形映照, 而任何分式线性变换可以写成平移、旋转、相似和倒置换的有限次复合, 因

---

[1]全名为 August Ferdinand Möbius (1790–1868), 莫比乌斯, 德国数学家.

此只要证明平移、旋转、相似和倒置换在极点以及无穷远点共形即可. 其中倒置换的共形性在例 5.4 已经证明，平移、旋转、相似三种变换的共形性的证明留作习题. 证毕.

注 5.10 定理 5.12 的逆定理成立，即**扩充复平面到其自身的任何一个共形等价，必定是分式线性变换**，证明详见参考文献 [3].

5.2.3 保圆性、保域性和保对称点性

作为一类特殊的共形映照，分式线性变换还有其特殊的性质，特别，与扩充复平面上的圆有密切的关系.

定理 5.13 (保圆性) 分式线性函数把扩充复平面上的圆映射为扩充复平面上的圆.

证明 由定理 5.9，只须证明平移、旋转、相似和倒置换四种变换将扩充复平面上的圆映射为扩充复平面上的圆，而由初等平面几何的知识可知平移、旋转、相似变换，必定将圆映射为圆，直线映射为直线，于是只须证明倒置换 $w = z^{-1}$ 的情形. 设 $Az\bar{z} + \bar{B}z + B\bar{z} + C = 0$ ， $|B|^2 - AC > 0$ 为扩充 z-平面上的任一圆，$w = z^{-1}$ 将其映射为 $Cw\bar{w} + Bw + \bar{B}\bar{w} + A = 0$ ，易见这是扩充 w-平面上的圆. 证毕.

既然分式线性变换把扩充 z-平面上的圆映射为扩充 w-平面上的圆，那么在扩充 z-平面以及扩充 w-平面上分别取定一圆 C 及 C' ，是否存在分式线性变换将 C 映射为 C' ？为证明这样的分式线性变换的存在性，需要引进交比的概念.

定义 5.7 设 z_0 ， z_1 ， z_2 ， z_3 为扩充复平面上互异的四点，记
$$(z_0, z_1, z_2, z_3) = \frac{z_2 - z_0}{z_2 - z_1} : \frac{z_3 - z_0}{z_3 - z_1} ,$$
称之为 z_0 ， z_1 ， z_2 ， z_3 的**交比**. 这里当某点为无穷远点时，约定 $\infty - z_k = \infty$ 以及 $\dfrac{\infty}{\infty} = 1$. 例如，
$$(z_0, z_1, \infty, z_3) = \frac{\infty - z_0}{\infty - z_1} : \frac{z_3 - z_0}{z_3 - z_1} = 1 : \frac{z_3 - z_0}{z_3 - z_1} = \frac{z_3 - z_1}{z_3 - z_0} .$$
交比与分式线性变换关系密切.

定理 5.14 交比在分式线性变换下保持不变.

证明 即要证明对任何分式线性变换 $f(z) = \dfrac{az + b}{cz + d}$ ，记 $w_k = f(z_k) (k = 0, 1, 2, 3)$ ，有 $(w_0, w_1, w_2, w_3) = (z_0, z_1, z_2, z_3)$. 容易验证当 $f(z)$ 为平移、旋转、相似和倒置换

四种情形时，结论成立．根据定理 5.9，任何分式线性变换可由平移、旋转、相似和倒置换经过有限次复合得到，从而结论对一般的分式线性变换亦成立．证毕.

若将交比中的某个元素视为变量，则交比可视为一个特殊的分式线性变换.

定理 5.15 设 z_1，z_2，z_3 为扩充复平面上的三个互不相同的点，则关于 z 的函数 $f(z) = (z, z_1, z_2, z_3)$ 是一个分式线性变换，且将 z_1，z_2，z_3 分别映射为 1，0，∞.

证明可根据交比的定义直接计算得到，留作习题.

利用交比，可以具体构造扩充复平面上圆到圆的分式线性变换.

定理 5.16 设 z_1，z_2，z_3 与 w_1，w_2，w_3 分别为扩充 z-平面与扩充 w-平面上任意三个互不相同的点，则对任何复数 z，关于 w 的方程

$$(w, w_1, w_2, w_3) = (z, z_1, z_2, z_3) \tag{5.12}$$

存在唯一解．记该解为 $w(z)$，则 $w(z)$ 是一个分式线性变换，且满足 $w_k = w(z_k)\,(k = 1$，2，$3)$.

证明 记 $f(w) = (w, w_1, w_2, w_3)$，$g(z) = (z, z_1, z_2, z_3)$，由定理 5.15 知，$f(w)$ 和 $g(z)$ 分别为关于 w 和 z 的分式线性变换．因 f 是可逆映射，故方程 (5.12) 存在唯一解 $w = f^{-1}(g(z))$，由定理 5.11 和定理 5.10 知，$w(z) = f^{-1}(g(z))$ 也是分式线性变换．再根据定理 5.15，$f(w_1) = g(z_1) = 1$，$f(w_2) = g(z_2) = 0$，$f(w_3) = g(z_3) = \infty$，从而 $w(z_k) = f^{-1}(g(z_k)) = w_k\,(k = 1$，$2$，$3)$．证毕.

注 5.11 根据定理 5.16，为构造扩充 z-平面的圆 C 到扩充 w-平面的圆 C' 的分式线性变换，只需分别在圆 C 和 C' 上分别取三个互不相同的点 z_1，z_2，z_3 与 w_1，w_2，w_3，此时方程 5.12 定义的分式线性变换 $w(z)$ 即为将圆 C 映射到圆 C' 的分式线性变换．这是因为根据保圆性，圆 C 在 $w(z)$ 映射下的像必为圆，而该圆又必过点 w_1，w_2，w_3，根据初等平面几何的知识，扩充复平面上过三点的圆唯一，从而 $w(z)$ 即为所求.

在此基础上，还可以进一步得到圆两侧的区域在分式线性变换下的映像.

定理 5.17 (保域性) 方程 (5.12) 定义的分式线性变换 $w(z)$ 将扩充 z-平面上的圆 C 沿 z_1，z_2，z_3 行进的左（右）侧区域映射为 C' 沿 w_1，w_2，w_3 行进的左（右）侧区域，

证明 考虑自 z_1 经 z_2 到 z_3 的有向圆弧 γ_1 以及以 z_1 为起点位于 γ_1 左侧的任意一条有向曲线 γ_2（图 5.4）．首先根据定理 5.16，γ_1 在 $w(z)$ 映射下的像 Γ_1 为自 w_1 经 w_2 到 w_3 的有向圆弧，根据分式线性变换的保角性，γ_2 在 $w(z)$ 映射下的像 Γ_2 必在 Γ_1 的左侧．由 γ_2 的任意性，即得结论．证毕.

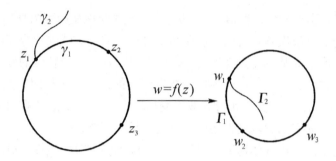

图 5.4

为解释分式线性变换的保对称点性，必须先给出两点关于扩充复平面上的圆对称的定义．当 C 为直线时，z_1 与 z_2 关于 C 对称定义为 z_1 与 z_2 关于 C 互为镜像点，这一点是熟知的，因此只需对 C 为圆周时给出定义即可．

定义 5.8　设 C 为圆周 $|z - z_0| = R\ (0 < R < \infty)$，如果 z_1 及 z_2 在从 z_0 出发的同一射线上，并且 $|z_1 - z_0| \cdot |z_2 - z_0| = R^2$，则称 z_1 与 z_2 是**关于圆 C 的对称点**．特别，约定圆心 z_0 与无穷远点是关于圆 C 的对称点．

先证明关于对称点的一个基本性质．

引理 5.18　z_1 及 z_2 关于扩充复平面上圆 C 对称的充分必要条件是扩充复平面上任何过 z_1，z_2 的圆都与 C 垂直（即与 C 的夹角为 $\dfrac{\pi}{2}$）．

证明　如果 C 为直线，或者 C 为圆周且 z_1，z_2 之中有一个是无穷远点，那么这一引理中的结论是明显的，从而只须考虑圆 C 为圆周 $|z - z_0| = R > 0$，而 z_1，z_2 都是有限点的情形（图 5.5）．先证明必要性．设 z_1 与 z_2 关于圆 C 对称，那么通过 z_1 与 z_2 的直线（半径为无穷大的圆）显然与圆 C 垂直．作过 z_1 和 z_2 的任意（半径为有限的）圆 Γ，并过点 z_0 作圆 Γ 的切线，且设其切点为 z_3，于是

$$|z_3 - z_0|^2 = |z_1 - z_0| \cdot |z_2 - z_0| = R^2 .$$

这表明了 $z_3 \in C$，即 Γ 的切线段 $z_0 z_3$ 恰好是圆 C 的半径，因此 Γ 与 C 垂直．

再证明充分性．过 z_1 和 z_2 作一（半径为有限的）圆 Γ，与圆 C 交于点 z_3．由于 Γ 与 C 垂直，Γ 在点 z_3 的切线通过 C 的圆心 z_0．显然，z_1 和 z_2 在切线 $z_0 z_3$ 的同一侧．再过 z_1 和 z_2 作直线，由于该直线与 C 垂直，故必通过圆心 z_0，即 z_1 与 z_2 都在自 z_0 出发的一条射线上，从而有

$$|z_1 - z_0| \cdot |z_2 - z_0| = |z_3 - z_0|^2 = R^2 .$$

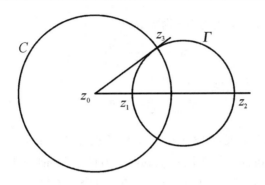

图 5.5

这样就证明了 z_1 与 z_2 是关于圆 C 的对称点. 证毕.

由引理 5.18, 可以得到分式线性变换的保对称点性.

定理 5.19 (保对称点性) 关于扩充复平面上圆 C 对称的两点 z_1 与 z_2, 其在分式线性映射下的像 w_1 与 w_2, 必关于圆 C 的像圆 C' 对称.

证明 因过 w_1 与 w_2 的任何圆都是过 z_1 与 z_2 的圆在分式线性变换下的映像. 根据引理 5.18, 过 z_1 及 z_2 的任何圆与圆 C 垂直, 由分式线性函数的保角性, 过 w_1 及 w_2 的任何圆都与圆 C' 垂直. 再次根据引理 5.18 得, w_1 及 w_2 关于圆 C' 对称. 证毕.

5.2.4 两个常用的分式线性变换

定理 5.20 将上半平面共形映射为单位圆域的分式线性变换的全体为

$$w = e^{i\theta}\frac{z - z_0}{z - \bar{z}_0} , \tag{5.13}$$

其中, θ 为任意实数, z_0 为上半平面内任一点.

证明 首先证明将上半平面共形映射为单位圆域的分式线性变换必定形如式 (5.13). 因这类函数必定将 $\{\text{Im}\, z > 0\}$ 内某一点 z_0 映射为 0, 并将 $\text{Im}\, z = 0$ 映射为 $|w| = 1$, 故由分式线性变换的保对称点性, 这类函数必将 z_0 关于实轴 $\text{Im}\, z = 0$ 的对称点 $\bar{z}_0$, 映射为无穷远点 (0 关于圆 $|w| = 1$ 的对称点), 即这类分式线性变换以 z_0 为零点, $\bar{z}_0$ 为极点, 从而必定形如

$$w = \lambda\frac{z - z_0}{z - \bar{z}_0} .$$

其中 λ 为一待定复数. 又因为当 z 为实数时,

$$1 = |w| = |\lambda| \left| \frac{z - z_0}{z - \bar{z}_0} \right| = |\lambda| . \tag{5.14}$$

于是 $\lambda = \mathrm{e}^{\mathrm{i}\theta}$, 其中 θ 为任意实数, 从而

$$w = \mathrm{e}^{\mathrm{i}\theta} \frac{z - z_0}{z - \bar{z}_0} .$$

其次证明一切形如式 (5.13) 的分式线性变换必定将上半平面共形映射为单位圆域. 由式 (5.14) 可知, 这类函数把 $\mathrm{Im}\, z = 0$ 映射为 $|w| = 1$ 且将上半平面的点 z_0 映射为 0, 由分式线性变换的保域性可知, 这类函数将上半平面 $\{\mathrm{Im}\, z > 0\}$ 共形映射为单位圆域 $\{|w| < 1\}$. 证毕.

定理 5.21　将单位圆域共形映射为单位圆域的分式线性变换的全体为

$$w = \mathrm{e}^{\mathrm{i}\theta} \frac{z - z_0}{1 - \bar{z}_0 z} , \tag{5.15}$$

其中, θ 为任意实数, z_0 为单位圆域内任一点.

证明　首先证明将单位圆域共形映射为单位圆域的分式线性变换必定形如式 (5.15). 因这类函数必定将 $\{|z| < 1\}$ 内一点 z_0 映射为 0, 并且把 $|z| = 1$ 映射为 $|w| = 1$, 由保对称点性, 这类函数必定将 z_0 关于 $|z| = 1$ 的对称点 $\dfrac{1}{\bar{z}_0}$, 映射为无穷远点 (0 关于 $|w| = 1$ 的对称点), 即这类分式线性变换以 z_0 为零点, $\dfrac{1}{\bar{z}_0}$ 为极点, 从而必定形如

$$w = \lambda \frac{z - z_0}{z - \dfrac{1}{\bar{z}_0}} = \lambda_1 \frac{z - z_0}{1 - \bar{z}_0 z} . \tag{5.16}$$

其中 λ_1 为待定复数. 又因为当 $|z| = 1$ 时,

$$1 = |w| = |\lambda_1| \left| \frac{z - z_0}{1 - \bar{z}_0 z} \right| = |\lambda_1| \left| \frac{z - z_0}{\bar{z} z - \bar{z}_0 z} \right| = \frac{|\lambda_1|}{|z|} \frac{|z - z_0|}{|\bar{z} - \bar{z}_0|} = |\lambda_1| . \tag{5.17}$$

于是 $\lambda_1 = \mathrm{e}^{\mathrm{i}\theta}$, 其中 θ 为任意实数, 从而

$$w = \mathrm{e}^{\mathrm{i}\theta} \frac{z - z_0}{1 - \bar{z}_0 z} .$$

其次证明一切形如 (5.15) 的分式线性变换必定将单位圆域共形映射为单位圆域. 由式 (5.17) 可知, 这类函数将 $|z| = 1$ 映射为 $|w| = 1$, 且将单位圆内的点 z_0 映射为 0, 由分式线性变换的保域性, 这类函数将单位圆域 $\{|z| < 1\}$ 共形映射为单位圆域 $\{|w| < 1\}$. 证毕.

5.3 初等函数的共形性

为构造更多区域之间的共性映照，需要考虑更多函数的共形性质.

本节研究幂函数、指数函数和对数函数的共形性. 与分式线性变换相比，幂函数的导数存在零点且通常不是一一对应，指数函数不是一一对应，对数函数有奇点，相应的共形性结论要弱一些.

5.3.1 幂函数

对正整数次幂函数 $w = z^n$，其中 n 为大于 1 的整数，因该函数的导数在 $\mathbf{C}^* = \mathbf{C} \setminus \{0\}$ 处处不为零，故该函数在 $\mathbf{C}^*$ 上共形，而无穷远点是该函数的 n 级极点，根据定理 5.7，该函数在无穷远点不共形.

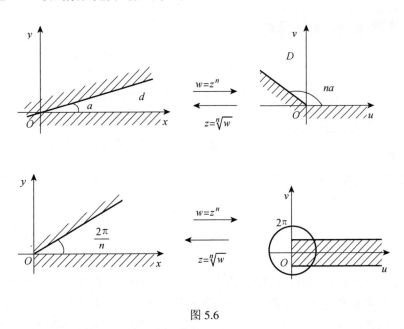

图 5.6

虽然 $w = z^n$ 在整个复平面上并非单叶函数，但在以原点为顶点且张角（记为 α）不超过 $\dfrac{2\pi}{n}$ 的角形区域（例如 $D_1 = \{0 < \arg z < \alpha\}$）内是一一且共形的（注意不保角的点 0 及无穷远点在 D_1 的边界上）. 事实上，记 $z = re^{i\theta}\,(0 < \theta < \alpha)$，则

$z^n = r^n e^{in\theta}$，从而幂函数 z^n 将角形区域 $D_1 = \{0 < \arg z < \alpha\}$ 共形变换成角形区域 $D_2 = \{0 < \arg w < n\alpha\}$（图 5.6），即该角形区域张角的大小变为原来的 n 倍. 特别，$w = z^n$ 把角形区域 $\left\{0 < \arg z < \dfrac{2\pi}{n}\right\}$ 共形变换成 w-平面上除去原点及正实轴的区域 $\{0 < \arg w < 2\pi\}$（图 5.6）.

反之，作为 $w = z^n$ 的逆映射，函数 $z = \sqrt[n]{w}$（此处 $\sqrt[n]{w}$ 视为 $z^{\frac{1}{n}}$ 的主值）把 w-平面上的角形区域 $D_2 = \{0 < \arg w < n\alpha\}$ 共形变换成 z-平面上的角形区域 $D_1 = \{0 < \arg z < \alpha\}$，即该角形区域张角的大小变为原来的 $\dfrac{1}{n}$（图 5.6）.

一般地，实指数幂函数 $w = z^a\,(a > 0)$ 的单值解析分支，在其单叶区域内具有共形性. 该变换可以使得角形区域的张角变为原来的 a 倍. 亦即，通过幂函数，可以实现不同角形区域之间的共形变换.

5.3.2　指数函数与对数函数

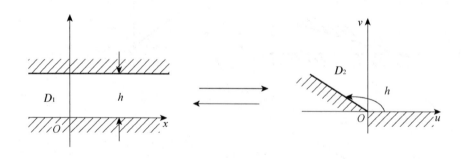

图 5.7

指数函数 $w = e^z$ 在任意有限点均有 $(e^z)' \neq 0$，因而它在复平面上共形，而无穷远点是指数函数的本性奇点，从而指数函数在无穷远点不具备共形性. 由命题 2.20 知，指数函数在平行于实轴且宽度（记为 h）不超过 2π 的带形区域内为一一映射. 考虑带形区域 $D_1 = \{0 < \operatorname{Im} z < h\}$ 在指数函数下的映像，记 $z = x + iy\,(0 < y < h)$，则 $e^z = e^x e^{iy}$，于是指数函数 $w = e^z$ 把宽度为 h 的带形区域 D_1 共形变换成张角为 h 的角形区域 $D_2 = \{0 < \arg w < h\}$（图 5.7）. 特别，$w = e^z$ 把带形区域 $\{0 < \operatorname{Im} z < 2\pi\}$ 共形变换成 $\{0 < \arg w < 2\pi\}$，即 w-平面除去原点及正实轴的区

域.

反之,作为指数函数反函数的对数函数,可以实现从角形区域到带形区域的共形变换. 具体构造这类变换时,需要适当选择对数函数的定义域和单值分支. 例如,为将角形区域 $\{0 < \arg w < 2\pi\}$ 共形变换为带形区域 $\{0 < \operatorname{Im} z < 2\pi\}$,就应将对数函数的定义域限制在 $\{0 < \arg w < 2\pi\}$,并选取幅角 $\operatorname{Arg} z$ 落在 $(0, 2\pi)$ 内的单值分支.

5.4 单连通区域到上半平面或单位圆域的共形映照

在具体问题中,经常需要构造从单连通区域到上半平面或单位圆盘域的共形映照. 本节将给出几种典型区域到上半平面或单位圆域共形映照的构造方法.

5.4.1 角形区域到上半平面或单位圆域的共形映照

记角形区域为 $\Omega = \{a < \operatorname{Arg}(z - z_0) < a + h\}$(该区域的定义见例 1.15),这里 $0 < h < 2\pi$,先通过平移和旋转,将 Ω 变为 $\Omega_1 = \{0 < \operatorname{Arg} z_1 < h\}$,再利用幂函数 $z_2 = z_1^{\frac{\pi}{h}}$ 将 Ω_1 变为上半平面 $\Omega_2 = \{0 < \arg z_2 < \pi\}$,最后用分式线性变换 $w = \mathrm{e}^{\mathrm{i}\theta}\dfrac{z_2 - z_0}{z_2 - \bar{z}_0}$ 将上半平面变为单位圆域 $\{|w| < 1\}$.

例 5.6 求将区域 $\left\{-\dfrac{\pi}{4} < \arg z < \dfrac{\pi}{2}\right\}$ 共形变换成上半平面,并使得 $z = 1 - \mathrm{i}$,i,0 分别映射为 $w = 2$,-1,0 的共形变换(图 5.8).

解 易知 $\xi = ((\mathrm{e}^{\frac{\mathrm{i}\pi}{4}}z)^{\frac{1}{3}})^4 = (\mathrm{e}^{\frac{\mathrm{i}\pi}{4}}z)^{\frac{4}{3}}$ 把指定区域变成上半平面,并将 $z = 1 - \mathrm{i}$,i,0 变成 $\xi = \sqrt[3]{4}$,-1,0. 再作上半平面到上半平面的线性变换,使得 $\xi = \sqrt[3]{4}$,-1,0 变成 $w = 2$,-1,0,此变换为

$$w = \frac{2\left(\sqrt[3]{4} + 1\right)\xi}{\left(\sqrt[3]{4} - 2\right)\xi + 3\sqrt[3]{4}}.$$

复合两个变换,即得所求的变换为

$$w = \frac{2(\sqrt[3]{4} + 1)(\mathrm{e}^{\frac{\mathrm{i}\pi}{4}}z)^{\frac{4}{3}}}{(\sqrt[3]{4} - 2)(\mathrm{e}^{\frac{\mathrm{i}\pi}{4}}z)^{\frac{4}{3}} + 3\sqrt[3]{4}}.$$

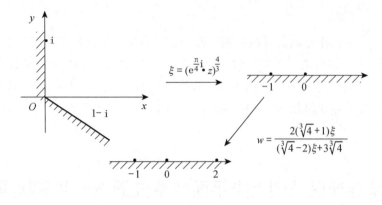

图 5.8

5.4.2   带形区域到上半平面或单位圆域的共形映照

先通过平移和旋转，将已给带形区域变换为 $\Omega = \{0 < \operatorname{Im} z < h\}$，然后利用相似变换 $z_1 = \dfrac{\pi z}{h}$ 将 Ω 变换为 $\Omega_1 = \{0 < \operatorname{Im} z_1 < \pi\}$，再用指数函数 $z_2 = e^{z_1}$ 将 Ω_1 变换为上半平面 $\Omega_2 = \{0 < \arg z_2 < \pi\}$，然后可用分式线性变换 $w = e^{i\theta}\dfrac{z_2 - z_0}{z_2 - \bar{z}_0}$ 将上半平面变换为单位圆域 $\{|w| < 1\}$．

例 5.7   求将带形区域 $\{0 < \operatorname{Im} z < \pi\}$ 映射为单位圆域 $\{|w| < 1\}$ 的共形变换．

解   如图 5.9 所示，得所求的变换为 $w = \dfrac{e^z - i}{e^z + i}$．

5.4.3   两段圆弧围成的有界区域到上半平面的共形映照

情形 1   两段圆弧交于 a，b，夹角 $\alpha > 0$．

先利用分式线性变换，将 a，b 分别变换为 0，∞，同时将其中一段圆弧变换为正实半轴，而另一段圆弧变换为射线 $\operatorname{Arg} z_1 = \alpha$，于是，原区域被共形变换为角形区域 $\{0 < \operatorname{Arg} z_1 < \alpha\}$，从而可进一步变换为上半平面或单位圆域．

例 5.8   求一个从夹角为 $\dfrac{\pi}{n}$ 的两段圆弧所围成的有界区域，到上半平面的共形变换．

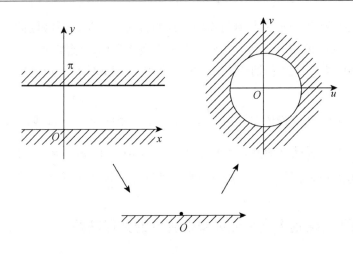

图 5.9

解 用 a 和 b 表示两个圆弧的交点，先设法将两圆弧变换成从原点出发的两条射线. 为此，作分式线性变换 $\xi = k\dfrac{z-a}{z-b}$，其中，k 为待定系数，选择适当的 k，就可以使给定的区域共形变换成角形区域 $\left\{0 < \arg\xi < \dfrac{\pi}{n}\right\}$. 再通过幂函数 $w = \xi^n$ 就把角形区域 $\left\{0 < \arg\xi < \dfrac{\pi}{n}\right\}$ 共形变换成上半平面. 因此，所求变换具有形式 $w = \left(k\dfrac{z-a}{z-b}\right)^n$.

例 5.9 求一个上半单位圆域到上半平面的共形变换.

解 将上半单位圆域视为交角为 $\dfrac{\pi}{2}$ 的两角形区域，于是作分式线性变换 $\xi = k\dfrac{z+1}{z-1}$，可将其变成第一象限，为此只要把 0 映射到 1，即可选择 $k = -1$. 事实上，此变换将线段 $[-1, 1]$ 变成了正实轴，将上半圆周变成了正虚轴. 于是 $w = \left(-\dfrac{z+1}{z-1}\right)^2$ 就是所求的一个变换.

情形 2 两圆内切于 z_0（夹角为 0）.

利用分式线性变换将 z_0 映射为无穷远点，同时将位于内侧的圆周变换为实轴，将该圆内部区域变换为下半平面，则由分式线性变换的保角性知，位于外侧的圆周将被变换为上半平面内与实轴平行的直线，于是，原区域被共形变换成一带形区域，从而可进一步共形变换为上半平面或者单位圆域.

例 5.10 求一个从相切于点 z_0 的两个圆周所围成的月牙形区域到上半平面的共形变换.

解 先用线性变换 $\xi = \dfrac{cz + d}{z - z_0}$ ，将二圆周变成二平行直线，只要适当地选择 c ， d ，所述区域就能共形变换成带形区域 $\{0 < \operatorname{Im}\xi < \pi\}$. 再通过指数函数 $w = \mathrm{e}^{\xi}$ ，得到 $w = \mathrm{e}^{\frac{cz+d}{z-z_0}}$ ，该变换可将指定的区域共形变换成上半平面.

5.4.4 扇形区域到上半平面或单位圆域的共形映照

设扇形区域的半径为 r ，圆心角为 α . 先通过平移与旋转将扇形区域的圆心移到原点，某一条边移到实轴，即形如 $\{|z| < r,\ 0 < \operatorname{Arg}z < \alpha\}$ ，再通过幂函数 $z^{\frac{\pi}{\alpha}}$ 将其变换为 $\{|z| < r^{\frac{\pi}{\alpha}},\ 0 < \operatorname{Arg}z < \pi\}$ ，这是由两圆弧围成的区域，从而可进一步共形变换为上半平面或者单位圆域.

例 5.11 求从 $\left\{|z| < 2,\ 0 < \arg z < \dfrac{\pi}{4}\right\}$ 到上半平面的一个共形映照.

解 如图 5.10 所示，所求映照为 $w = \left(\dfrac{z^4 + 16}{z^4 - 16}\right)^2$.

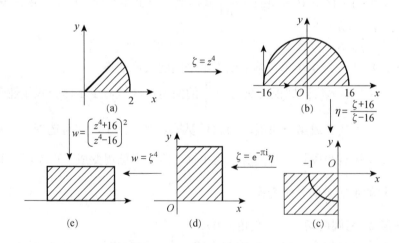

图 5.10

5.4.5　一般区域到单位圆域的共形映照

根据拓扑学的定理，可与单位圆域建立连续双射（拓扑学称之为**同胚**）的区域必须为单连通的．共形等价是一种特殊的同胚，因此能与单位圆域建立共形等价的区域也必须是单连通的．由 Liouville 定理可知，非常值的整函数不可能是有界的，故复平面不可能与单位圆域共形等价．那么除复平面以外的单连通区域是否可以与单位圆域共形等价呢？直观上想，似乎应该有例外的区域，但是 Riemann 却证明了一个惊人的结论．

定理 5.22 (Riemann 映照定理)　复平面上除了复平面本身以外的一切单连通区域，均共形等价于单位圆域．

前面已经给出了一些单连通区域到单位圆域的共形映照的显式构造方法．对一般的单连通区域，这样的共形映照既然存在，那是否也可以通过初等函数显式构造出来呢？结论是否定的，只有一些边界比较规则的单连通区域（比如多边形区域），才存在通过初等函数表示的到单位圆域的共形映照．

Riemann 映照定理是 19 世纪最重要的数学成果之一，在数学的许多领域有重要应用，例如在数理方程中位势方程边值问题 Green 函数的构造等（参考文献 [5] 和 [12]）．

习题 5

1. 证明映射 $w = z + z_0$ 在复平面上每一点的伸缩率都为 1，其中 z_0 为复常数．

2. 计算倒置换 $w = z^{-1}$ 在复平面上每一点的伸缩率．

3. 设 z-平面到 w-平面的映照 $w = f(z) = u(x, y) + iv(x, y)$，其中若 $u(x, y)$ 和 $v(x, y)$ 可微．$C : z = z(t) = x(t) + iy(t)$ $(0 \leqslant t \leqslant \varepsilon)$ 为以 $z_0 = z(0)$ 为起点的曲线，该曲线经映照 $f(z)$ 得到的像曲线 Γ 的诱导参数方程为 $w(t) = f(z(t)) = u(x(t), y(t)) + iv(x(t), y(t))$．

(1) 计算比值 $\dfrac{|w'(0)|}{|z'(0)|}$，并证明该比值与参数选取无关．

(2) 证明若过 z_0 点的两条曲线在该点的切向量方向相同，则对这两条曲线计算得到的比值 $\dfrac{|w'(0)|}{|z'(0)|}$ 也相同．

(3) 若过 z_0 点的两条曲线在该点的切向量方向不同，则对这两条曲线计算得到的比值 $\dfrac{|w'(0)|}{|z'(0)|}$ 有何关系？

4. 证明平移、旋转和相似变换都在无穷远点共形.

5. 若分式线性变换 $f(z) = \dfrac{az+b}{cz+d}$ 的系数 a，b，c，d 均为整数，且 $ad-bc = 1$，则 $f(z)$ 称为模变换.

   (1) 证明若 $f(z)$ 是模变换，则其逆变换 $f^{-1}(z)$ 也是模变换.

   (2) 证明若 $f_1(z)$ 和 $f_2(z)$ 都是模变换，则 $f_1(f_2(z))$ 也是模变换.

6. 设 $f(z) = z^{-1}$.

   (1) 证明 $f(z)$ 将一切不过原点的直线映射为过原点的圆周.

   (2) 证明 $f(z)$ 将一切过原点的圆周映射为不过原点的直线.

   (3) 证明 $f(z)$ 将一切不过原点的圆周映射为不过原点的圆周.

7. 证明定理 5.15，并由此进一步证明 z_0，z_1，z_2，z_3 共线或共圆的充分必要条件是 (z_0, z_1, z_2, z_3) 为实数.

8. 求将上半平面映射为单位圆域，并将点 -1，0，1 映射为点 -1，1，i 的分式线性变换.

9. 求将 $\{\mathrm{Re}\,z > 0\}$ 映射为 $\{|w| < 1\}$ 的分式线性变换.

10. 求将 $\{|z| < 1\}$ 映射为 $\{|w| > 1\}$ 的分式线性变换.

11. 求将 $\{\mathrm{Im}\,z > 0\}$ 映射为 $\{\mathrm{Im}\,w < 0\}$ 的分式线性变换.

12. 求将 $\{\mathrm{Im}\,z > 0\}$ 映射为 $\{|w| < 1\}$ 的映射 $f(z)$，且满足 $f(2\mathrm{i}) = 0$，$f'(2\mathrm{i}) > 0$.

13. 求上半圆域 $\{|z| < R，\mathrm{Im}\,z > 0\}$ 经映射 $w = z^2$ 后的映像.

14. 求区域 $\{\mathrm{Re}\,z > 0，0 < \mathrm{Im}\,z < 1\}$ 经映射 $w = \mathrm{i}z^{-1}$ 后的映像.

15. 根式映射 $w = \sqrt{z}$（取 $z^{\frac{1}{2}}$ 的主值），能否将圆域 $\{|z| < 1\}$ 映射为区域 $G = \{|w| < 1，\mathrm{Im}\,w > 0\}$？

16. 设 α，$\beta \in (0, 2\pi)$ 为常数，求下列区域经映射 $w = \mathrm{e}^z$ 后的映像.

    (1) $\{\alpha < \mathrm{Im}\,z < \beta\}$，　　　(2) $\{\mathrm{Re}\,z > 0，0 < \mathrm{Im}\,z < \alpha\}$.

17. 分别求出将下列区域映射为单位圆域的共形映照.

(1) $\{\operatorname{Im} z > 1，|z| < 2\}$，   (2) $\{|z| > 2，|z - \sqrt{2}| < \sqrt{2}\}$，

(3) $\{|z| < 1，z \notin [0, 1)\}$，   (4) $\{|z| < 2，|z - 1| > 1\}$，

(5) $\{|z| < 2，0 < \arg z < \dfrac{\pi}{4}\}$， (6) $\left\{|z| < 1，z \notin \left[\dfrac{1}{2}, 1\right)\right\}$．

18. (1) 求 $\{\operatorname{Re} z > 0\}$ 经映射 $w = \dfrac{z - a + b\mathrm{i}}{z + a + b\mathrm{i}}$ 后的映像，这里 a 为正数，b 为实数．

(2) 证明映射 $T_0(z) = \dfrac{a_0}{z + a_0 + \mathrm{i}b_0}$ 将 $\{\operatorname{Re} z > 0\}$ 映射为 $\left\{\left|w - \dfrac{1}{2}\right| < \dfrac{1}{2}\right\}$，这里 a_0 为正数，b_0 为实数．

(3) 证明映射 $T_k(z) = \dfrac{a_k}{z + z_k + \mathrm{i}b_k}$ $(k \geqslant 1)$ 将 $\{\operatorname{Re} z > 0\}$ 映射为包含于 $\{\operatorname{Re} w > 0\}$ 内的区域，这里 a_k 是正数，b_k 为实数，$\operatorname{Re} z_k \geqslant 0$．

(4) 证明若函数 $f(z)$ 可以写为如 (2)(3) 中所定义的 $T_0，T_1，\cdots，T_n$ 的复合函数 $T_0 \circ T_1 \circ \cdots \circ T_n$，则 $f(z)$ 的一切极点的实部均小于零．

19. 证明定理 5.7．

习题答案与提示

习题 1

1. (1) $\dfrac{5}{13} + \dfrac{i}{13}$ ， (2) $\dfrac{3}{2} + i$ ， (3) $\dfrac{33}{2} - 28i$ ， (4) $-\dfrac{1}{2} - \dfrac{\sqrt{3}}{2}i$.

2. $x = 2$ ， $y = -1$.

5. (1) $2e^{\frac{\pi i}{2}}$ ， (2) $e^{\pi i}$ ， (3) $2e^{\frac{2\pi i}{3}}$ ， (4) $\left(2 \sin \dfrac{\varphi}{2}\right) e^{\frac{i(\pi - \varphi)}{2}}$.

6. $a = b = \dfrac{\sqrt{3} + 1}{2}$.

7. (1) $2^{2000} e^{\frac{4\pi i}{3}}$ ， (2) $2^{\frac{99}{2}} e^{-\frac{3\pi i}{4}}$.

10. $z = 1 + \sqrt{3}i$ ， -2 或 $1 - \sqrt{3}i$.

13. (1) $(x^2 - y^2 + x + 1) + i(2xy + y)$ ， (2) $\dfrac{x}{x^2 + y^2} - \dfrac{yi}{x^2 + y^2}$.

14. (1) 直线 $x = 0$ ， (2) 圆周 $x^2 + y^2 - x = 0$ 除去原点的部分，
    (3) 双曲线 $xy = 1$ ， (4) 双曲线 $x^2 - y^2 = 2$.

17. $P(z^{-1}) = \left(\dfrac{2\mathrm{Re}\, z}{|z|^2 + 1}, -\dfrac{2\mathrm{Im}\, z}{|z|^2 + 1}, -\dfrac{|z|^2 - 1}{|z|^2 + 1}\right) = \left(\dfrac{z + \bar{z}}{z\bar{z} + 1}, \dfrac{i(z - \bar{z})}{z\bar{z} + 1}, -\dfrac{z\bar{z} - 1}{z\bar{z} + 1}\right)$.

18. 记 $w = u + iv$ ，则映像分别为
    (1) 圆周 $u^2 + v^2 = r^{-2}$ ， (2) 圆周 $u^2 + v^2 + v = 0$ ，
    (3) 圆周 $u^2 + v^2 - u = 0$ ， (4) 直线 $u = -\dfrac{1}{2}$.

19. 上半平面 $\{\mathrm{Im}\, z > 0\}$.

20. $\dfrac{u^2}{a^2} - \dfrac{v^2}{b^2} = \dfrac{1}{a^2 + b^2}$ ， 其中 (a, b) 为射线的方向.

习题 2

4. (1) 仅在原点可导，导数为 0，(2) 当 $9x^2 = 6y^2$ 时可导，导数为 $9x^2$，(3) 在定义域可导，导数为 $\dfrac{ad - bc}{(cz + d)^2}$．

5. (1) 解析，(2) 不解析，(3) 不解析，(4) 不解析．

9. (1) $\dfrac{e + e^{-1}}{2}$，(2) $\dfrac{1}{2}\ln 2 + i\left(\dfrac{\pi}{4} + 2k\pi\right)$ $(k \in \mathbf{Z})$，(3) $e^{-2k\pi}$ $(k \in \mathbf{Z})$．

10. (1) $e^{\frac{\pi i}{3}}$，-1，$e^{-\frac{\pi i}{3}}$，$\sqrt[3]{2}e^{\frac{\pi i}{3}}$，$-\sqrt[3]{2}$，$\sqrt[3]{2}e^{-\frac{\pi i}{3}}$，(2) $\dfrac{(2k + 1)\pi i}{2}$ $(k \in \mathbf{Z})$，

(3) $\dfrac{\pi}{4} + 2k\pi - i\ln(\sqrt{2} \pm 1)$ $(k \in \mathbf{Z})$．

11. (1) 取 $z = -1$，左端是主值，右端不在主值范围内，

(2) 取 $z_1 = z_2 = -1$，左端是主值，右端不在主值范围内，

(3) 取 $\alpha = 2$，$\beta = \dfrac{1}{2}$，左端是单值的，右端是二值的．

13. (1) $\dfrac{1}{2}$，(2) $\dfrac{1}{2} - i$．

14. (1) $1 + i$，(2) $1 + i$，(3) $1 + i$．

15. 不一定解析，例如 $f(z) = \dfrac{1}{z^2}$．

16. (1) $\dfrac{1}{1 + z^2}$．

17. (1) 0，(2) 0，(3) 0，(4) $-\dfrac{\pi i}{2}$，(5) 0，(6) $\dfrac{\sqrt{2}\pi}{2}$，(7) 0，(8) $-\dfrac{\pi i}{8}\left(e - 9e^{-1}\right)$，

(9) $-\pi e$，(10) $2\pi i$，(11) 0，(12) $\dfrac{\sqrt{2}\pi}{2}$，(13) $-2\pi i$，(14) 0，(15) $-\pi i \cos 1$．

18. (1) 0，(2) $\dfrac{37}{2}\pi i$，(3) $-\dfrac{\pi i}{4}\left(e^2 + e^{-2}\right)$．

24. $\left(1 + \dfrac{i}{2}\right)z^2 + \dfrac{3i}{2}$．

25. $\ln z - i\pi$．

习题 3

1. (1) $|z - i| < 1$，(2) $|z| < 2$，(3) $|z| < +\infty$，(4) $|z| < e$．

2. (1) $z + \dfrac{1}{3}z^3 + \dfrac{2}{15}z^5$，$R = \dfrac{\pi}{2}$，

   (2) $\sin 1 + (\cos 1)z + \left(\cos 1 - \dfrac{1}{2}\sin 1\right)z^2$，$R = 1$，

   (3) $e + ez + \dfrac{3}{2}ez^2$，$R = 1$．

3. (1) $\displaystyle\sum_{k=0}^{\infty} \dfrac{(-1)^k}{2^{k+1}}(z-1)^{k+1}$，$R = 2$；(2) $\displaystyle\sum_{k=0}^{\infty} \dfrac{(-1)^k}{(2k+1)!}z^{4k+2}$，$R = +\infty$；

   (3) $\dfrac{\pi i}{2} - \displaystyle\sum_{k=1}^{\infty} \dfrac{i^k}{k}(z-i)^k$，$R = 1$；(4) $\displaystyle\sum_{k=0}^{\infty} \dfrac{(-1)^{k+1}(2k+1)!!}{2^k k!(4k^2-1)}z^k$，$R = 1$．

4. (1) $\displaystyle\sum_{k=0}^{\infty} \dfrac{(-1)^k}{3^{k+1}}(z-2)^{k-1}$，$0 < |z-2| < 3$；

   $-\displaystyle\sum_{k=0}^{\infty} \dfrac{1}{3^{k+1}}(z+1)^{k-1}$，$0 < |z+1| < 3$．

   (2) $-\displaystyle\sum_{k=0}^{\infty} (-i)^{k+1}z^{k-2}$，$0 < |z| < 1$；$-\displaystyle\sum_{k=0}^{\infty} (k+1)i^k(z-i)^{k-1}$，$0 < |z-i| < 1$．

   (3) $\displaystyle\sum_{k=0}^{\infty} \dfrac{(-1)^k}{k!(z-1)^k}$，$|z-1| > 0$．

5. (1) 当 $|z| < 1$ 时，$f(z) = \displaystyle\sum_{k=0}^{\infty} \left(1 - \dfrac{1}{2^k}\right)z^k$；

   当 $1 < |z| < 2$ 时，$f(z) = -\displaystyle\sum_{k=0}^{\infty} \dfrac{z^k}{2^k} - \displaystyle\sum_{k=0}^{\infty} \dfrac{1}{z^{k+1}}$；

   当 $|z| > 2$ 时，$f(z) = \displaystyle\sum_{k=0}^{\infty} \left(2^k - 1\right)\dfrac{1}{z^k}$．

   (2) 当 $0 < |z+2| < 2$ 时，$f(z) = -\displaystyle\sum_{k=0}^{\infty} \dfrac{(z+2)^{k-3}}{2^{k+1}}$；

   当 $|z+2| > 2$ 时，$f(z) = \displaystyle\sum_{k=0}^{\infty} \dfrac{2^k}{(z+2)^{k+4}}$．

   (3) 当 $0 < |z-1| < 1$ 时，$f(z) = \displaystyle\sum_{k=0}^{\infty} (-1)^k(1+k)(z-1)^{k-1}$；

当 $|z - 1| > 1$ 时，$f(z) = \sum_{k=2}^{\infty} (-1)^k \dfrac{k-1}{(z-1)^{k+1}}$.

6. (1) -1，3 级极点；(2) $k\pi$ $(k \in \mathbf{Z})$，1 级极点；(3) 0，可去奇点；

(4) 0，本性奇点；(5) 0，本性奇点；(6) $\pm 2\mathrm{i}$，2 级极点；

(7) 0，本性奇点；(8) 0，可去奇点，$2k\pi\mathrm{i}$（k 为非零整数），1 级极点.

8. (1) $z + 6 + \dfrac{37}{6} \sum_{k=1}^{\infty} \dfrac{6^k}{z^k}$，1 级极点；(2) $\sum_{k=0}^{\infty} \dfrac{(-1)^k}{(2k+1)! z^{2k-1}}$，1 级极点；

(3) $\sum_{k=1}^{\infty} \dfrac{2^{k-1} - 1}{z^k}$，可去奇点；(4) $\sum_{k=0}^{\infty} \dfrac{z^{k-2}}{k!}$，本性奇点.

9. (1) 非孤立奇点；(2) 非孤立奇点；(3) 非孤立奇点；(4) 1 级极点；

(5) 可去奇点；(6) 1 级极点；(7) 本性奇点；(8) 本性奇点.

10. (1) $\operatorname{Res}(f, 0) = 0$；(2) $\operatorname{Res}(f, 0) = 0$；

(3) $\operatorname{Res}(f, 2) = \dfrac{7}{4}$，$\operatorname{Res}(f, -2) = \dfrac{1}{4}$；

(4) $\operatorname{Res}(f, \pm 2\mathrm{i}) = \mp \dfrac{\mathrm{i}e^{\pm 2\mathrm{i}}}{4}$；(5) $\operatorname{Res}(f, 2) = \dfrac{4}{5}$，$\operatorname{Res}(f, \pm\mathrm{i}) = \dfrac{1}{10} \mp \dfrac{\mathrm{i}}{5}$；

(6) $\operatorname{Res}(f, k\pi) = 1$ $(k \in \mathbf{Z})$；(7) $\operatorname{Res}(f, (k + \frac{1}{2})\pi) = -e^{(k+\frac{1}{2})\pi}$ $(k \in \mathbf{Z})$；

(8) $\operatorname{Res}(f, e^{\frac{\mathrm{i}(2k+1)\pi}{n}}) = -\dfrac{1}{n} e^{\frac{\mathrm{i}(2k+1)\pi}{n}}$ $(k = 0, 1, \cdots, n-1)$；

(9) $\operatorname{Res}(f, 0) = \dfrac{8}{25}$，$\operatorname{Res}(f, -5) = -\dfrac{8}{25}$；

(10) $\operatorname{Res}(f, 0) = \dfrac{1}{8}$，$\operatorname{Res}(f, -2) = -\dfrac{1}{8}$；

(11) $\operatorname{Res}(f, -1) = (-1)^{n+1} \dfrac{(2n)!}{(n+1)!(n-1)!}$；(12) $\operatorname{Res}(f, 0) = \dfrac{(-1)^{n-1}}{(n-1)!}$；

(13) $\operatorname{Res}(f, 0) = \dfrac{1}{6}$，$\operatorname{Res}(f, k\pi) = \dfrac{(-1)^k}{k^2\pi^2}$（$k$ 为非零整数）；

(14) $\operatorname{Res}(f, 1) = 1$；(15) $\operatorname{Res}(f, 0) = \dfrac{5}{6}$；(16) $\operatorname{Res}(f, 1) = -1$.

11. (1) $\operatorname{Res}(f, \infty) = 0$；(2) $\operatorname{Res}(f, \infty) = \sum_{k=0}^{n} \dfrac{(-1)^{n+1-k}}{k!}$.

12. 不一定，例如 $\operatorname{Res}(z^{-1}, \infty) = -1$.

14. $(1)\,0$；$(2)\,2\pi\mathrm{i}$；$(3)\,-\dfrac{\pi\mathrm{i}}{2}$；$(4)\,2\pi\mathrm{i}\displaystyle\sum_{k=n+1}^{\infty}\dfrac{(-1)^{k-n-1}}{k!}$.

15. $(1)\,\dfrac{8\pi}{3}$，$(2)\,\dfrac{2\pi}{\sqrt{a^2-1}}$，$(3)\,\dfrac{2\pi}{a\sqrt{a^2+1}}$，$(4)\,\dfrac{2\pi}{\sqrt{1-a^2}}$.

16. $(1)\,\dfrac{2\sqrt7\pi}{7}$，$(2)\,\dfrac{1}{3}\ln2$，$(3)\,\dfrac{\pi}{3a^5}$，$(4)\,\dfrac{\pi}{12}$.

17. $(1)\,\dfrac{\pi}{2}\mathrm{e}^{-4}$，$(2)\,\dfrac{\pi}{8}\mathrm{e}^{-2\pi}$，$(3)\,\dfrac{\pi^2}{4}\mathrm{e}^{-\pi}$，$(4)\,\dfrac{\pi}{2(a^2-b^2)}\left(\dfrac{\mathrm{e}^{-mb}}{b}-\dfrac{\mathrm{e}^{-ma}}{a}\right)$.

18. 5 个.

19. 2 个.

20. $(2)\,a_n=\dfrac{1}{\sqrt5}\left(\left(\dfrac{1+\sqrt5}{2}\right)^{n+1}-\left(\dfrac{1-\sqrt5}{2}\right)^{n+1}\right)$.

23. $-2\pi\mathrm{i}\displaystyle\sum_{j=1}^{k}\mathrm{Res}\left(\dfrac{P(z)}{Q(z)},z_j\right)$，$z_1,\cdots,z_k$ 为 $Q(z)$ 在下半平面内的零点全体.

24. $-2\pi\mathrm{i}\displaystyle\sum_{j=1}^{k}\mathrm{Res}\left(\dfrac{P(z)}{Q(z)}\mathrm{e}^{\mathrm{i}az},z_j\right)$，$z_1,\cdots,z_k$ 为 $Q(z)$ 在下半平面内的零点全体.

习题 4

1. $\dfrac{\mathrm{i}M}{\omega}(\mathrm{e}^{-\mathrm{i}A\omega}-1)$.

2. $(1)\,\dfrac{4}{\omega^3}(\sin\omega-\omega\cos\omega)$，$(2)\,\dfrac{2\mathrm{i}}{\omega}(\cos\omega-1)$.

4. $\dfrac{1}{2\pi}\delta(x)$.

5. $\mathscr{F}(\cos\alpha x)=\pi(\delta(\omega-\alpha)+\delta(\omega+\alpha))$，$\mathscr{F}(\sin\alpha x)=-\pi\mathrm{i}(\delta(\omega-\alpha)-\delta(\omega+\alpha))$.

6. $\dfrac{1}{2}(u(x+k)-u(x-k))$.

8. $(1)\,\dfrac{2}{4s^2+1}$，$(2)\,\dfrac{k}{s^2-k^2}$，$(3)\,\dfrac{s}{s^2-k^2}$，$(4)\,\dfrac{\mathrm{e}}{s-1}$，$(5)\,\dfrac{s\cos1+\sin1}{s^2+1}$，

   $(6)\,\dfrac{s\mathrm{e}^{-s}}{s^2+1}$.

9. $\dfrac{1}{(s^2+1)(1-\mathrm{e}^{-\pi s})}$.

10. (1) $2\cos 3t + \sin 3t$, (2) $\dfrac{1}{6}t^3 e^{-t}$, (3) $\dfrac{3}{2}e^{3t} - \dfrac{1}{2}e^{-t}$, (4) $\dfrac{1}{2a^3}(\sinh at - \sin at)$,

    (5) $\dfrac{a-c}{(a-b)^2}(e^{-bt} - e^{-at}) + \dfrac{b-c}{b-a}te^{-bt}$, (6) $\dfrac{t^2}{2a^2} + \dfrac{\cos at - 1}{a^4}$.

11. (1) $\dfrac{1}{9}e^t - \dfrac{1}{9}e^{-2t} - \dfrac{1}{3}te^{-2t}$; (2) $e^t - \dfrac{1}{9}e^{-3t} - \dfrac{1}{3}t + \dfrac{1}{9}$;

    (3) $x(t) = \dfrac{1}{2}e^{3t} - \dfrac{1}{2}e^{-t}$, $y(t) = \dfrac{1}{2}e^{3t} + \dfrac{1}{2}e^{-t}$;

    (4) $y(t) = \begin{cases} e^t , & 0 \leqslant t < 1 , \\ \left(e + \dfrac{1}{4}\right)e^{t-1} - \dfrac{1}{36}e^{-3(t-1)} - \dfrac{1}{3}t + \dfrac{1}{9} , & t \geqslant 1 . \end{cases}$

15. $u(x,t) = \varphi(x - at) + \displaystyle\int_0^t f(x - a(t-\tau), \tau)\,\mathrm{d}\tau$.

18. (1) $u(x) - u(-x)$; (2) $2\delta(x)$; (3) $\displaystyle\sum_{k=1}^{n}(y_{k+1} - y_k)\delta(x - x_k)$.

20. (1) $\delta(\omega - \alpha)$; (2) $\dfrac{1}{2}(\delta(\omega - \alpha) + \delta(\omega + \alpha))$, $\dfrac{1}{2i}(\delta(\omega - \alpha) - \delta(\omega + \alpha))$.

习题 5

9. $w(z) = e^{i\theta}\dfrac{z - z_0}{z + \bar{z}_0}$, 其中 $\mathrm{Re}\, z_0 > 0$, $\theta \in \mathbf{R}$ 为常数.

10. $w(z) = e^{i\theta}\dfrac{1 - \bar{z}_0 z}{z - z_0}$, 其中 $|z_0| < 1$, $\theta \in \mathbf{R}$ 为常数.

11. $w(z) = -kz + a$, 其中 $k > 0$, $a \in \mathbf{R}$ 为常数.

12. $w(z) = \dfrac{iz + 2}{z + 2i}$, 其中 $\mathrm{Re}\, z_0 > 0$, $\theta \in \mathbf{R}$ 为常数.

13. $\{|w| < R^2\} \setminus \{w \geqslant 0\}$.

14. $\left\{ \mathrm{Re}\, z > 0 ,\ \mathrm{Im}\, z > 0 ,\ \left|z - \dfrac{1}{2}\right| > \dfrac{1}{2} \right\}$.

15. 不能.

16. (1) $\{\alpha < \arg z < \beta\}$, (2) $\{|z| > 1 ,\ 0 < \arg z < \alpha\}$.

17. 记 $w_3(z) = e^{i\theta}\dfrac{z - z_0}{1 - \bar{z}_0 z}$ 为上半平面到单位圆域的共形变换.

    (1) $w = w_3 \circ w_2 \circ w_1(z)$, 其中 $w_1(z) = -\dfrac{z+2}{z-2}$, $w_2(z) = z^2$;

(2) $w = w_3 \circ w_2 \circ w_1(z)$，其中 $w_1(z) = \mathrm{e}^{\frac{3\pi i}{4}}\dfrac{z - \sqrt{2} - \sqrt{2}\mathrm{i}}{z - \sqrt{2} + \sqrt{2}\mathrm{i}}$，$w_2(z) = z^2$；

(3) $w = w_3 \circ w_2 \circ w_1 \circ w_0(z)$，其中 $w_0(z) = \sqrt{z}$（取主值），$w_1(z) = -\dfrac{z + 1}{z - 1}$，

　　$w_2(z) = z^2$；

(4) $w = w_3 \circ w_2 \circ w_1(z)$，其中 $w_1(z) = \dfrac{2\pi \mathrm{i} z}{z - 2}$，$w_2(z) = \mathrm{e}^z$；

(5) $w = w_3 \circ w_2 \circ w_1 \circ w_0(z)$，其中 $w_0(z) = z^4$，$w_1(z) = -\dfrac{z + 16}{z - 16}$，$w_2(z) = z^2$；

(6) 作 $f(z) = \dfrac{z - \frac{1}{2}}{1 - \frac{z}{2}}$，则该区域变为第 (3) 题中的区域.

参考文献

[1] 陈恕行. 现代偏微分方程导论 [M]. 北京：科学出版社，2005.

[2] 丁同仁，李承治. 常微分方程教程（第二版）[M]. 北京：高等教育出版社，2004.

[3] 方企勤. 复变函数教程 [M]. 北京：北京大学出版社，1996.

[4] 黄玉民，李成章. 数学分析 [M]. 北京：科学出版社，1999.

[5] 姜礼尚，边保军. 数学物理方程简明教程 [M]. 北京：高等教育出版社，2012.

[6] 孟道骥. 高等代数与解析几何 [M]. 北京：科学出版社，1998.

[7] 孟道骥，梁科. 微分几何 [M]. 北京：科学出版社，1999.

[8] 周性伟. 实变函数 [M]. 北京：科学出版社，1998.

[9] ALFORS L V. Complex Analysis [M]. 3 版. Springer Verlag, 1979.

[10] D'ANGELO J P. An Introduction to Complex Analysis and Geometry [M]. 北京：高等教育出版社，2017.

[11] LAX P D. Complex Proofs of Real Theorems [M]. 北京：高等教育出版社，2017.

[12] SAFF E B, SNIDER A D. Fundamentals of Complex Analysis with Applications to Engineering and Science [M]. 3 版. 北京：机械工业出版社，2004.